中國管理哲學及其現代應用

馮滬祥　著

臺灣 學生書局 印行

The Chinese Philosophy of Management and Its Applications

by
Fung Hu-hsiang, Ph. D.
Professor of Philosophy
National Central University

STUDENT BOOKS CO., LTD.
Taipei, 1997

謹以本書紀念

蔣緯國上將軍

自　序

　　中華文化淵源流長，其中有很多寶藏，即使在今天仍有重大的現代意義，對世界各國也啓發良多。管理哲學即明顯的例證之一。

　　比如，儒家強調：聖人「崇德而廣業」，將人文價值與經濟活動合爲一體，對日本便產生了莫大影響。日本現代資本主義之父澁澤榮一據此而申論「論語和算盤」結合的重要性，強調「道德與經濟合一論」，對日本能夠成功的現代化，並同時保存良好的人文傳統，具有極大的貢獻。

　　另如，道家強調的「無爲而無不爲」，代表政府對民間經濟，頂多只應從旁輔導，但應盡量減少干涉，更與歐美經濟的自由主義完全相通。像美國雷根總統曾在國情咨文中引述老子「治大國如烹小鮮」，顯示其自由經濟與管理特色。哈佛研究競爭力大師麥可‧波特（Michael Porter）在分析台灣的競爭力時，也曾特別建議「政府不要干預太多」，均與道家的管理哲學不謀而合。由此也可以充份證明，中華文化對現代管理的啓發，的確既深且遠。

　　除此之外，再如美國哈佛大學高曼教授（Daniel Goleman）所著的名作《E.Q》（Emotional Intelligence），專門研究如何控制自我情緒，體貼他人想法，擴而充之，對於整合內部力量，促進團隊精神，也有很大幫忙。全書核心觀念所稱的「同理心」，便與儒家的「忠恕之心」，以及道家的「同情體物」，均能完全相通。由此也可看出，中華文化孕涵的重要智慧，深值我們多予開發，蔚

爲現代世界進步的原動力。

另外，再如中國孫子兵法的管理哲學，也早在歐美及日本展開熱烈研究。如日本丹尼克公司董事長阪部三次郎便曾讚嘆「孫子高深的思想，令人刮目相看。」著名的日本管理專家武岡武彥，更曾根據孫子兵法原理，以及「商場如戰場」的體認，專門出版《孫子經營兵法》，深受國際管理界重視。

除此之外，在日本列爲「帝王學」的《貞觀政要》，更是中國黃金時代「貞觀之治」的治國寶典。其中高明的領導學，即使在現代，對於鼓勵講眞話、提昇競爭力，仍有極大的幫助。中國歷代明君必定研讀此著，而日本從德川家康開始，也奉爲治國良方，其智慧非但對於經營國家極有貢獻，對於經營任何公司，也都深具啓發性。

凡此種種，均充份說明，在中華文化的寶典之中，有很多智慧之源，足以啓迪現代心靈、提昇現代管理。如果我們能善加開發，透過現代問題，重新闡釋傳統哲學的新義，則非但能促使中華固有智慧得以生生不息，歷久彌新，而且更能爲現代世界，提供源源不絕的靈感與智慧。

筆者懷於此中意義之重大，及其影響之深遠，所以近年來特別重視中國哲學在現代的應用意義。尤其對世界新潮流「應用哲學」（Applied Philosophy）中，盼能注入中華文化的傳統哲慧，從而以此結合傳統與現代，並結合學理與實際，爲弘揚中華文化更盡心意，並爲人類邁向二十一世紀的文明做出新貢獻！

因此，筆者特別整理中華民族內，深具代表性的管理哲學或經典，如孔子、孟子、老子、莊子、孫子、管子、貞觀政要等，以之

為縱軸，形成本書骨幹，再根據現代管理哲學的六項問題，以之為導向，分別加以闡述，形成本書的主要架構。

在管理哲學的根本問題中，筆者特別列舉的六項如後：

(1)何謂管理的本質？ 亦即屬於 "what"的問題。

(2)例要管理？亦即屬於 "why"的問題。

(3)何時要管理？亦即屬於 "when"的問題。

(4)從何處管理？亦即屬於 "where"的問題。

(5)何人能管理？亦即屬於 "who"的問題。

(6)如何管理？亦即屬於「how」的問題。

另外，為了將學理結合實際，所以本書也多方引述中外應用性的實例，作為相互印證的參考。其中包括歐美最新公司的管理例證，也包括日本公司的管理實例，均以成功的經營者心得與經驗為主，以收相互切磋參酌之效，並對企業管理、行政管理、人事管理等問題，均提供最新的參考。

本書在完成前，筆者曾在中央大學專門講授本課程，整理講義期間，承蒙哲研所研究生賴銀謹、黃美鳳、盧秋菊等謄稿、打字幫忙，謹此特申謝意。出版前後，本書再承蒙學生書局多所幫忙，也謹此敬致感激之忱。定稿期間，適逢筆者參與陽明山修憲工作，疏漏恐亦難免，還請各界高明多多指正。

當今美國管理大師杜拉克（Peter Drucker），在其1997年的新著《杜拉克論亞洲》（Drucker on Asia）中，曾經明白預測：「過去十年內，日本管理哲學之類的書盤踞西方書市；未來十年內，相信與『中國管理哲學』有關的書將會成為暢銷書。」由此充份證明，世界新思潮對「中國管理」已經開始重視。所以，若能因為本

書的拋磚引玉，引發更多研究成果，弘揚更多中華文化於世界，那何只是中華民族邁向新世紀之幸，更同時是東西方管理界之福了。

民國八十六年九月廿八日
序於中央大學

中國管理哲學及其現代應用

目　錄

第一章　孔子管理哲學
及其現代應用

第一節　何謂管理的本質？

　　孔子對「管理」的觀念，根據其思想精神，首先要求「自我管理」，亦即現代管理學所稱之 "self-management"，用孔子本身的語言，即「修身」。就現代工商界的經營術而言，即首重公司本身的健全，在向外拓展行銷之前，先要自己站穩腳跟、健全體質，因而可稱爲孔子所肯定的管理本質。

　　換句話說，孔子強調「修身」，也正是今天企業界極重視的「務本」工夫。孔子所講的「君子務本」❶，在管理學上的應用，一方面代表充實個人的修養，善修領導素養；二方面可引申代表公司內部要先健全，公司內部先要能正常化、制度化，才是可大可久的根本工作。

　　因此，孔子所說「修身、齊家、治國、平天下」，強調由內而外逐步開展的過程，就管理學而言，正代表「先安內再攘外」的程序，也代表「先內聖再外王」的根本思想。此所以《大學》中強調「物有本末，事有終始，知所先後，則近道矣。」又說：「自天子以至於庶人，壹是能以修身爲本，其本亂而末治者，否矣。」❷「修身」既爲務本的工作，就管理學而言，同樣也可稱爲「管理」的本質。

·1·

　　尤其孔子強調「克己復禮爲仁」❸，「克己」，自我克制，即代表自我管理；「復禮」，履行禮節，同樣代表自我約束。孔子對這種自我管理的境界，甚至以「仁」來稱許，充份證明這種「自我管理」，在孔子思想中佔有根本性的重要地位。

　　另外，《大學》中又強調：「富潤屋，德潤身」；❹怎樣的德才能「潤身」呢？在孔子學說中，最高的德自然是「仁」，所以「克己復禮爲仁」，同樣說明，根據孔子精神，「自我管理」足以豐潤身心，而其地位又與「富潤屋」足以相提並論，充份證明孔學之中，財經之道與修身之道可以相通，其結合點即「自我管理」此本質。

　　日本企業界在漢化過程中，多方吸收我國的四書五經不說，即以近代工業化而言，也並非盲目的全盤西化，而是在「軟體」的經營、管理的層面中，把中國儒家思想巧妙地運用上了。因而日本企業界論管理之道，也常有「儒道」一說。最典型的例子即澀澤榮一，他歷經了江戶、明治、大正、昭和四個時代，享年九十二高齡，參與經營或建立關係的企業或團體，多達六百餘家，被公認爲日本管理哲學的泰斗，而其生前最有名的主張，就是提倡「算盤」與「論語」並重❺。

　　這兩者如何並重呢？其結合點很明顯即在「自我管理」。因此，消極而言，可以用生活勤儉來克制私欲，從而可以避免奢靡的暴發戶心態，也可以避免只爲私利而謀的經營哲學。再從積極而言，更可以建立高尙情操，透過財經活動消弭貧窮，維護公平正義。在日本近代工業化的過程中，這種理論樹立了經濟活動與道德合一的倫理基礎，對日本企業界能夠成功的發展，影響至爲深遠，也深值國

內的企業經營者借鏡。

事實上，美國固特異輪胎公司董事長彼利奧來華訪問，參觀厚生橡膠公司，與該公司總經理徐風和交談經營心得之後，也曾經說道：

> 孔夫子講道理，日本人實踐道理。❻

這句話，眞正可說一語道破了日本人「知行合一」的特性。

這句話，同時正可以警惕我們國人——孔子思想何以在日本可以成功地應用在管理界？何以在中國卻經常被誤解？而且普遍被認爲與財經管理無關？就此而言，凡有現代意識的哲學工作者，均深値將孔子的傳統思想結合現代需要，特別是將孔子思想應用在現代管理，並且借鏡日本成功之道，然後再深一層對照孔子思想。相信那就必能更加把孔學發揚光大，蔚爲本國管理界之用。

例如，爲什麼自我克制與自我管理能有大用？《大學》中說得很好：「知止而後有定，定而後能靜，靜而後能安，安而後能慮，慮而後能得。」❼《中庸》也強調「君子無入而不自得焉」❽。從表面看，好像「自我克制」爲消極性，其實不然，正因能夠定下心來，靜靜思考，所以才能從容「自我管理」，安祥地全盤深思，也才能在深思熟慮後，心中有所得。並且，因爲考慮了各種情形，胸有成竹，所以「無入而不自得」，這對經營公司來講，尤其重要。因爲，唯有如此，能從整體深思，並從長遠熟慮，才能有大格局，也才能有大成就！

就此而言，若從「比較哲學」眼光來看，則孔學《中庸》強調「無入而不自得」，佛學《心經》強調「心無所住，無所得」，看

似兩者相反,其實本質上仍然相反而相成,因為,兩者均在強調心中的自我克制與自我管理。《心經》以此到達空靈,去除私欲;孔學以此「定靜安慮」,超越雜念,最後境界均能相通。

尤其,佛學最高境界仍屬「大有」的「有」宗,並非滯停於「斷滅空」;而孔學更在肯定宇宙人生的勁氣充周,大有生機。所以本質上也屬「大有」的「有」宗,此即《易經》中特別具「大有」卦名。這兩者相通之處,對現代經營成功之道也同具重大啟發。

西方著名管理學者彼得·聖吉(Peter Senge)也曾經強調:

> 我相信那些長期表現優異的企業,都是善於激發人內心深處的學習動機。有人認為這些企業靠的是自我的驕傲感,而非恐懼,我覺得用『自我期許』來形容,比自我驕傲要更貼切。❾

事實上,這種「自我期許」,本質上仍同樣來自「自我管理」。因為,唯有先能自我管理,才能真正穩妥而完備的自我規劃生涯,並且真切而有效的自我要求,從而真正做到「自我期許」,邁向對自我潛能的「自我實現」(self-realization)。此即儒學所說的「正己盡性」,個人生命固然如此,企業生命也是如此。這就充份證明了孔學「自我管理」在西方管理學中,同樣佔有本質性的地位。

另外,彼得聖吉也提出重要的警告,他指出,進入知識社會後,員工依附組織生存的現象將成為歷史,薪水再也買不到員工忠誠了。因此,未來的公司組織必須向知識員工證明,組織能夠提供他們最好的發揮機會,員工才能真正對公司組織具有向心力,從而讓公司

真正具有團結的競爭力。所以，就此而言，每位知識員工的「自我管理」將更重要。否則，如果員工均自恃有知識，而自我膨脹，拒絕合群，則公司明顯將因缺乏整合力，而喪失整體的競爭力。

孔子曾經強調：「如有周公之才與美，使驕與吝，其餘不足觀矣。」❿一位人才，即使學問再好、能力再好，但若驕傲苛薄，缺乏「自我管理」，則其他一切均不足觀。由此再次證明，「自我管理」在孔學中，具有本質性的重要角色。

另外，哈佛大學教授高曼（D. Goleman）名著《EQ》中，所強調的「情緒智商」，本質上也與孔子所說「自我管理」相通；代表相互尊重、同情理解等美德，均有賴自我控制與自我反省的管理能力。透過這種「EQ」的培養，自我管理的工夫，無論對企業管埋、行政管理、財務管理、資訊管理，均有本質性的幫助。

因為，此中所說「自我管理」，既可代表個人本身的反省能力，也可代表單位本身的反省能力。任何單位，如果遇到困難或失敗，能夠先躬自反省，自我檢討，而不是一昧向外責怪或相互推諉，才可能真正稱為成熟而有智慧的管理專家。

除此之外，彼得‧聖吉也曾提出：

> 不論行動、關係或任何事情都是相互依存的。在當今工業時代裏，日本是第一個缺乏自然資源（也不能控制自然資源）而能晉級經濟強權的國家，他們一無所有，因此深刻體會相互依存的重要性。如果你生長在像加州一樣大，卻住了一億二千百萬人的島嶼上，你大概也會明白相互依存的道理。⓫

重要的是，如何才能促使大家瞭解「相互依存」的道理？根據

孔子思想，就是必須人人注重「克己復禮」，也就是人人均能「自我管理」。由此可見，人人「自我管理」，對提高整體競爭力是何等的重要，對晉級經濟強權又是何等的重要。

另外，彼得·聖吉又曾強調：

> 我們西方人不太贊許相互依存的想法，我們只考慮事情本身。
> 但是日本人考慮的卻是事物之間的關係與比重，這就是系統
> 思考。⋯系統思考其實就是穿透複雜的表象掌握本質的能力，
> 也許稱為智慧更恰當。⑫

事實上，這種「系統思考」的形成，首先必賴有寧靜的思慮，才能有整體的宏觀，與超越的認識，這種能看透表象掌握本質的能力，同樣根源於自我管理。所以就此而論，要稱孔學以「自我管理」為管理本質，可說絲毫不誇張。就此而言，「修身」與「務本」，非但可以稱為「智慧」，更可與「仁」相通。

第二節　為何要管理？

為什麼要管理？根據孔學在《易經》的看法，「夫易，聖人所以崇德而廣業也」，說明「易」的完成，在於聖人希望能夠「崇德而廣業」。這種精神，同樣可以應用在管理界——為了要讓企業界能夠推崇德行，並且同時拓展事業，所以才需要正確的管理。如此將「崇德」和「廣業」結成一體，正如同日本名學者澁澤榮一，將「論語」和「算盤」結合起來一樣，深具重大的現代意義。

換句話說，根據孔子學說，唯有將事業發展賦以道德的意義與

目標，同時並將高尚理想結合在事業之中，才能使現代的工商業盡量開展正面貢獻，同時避免產生副作用。綜觀當今歐美與日本很多的成功事業，可說都不約而同的具有這種特性。

此所以孔子在《易經》強調：「利者，義之和也。」《大學》中也說：「百乘之家，不富聚歛之臣，與其有聚歛不臣，寧有盜臣，此謂國不以利爲利，以義爲利也。」⓭對現代管理階層深具啓示。

像日本的松下幸之助，明確將公司的價值理想定位爲「消滅貧窮」，他以此使命感，激勵員工士氣，果眞人心振奮、業績大增；另如美國的嬌生公司、摩托羅拉公司、美國電話電報公司…等等，無論公司性質，均強調公司目標並非只以賺錢爲目的，而有更高的埋想性與道德性，均可說是明顯例証。

另如，日本名學者澁澤榮一，生平除了推動「論語與算盤」結合，也提倡「道德與經濟合一論」，並以此聞名於日本企業界，他在此便明顯提供了成功的例証。他曾擔任日本第一銀行的創始人，在七十歲生日時（1909年），曾任日本天皇教席的三島中洲，在一張畫有「論語」與「算盤」的祝壽圖上，便有如後的題字：

> 青淵澁澤男，少受論語於尾高翁。…據論語把算盤。四方商社陸續競興。…是論語中有算盤也。易起數。六十四卦莫不日利。是算盤之書。而其利皆出於義之和。與論語見利思義說合。是算盤中有論語也。算盤與論語一而不二。男嘗語余曰。世人分論語算盤爲二，是經濟之所以不振。⓮

根據澁澤氏的看法，他很清楚肯定「義」與「利」能相輔相成，他並認爲，世人若將「義」與「利」分立爲二，正如同將論語與算

盤分立，或將道德與經濟分立爲二，必定造成兩敗俱傷，屆時經濟非但不振，道德也必會蹈空。可說將「義」與「利」的關係，「合則兩利，分則兩害」的本質，闡論得極爲深刻。

澀澤氏除了創建第一銀行，另外還創建了很多企業，至今經營歷史已逾百年以上的，有王子製紙公司、日本郵船會社、東洋紡織公司、東京海上火險會社…等，這些企業能夠綿延至今，除了其它客觀環境因素，最主要仍在他所秉持的方針，完全根據「論語」的精神：「君子喻於義，小人喻於利」。❶他經常以此警惕經營者，絕不可以心存投機，淪爲只見利而忽略義的小人，所以各種企業終能生生不息、可大可久。

他從創立第一銀行（1873年）開始，到1916年退休爲止，總共四十三年的漫長歲月中，經常親授員工「論語」講義❶。三島題詞中稱頌他：「以男爲模範，是皆算盤據論語之效也。」的確非常中肯，尤其澀澤氏在1886年便首度公開提倡「義利合一論」，其生平事業，堪稱日本企業家宣揚孔學的最成功例証。

反觀國內當今人心，多半只迷戀經濟物慾，甚至成爲「拜金主義」，對於道德反而嗤之以鼻，以爲道德只會妨礙經濟活動。殊不知，這種暴發戶之見，非但會使社會道德沉淪，經濟成果也會被物慾橫流所腐蝕。就此而言，孔學重視「崇德」與「廣業」，同時強調「義」與「利」，便極具重要的啓發性。

另外，就西方成功的企業家而言，同樣有很多的例証可以說明，他們均以超越賺錢爲特色，經營公司的理念，能同時注重價值意義和人文精神，絕非只以賺錢爲目的，所以才反而能使事業更成功，同時又能深具道德形象。

例如，著名的管理學者畢德士(Thomas J. Peters)便曾指出：

> 很多同事聽到我們大談價值和文化的重要性時，都說：『很
> 好啊！不過，做生意不就是要賺錢第一嗎？』答案是：做生
> 意固然要講求獲利，但是從獲利甚高的傑出企業來看，他們
> 還講求財務健全、服務顧客、追求意義等事，就如某位主管
> 所說：『獲利就像健康一樣，你需要它，而且愈多愈好，但
> 是它卻不是你活著的目的。』我們發現那些以獲利爲主要營
> 運目的的公司，財務上並不比別的公司好。❼

　　所以，根據孔學精神，「管理」的目標並非只是爲了賺錢，而
是要把重要的人文理想，跟事業一起推廣出去。很多人認爲儒學屬
於只管內心世界的學問，其實不然；更有人認爲儒家只經營道德，
不經營事業，其實也不對。《大學》中說得好：「德者本也，財者
末也，外本內末，爭民施奪，是故財聚則民散，財散則民聚。」❽
經營事業者，本身必須要有道德理想、恢宏的人文胸懷，才能夠以
此爭取人心，此所謂「財聚則民散；財散則民聚」。如此一來，才
能既推廣事業績效，也建立品牌形象。孔門這種遠見與襟懷，的確
深值中外企業家共同省思與借鏡。

　　著名的嬰兒用品公司嬌生公司（Johnson ＆ Johnson），在其
「我們的信念」中，曾經明白強調：

> 我們相信公司的首要責任，是照顧那些使用嬌生產品或服務
> 的人，無論他是醫生、護士、病人，或是母親、父親，以及
> 任何其他人。我們對全世界的員工都有責任，每個人都應視

爲有價值的個體。我們尊重每個員工的尊嚴與價值。我們必
須培養一群優良的主管，他們的所作所爲必須公平且符合道
德。我們對於所在的社區及全世界有責任。⓳

從上述宣式性的內容中，清楚可見，嬌生公司高懸「責任感」
與「道德心」，正因如此明確表達了他們的道德心與責任感，所以
才能夠使其消費者放心與安心，然後才能做到促進業績，這便是
「崇德而廣業」、「道德與經濟合一」的成功証明。

另外，摩托羅拉（Motorola）在其〈主要的信仰〉宣言中，也
明確強調：「永遠尊重員工」、「不妥協之誠信原則」⓴；讀者文
摘公司（Reader's Digest）也在其〈公司的使命〉文中，指出
「服務與品質的傳承，只建立在使命裏的超時代想法」㉑；全錄公
司（Xerox）在〈全錄的價值觀〉中也強調，「我們要作爲一個負
責任的企業公民」㉒；馬立亞連鎖飯店（Marriott）更明白指
出，其理念（vision）在「用一種關懷的態度、公平、道德，與誠
實的對待員工」。㉓凡此種種，均爲相同例証，充份証明，凡成功
的公司，必定注重責任、誠信、公平、道德等超經濟因素，唯有如
此，才能同時提昇其經濟活動的意義與價值，又能充份發展經濟事
業鴻圖大展。

再如波音公司（Boing）更爲明顯例証，在其〈長期使命〉文
中，該公司宣稱：「要成爲世界排名第一的航太公司」，而其方法，
則爲強調「誠信」原則，明白宣示「誠信」乃波音一貫的企業原
則：「我們所有的行動及關係，都遵循以下原則，絕無例外──相
互尊重、公平處理所有關係，遵守承諾、善盡責任；誠實地爲我們

的行爲負責。」❷由這些內容均清楚可知，孔子精神所強調「崇德而廣業」、「道德與經營並重」的特色，的確可成爲中外工商業者永恒的成功之道。

另如，美國電話電報公司（AT ＆ T）同樣在〈我們共同的信條〉文中，明白宣示追求「最嚴格的誠信標準」，並承諾「必定會以誠實、合乎道德的原則從事商業交易」，「每一位員工的行爲都可以保証AT ＆ T的聲譽永遠值得信賴。」❷由此充份可見，即使在現代先進的西方公司，仍尊崇孔子精神的永恒哲理——「民無信不立」，並且以最嚴格的誠信標準自我要求，從而以此得到客戶的信任。如此以道德作爲拓展經濟的動力，可稱爲孔子思想的現代意義，再次提供了成功的佐証。

曾經有人問趨勢大師約翰・奈思比（John Naisbitt）：

> 杭廷頓（Samuel Huntington）提出了未來將產生東西文化衝突的説法，引起不少爭議。你對此有何看法？❷

奈思比說到：

> 他的説法有很大的謬誤。原因之一是他的説法太兩極化——從前是一個方向，未來將完全相反。他在文章中使用了『國家主義』（nationalism）一詞，但我使用的是族群意識（tribalism），也就是個人都希望尋求族群認同、嚮往自治。現在電信科技這麼發達，國界愈來愈模糊，人們自然會產生追求族群認同、自治的需求。這種需求非常健康、值得尊敬，實在不能隨便以文化衝突、文化戰爭稱之。❷

　　事實上，我們若以孔子「崇德而廣業」的精神來看，便可印証，無論在東方日本，或西方美國，均能相通，既無「文化衝突」，更無「文化戰爭」。

　　奈思比又曾說到：

> 東亞各國是以亞洲的方式在進行現代化，西化並不是現代化的代名詞。但西方各國似乎不太想這個問題。❷❽
>
> 至於價值觀、文化自主的問題，像新加坡、馬來西亞要求西方不得干預，我認爲甚至說得太晚了。事實上，只要亞洲各國提出來，西方國家就會開始聽進去、慢慢了解。亞洲各國應該說得更大聲一些。❷❾

　　換句話說，類似「道德經濟合一論」的價值觀，早在中國孔子即有根源與傳統，並無需外求於歐美。今天東方各國，只要有這種文化自覺，便能有文化自主，就此而言，孔學對亞洲現代化可說扮演極重要的角色，深值配合現代需要，多多賦予現代詮釋，然後必能爲東方式管理大放光芒。

　　事實上，孔子思想的另外一項重要特色，即爲注重「時間」，因而孟子稱頌其爲「聖之時者」，孔子贊易也經常強調「時之義大矣哉！」這對管理哲學的啓發——注重時間速度、掌握時代脈動，同樣可說具有極大的影響與貢獻。誠如近代西方管理學者威廉‧大衛道(William H. Davidow)等，在《虛擬企業》名著中所說：「如果『變』，是這個『多變』的時代唯一『不變』的眞理，難怪猶如變形蟲組織一樣多變的虛擬企業，會讓許多人心醉不已。」❸⓿就此而言，孔學贊《易經》，讓世人能認識易有三義：「變

易」、「簡易」、與「不易」，尤具重大的現代啓迪。

　　波士頓顧問公司的史托克(George Stalk)及湯姆斯(Thomas M. Hout)在《與時間賽跑》一書中，也曾經詳述「時間」，如何成爲決定企業成敗的關鍵：

> 新時代的競爭，基本上已不是比成本、價格，而是比快。但新時代的快，不只是反應快、腦筋動得快，更是在整個流程和企業組織中必須重新設計規劃，以使整個企業更具彈性，更快速回應市場和外在環境巨變。過去認爲時間就是金錢，但現在時間比金錢還重要。事實上，時間就是金錢、產品、品質，時間的革命就是企業革命。❸

　　這種對「時間」的極端看重，以及對「因應變化」的極端注重，均可從孔學易經的「變化哲學」中，得到重大啓發，從而也可看出，正因孔子極端重視「變化不居」的時間因素，所以對今天企管家的啓發，便是應更注重應變與時間、速度、時機等因素。

　　像美國工業在80年代以前，一直獨領風騷，穩居領導者寶座，但自從1980年日本三菱、新力等大企業，開始進行一連串以「時間」爲基礎的革命後，這種優勢就爲日本企業所取代。日本開始追求速度的革命，他們管理時間就像控制開銷、品質、庫存一樣，用時間的優勢及時提供顧客低價、高附加價值且多樣的產品❸。根據管理學家統計，西方工業的產品從設計到大量生產，需要三十到三十八個月，而日本企業只要十四到十八個月即可完成，幾乎節省三分之一的時間，能先推出新產品，並縮短無謂的浪費，因此日本企業的成本能降低30％，從而掀起一場商場上的巨大變革。❸

　　由此充份可証，孔子注重「時間」的特色，在中國未受到重視，在經營管理界也未得到應用，反而由日本企業界學習後，發揚得極爲透徹，甚至能夠以此超越西方公司。面對這種情形，中國兩岸的企業經營者，很有必要根據中國固有哲學智慧，應用於今日管理的需要，並重建民族自信心，若能如此靈活結合傳統與現代，相信必定能貢獻良多，甚至在國際上大放異彩。

第三節　何時要管理？

　　若問孔子「何時應管理？」根據孔子思想，應從「多問多學」開始，因爲，唯有親自多學習、多詢問、多請教，才能瞭解問題，然後才能從中解決問題，邁向成功的管理。此所以孔子強調「三人行，必有我師」，代表他對任何人，都覺得深具可學之處；尤其「孔子入大廟，每事問」❸，如此勤問勤學的精神，更對現代企業家深具啓發作用。

　　西方近代科學哲學家湯瑪士·庫恩（Thomas　Kuhn）曾經指出，科學之所以能進步，主要就來自於「能發掘中肯的問題」。因爲，唯有如此才能解決問題，開拓新境；這也正是孔子「每事問」重要的求眞精神。如果用企業經營的角度來看，「每事問」，也代表追根究柢、實事求是的精神。這種「到現場每事問」的認眞踏實態度，在現代企業家中，便有很多成功例証。

　　例如，在日本素有「經營之神」雅譽的松下幸之助，其經營作風特色之一，就是每逢問題產生，一定親赴現場去了解，而並不是要求部屬將報告送上來。他的看法是：「主動到現場才能找出問題

所在，要部屬寫報告，很可能把事實眞象有所隱蔽，甚至包庇。」㉟

　　事實上，今天日本企業家很多人都在世界舞臺上深具影響力，而他們共同的特色之一，就是表現出「到現場每事問」的敬業精神。例如在50年代即積極在中東地區尋找油源，以因應日本石油危機的山下太郎便是一例，他從1958年設立阿拉伯石油會社起，成就便極引人注目。㊱

　　另一個「每事問」的實例是，日本石橋輪胎公司，也與中東相關，早在1949、50年代，該公司即領先其他公司，在中東市場拓展活動。爲了將輪胎的品質能符合當地的特性，該公司對國王座車，到油田地帶或者在山區走動，都加以深入調查，以瞭解兩者路況對輪胎破損情況有何不同，然後再將資料送回東京總公司加以分析。㊲如此一來，國王座車的輪胎就明顯只能採用石橋製品，其影響業績之拓展，自然不言而喻。由此可見，這種踐及履及、苦幹實幹的作風，實爲成功的關鍵，就此而言，孔子「每事問」的精神便極相通。

　　除此之外，若問孔子管理之道，應從何時開始做爲契機？孔學精神必定同時強調「乾元」的重要性。此所以孔子在《易經》中說：「乾始，能以美利利天下。」㊳也就是說，要以乾道開始，才能充滿生命的創造活力，也才能以眞正陽剛之美來利天下。所以《易經》又說：「乾，元亨利貞」㊴，代表管理很重要的關鍵和順序。所謂「元者，善之長也。」更代表要能在管理之中元氣淋漓、充滿幹勁、激發活力，才能創造宏偉業績，儒家在此勇往直前的積極創業精神，對現代管理學尤其啓發重大。

因此《易經》六十四卦中，以乾元爲首，並在最後一卦殿以「未濟」；代表「大哉乾元，乃統天」，其創造精神足以統攝天地生氣，彌漫宇宙萬物，並肯定萬有的生生活力運轉無窮，能夠永無止境地往前奔進，形成孔學在《易經》中雄渾有力的「歷程哲學」（process philosophy）⑩。應用所及，其管理哲學同樣充滿生生不息的創造活力，這對今天無論中外的企業家，影響都極爲深遠。

此所以，畢德士在《追求卓越》（In Search of Excellence）中，曾經指出，什麼叫「傑出公司」？最重要的標準便是要「不斷創新」，用孔子的話來說，正是「生生之謂易」的精神。畢德士說：

> 我們定下了傑出公司的標準──不斷創新的大公司。這裏所謂的創新，不僅是指具有創造力的員工，發展出可以上市的新產品和新服務，也指一個公司能夠不斷的對周遭環境應變，凡是顧客口味、政府法令、國際貿易環境改變，這些公司的方針也馬上跟著調整轉變。簡言之，他們的文化就是創新。⑪
> 傑出公司的第一個特徵是重視行動。⑫

根據孔子看法，真正聖人要能與時俱進，深知時代脈動，也要能注重改革，掌握變化主軸；此即孔子在《易經》「革」卦所說「順乎天而應乎人」的成功之道。西方管理學者畢德士在此所見不約而同，正如《易經》所稱：「殊途而同歸，百慮而一致。」

另如美國名學者甘迺迪（Paul Kennedy）也曾說：

> 改變自己說來很美好，但每個社會都有既得利益的抗拒。因

此，我們要去鼓勵領導人去掌試改變，而傳播媒體、新聞界、一般人都要願意去討論改變的可能，去思考改變的方法，這樣才可能進而對周遭的新事務做出回應。❸

此外，有關管理成功的契機，孔子最重視的關鍵，莫過於重視「道」，這對現代企業，尤具重大啟發作用。因為，「道」在今天，即可稱為「信念」，應終身弘揚，生死以之；此孔門所謂「道不可須臾離也，可離非道也。」，甚至「朝聞道，夕死可矣。」西方管理學者畢德士便曾說：

> 能屹立數年的大組織，並非得力於組織形態或行政技巧，而在於『信念』的力量，以及信念對組織成員的吸引力。因此我的理論是：任何一個組織要想生存、成功，首先必須擁有一套完整的信念，作為一切政策和行為的最高準則。其次，必須遵守那些信念。處在千變萬化中的世界裏，要迎接挑戰，就必須準備自我求變，而唯一不能變的就是信念。換句話說，組織的成功，主要是跟它的基本哲學、精神和驅策動機有關。信念的重要性遠超過技術、經濟資源、組織結構、創新和時效。❹

此即孔子所說：「形而上者之謂道，形而下者之謂器」❺，就企業經營而言，組織的成功，主要跟它的基本哲學、精神理念和驅策動機有關，這些看似抽象、「形而上」，卻是真正可大可久的支撐力量，也是「一套完整的信念」。換句話說，經營公司成功之道，固然要注重看得見的統計數字（形而下），但更應注重看不見的精神

動力（形而上）。好比看得見的樹木能否茂盛，端賴其看不見的樹根
是否深厚，《易經》肯定世界變化不居，此其「變易」之義，但同
時也肯定其有「不變」之道，此即「不易」之義，亦即「一以貫之」，
很清楚的「一套完整理念」。用《易經》的話來說，就是「旁通統
貫」之道。所以畢德士也強調：

> 所有表現比較好的公司，都有一套清楚的信念；表現比較差
> 的機構，則多半沒有一套統一的信念，要不就是有很多的目
> 標，而且熱中於那些可以用統計數字表示的目標。㊻

根據孔子精神，「人能弘道，非道弘人」，所以公司的領導人，
應該勇於弘揚本身基本的信念價值，並且善於發揚光大，爭取更多
認同。此即畢德士所說：

> 組織中的領導者，必須善於推動，保護這些價值，若是只注
> 意守成，那是會失敗的。總之，組織的生存，其實就是價值
> 觀的維繫，以及大家對價值觀的認同。季辛吉也強調領導者
> 要積極參與和推動，他說：『領導者的工作，是要把他的部
> 屬帶到一個他們不曾到過的境界，領導者必須拓展他們的視
> 野。』㊼
>
> 能夠成功的把價值灌輸給全體員工，並不是靠他個人的魅力，
> 而是領導者對自己制訂的價值觀念很執著，並且持續不斷的
> 加強這些價值觀念。他們就像傳播福音的人一樣，要到處去
> 傳道，而不是光坐在自己的辦公室裏傳播真理。他們要花更
> 多的時間跟員工相處，尤其是組織中最基層的成員。㊽

　　尤其重要的是，孔子精神強調「苟日新、日日新、又日新」，「是故君子無所不用其極。」❹要能從各方面均充份發揮創造潛能。因此，孔子所說的「道」，絕非保守僵化的道，而是靈活創造的道，隨時能自我調整、趕上時代、融入時代，並且主導時代。此即《易經》最後卦名「未濟」，象徵永不自滿的革新，而絕非自滿自大的「既濟」。西方管理學者甘迺迪教授所舉例証便極為相通：

> 我把這類社會稱為追趕型社會（catching-up societies），為了由後趕上先進，他們通常比較願意改變自我。而身居領先或是滿意於現況的社會，大都只是守成而已。十七、十八世紀，英國力圖追上荷蘭，因此英國人一直緊盯著聰明的荷蘭人在做什麼，思考英國能否做得更好，雖然他們心中想的是追上別人，實際上卻是為改變自我做準備；近三十五年來的韓國、台灣也是一心一意想追上日本。因此，能夠找到追趕目標的社會，對改變總能有較佳的準備，他們對要追求的目標與境界，總能有清楚而具體的圖像。❺

　　這種「弘道」的信念，代表要能根據公司的基本理念，推動高尚的價值理想。這對今天企業界的啟發，就是領導人要能花更多時間與員工相處，透過溝通、闡論，而凝聚共識，一起為共同的信念而奮鬥打拼。

　　美國MCI電話公司的一位高階主管曾說：

> 在MCI被槍斃的不是那些做錯事的員工，而是那些不敢冒險的人。❺

如何才能學會騎腳踏車？只有靠不斷摔跤才能學會。同樣的，
未來的企業要保持競爭，唯有不斷試驗、努力、冒險、犯錯，
才能學習到生存的本領。…大前研一，他前不久在一場演講
上提到：我們處於以智慧資產為經濟主體的年代；所謂的附
加價值都是藉由資訊、智慧、試驗、學習等這些無形的東西
而得來的。不論是台灣或美國的企業都應該看得很清楚，未
來不管那一行的企業要成功，就靠這些了。㉒

　　在日本素有「經營之神」稱譽的松下幸之助，經常被稱道為
「經營之神，即之也溫。」他也曾經強調：

多聽部屬的意見，才會激發部屬的想像力與創見。

　　有名的通用汽車公司（GM）經營者史隆（A. Sloan Tr.）是
締造該公司聯邦集權與地方分權組織型態的一代經營宗師。他的經
營風格，據彼得‧杜魯克所撰的 "Management Case Book" 記載，
生前待人接物溫煦和藹，即使是對黑人的電梯小弟，也以『某某先
生』稱呼，而不像一般洋人直呼名字的輕鬆、隨便氣息。㉓
　　凡此種種，均証明成功的企業家，必定能親切地與員工打成一
片，然後很溫馨地傳達公司理念與信念，從而激發共識，一體創進。
就此而言，孔子強調的「弘道」精神，的確深具重大的啟發性。

第四節　從何處管理？

根據孔子的精神，對於「何處管理」，可說有三種特色：

(1)人性化管理；(2)理性化管理；(3)社教化管理。

(1)　人性化管理：

儒家並不主張硬梆梆的僵化管理，此其所謂「導之以政，齊之以刑，民免而無恥。」因為這種管理會令人陽奉陰違，口服心不服。所以孔子主張「導之以德，齊之以禮，有恥且格。」也就是讓員工自動自發、有榮譽心、有羞恥感，這種管理能尊重員工、同情員工、理解員工的人性面，正與今日西方重視的「人性化管理」完全相通。

尤其，孔子強調「忠恕」之道，為其整體學說「一以貫之」的中心思想，這種將心比心的特色，運用在管理上，尤其啟發很多。代表著除了老闆對員工要同情、尊重外，公司對顧客同樣要設身處地的盡心服務，這種「服務第一」、「顧客至上」的理念，正是中外企業家能成功的共同特色。

在《企業與信念》（A Business and Its Beliefs）這本書中，IBM的華特生談到對公司經營影響深遠的理念時，就對「服務」作了非常愷切的剖析：

> 多年以前，我們登了一則廣告，用一目瞭然的粗體字寫著：『IBM就是最佳服務的表徵。』我始終認為這是我們有史以來最佳的廣告，因為它很清楚的表達IBM真正的經營理念——我們要提供世界上最好的服務。❺

另外，值得重視的是，即使在現代顧客心理中，產品的價格或

品質，並不是促使消費者改變品牌的主要因素，眞正的關鍵，在於產品「售後服務」給顧客的感覺。這種結果十分令人驚訝，因爲很多成功的公司強調，他們多數寧可注重「服務的品質」，而非「產品的品質」；換句話說，顧客們在購買過程中是否感覺受尊重、購買後感覺公司是否有信用、對其回應是否夠熱誠、公司是否值得信賴、是否瞭解其心情等等，反而均比產品本身重要。很多早期有成的公司，一直以爲眞正重要的，應是產品本身的品質，但是現在的消費者卻不這麼想。

德州一位管理教授根據這項調查結果，歸納了五項影響服務品質的因素，依其重要性排列分別是：一、誠信度；二、回應的熱誠；三、信賴感；四、同理心；五、產品本身❺。這項科學分析的結果，充份証明孔子「人性化」的管理，尊重他人的精神，至今仍然是中外成功企業家共同遵從的永恒眞理。

因此，今後的全球企業趨勢，即使在製造業，也必須警惕，本身服務的品質，還比其製造的產品重要。當然，製造業最困難的轉變，就是要了解自己已逐漸變成服務業。義大利有一家叫本立頓（Benetton）的成衣商，這家公司的組織與營運方式在西方人眼中十分奇特，但卻很有效率。它是家營業額五千億美元的大公司，可是員工只有一千五百人，比例之低令人難以置信。在行銷方面，Benetton共有五千多個銷售點，這些下游協力公司與Benetton全部電腦連線作業，所以它能隨時掌握全球各行銷據點的銷售狀況❻。該公司以如此有限的人力，卻能發揮難以相信的業績，爲什麼？經過深入分析，就因爲該公司注重「人性化」的管理，因而既能贏得員工人心，也能贏得顧客人心，非常注重售後服務，如此「得民心」

的結果，當然能鴻圖大展、「以寡敵衆」，業績大增。

　　除此之外，孔子「忠恕」之道的另一現代詮釋，就是瞭解顧客心理，尤其是注重品牌形象的心理。任何普通產品若印上顧客珍惜的品牌，或特定時空的紀念標誌，通常便能身價百倍。通用汽車（GM）副總裁楊雪蘭便曾說到：

> 米老鼠擁有品牌資產（brand equity）。所謂品牌資產就是品牌在顧客心靈累積的龐大資產，因爲品牌和顧客間建立起的關係，這種品牌資產才能夠累積成形。而米老鼠也因此成爲狄斯耐等主題遊樂園的中心，幾十億美元的生意就環繞著米老鼠建立起來。一件普通的白色運動衫只需要五、六美元就買得到，把米老鼠的臉放在上面，這件運動衫就值十八美元了。這就是品牌資產所帶來的附加價值。❺❼

　　正因品牌形象建立不易，所以不能輕言放棄，以免顧客喪失信心與向心力，此亦通用汽車公司的管理原則──雖然經常換新車型，但絕不放棄本性。因此其副總裁楊雪蘭接著又說到：

> 創新應該不離本性。如果把產品想成是一個人，即使人漸漸成長，外表改變、搬家、嘗試不同食物、換工作，最基本的個性和價值觀還應是一樣的。汽車業也有類似的例子。大家都知道別克汽車是大型的四門轎車，如果別克變成流線型的時髦跑車，就不是別克。通用汽車就犯了這個錯誤，這輛車當然賣得不好。❺❽

　　此中重要的關鍵，在於「把產品想成是一個人」，這就是典型

的「人性化」管理。即使對冷冰冰的產品，也能將該「物」予以人性化，如此一來，吸引人心的效果自然良好，促銷也必定成功。

惠普公司的成功也有相同的因素，因其公司非常重視「人性化的溝通」，鼓勵員工以非常輕鬆、非常親切、相知相惜的方式交流互動，所以員工的哲學重點就是「到處走動」。員工彼此的信賴程度，甚至准許人們，自由的把玩同事們正在發明的東西。有名年輕的工程師就說：

> 你很快便會知道，你應該有一些能讓別人把玩的東西。可能在到職第一天，有人告訴你，在附近走動把玩你正在設計的小玩意的人，可能就是老闆惠利特或普卡德（David Packard）。❺

事實上，正因為公司的氣氛如沐春風，充滿和氣，有了如此人性化的管理，所以能夠促進彼此心靈感應與腦力激盪，從而更提升生產力，自然整體競爭力能更高昂。所以惠普公司也談到「隔座板凳的聯想」，這個觀念是說，當你環顧坐在隔壁凳子上的人們，想想你可能發明什麼東西，使他們能夠更容易更有效的工作，如此貼心的為人設想，很能增進新的靈感與發現❻。凡此種種，充份証明「人性化」的管理，實與競爭力息息相關，所以孔子重視人性化的精神，至今仍深具重大的現代意義。

(2) 理性化管理：

儒家的本質，非常重視「理性精神」，此所以林語堂在英文名著《論孔子》中，曾經簡明扼要的稱儒家為「合理的哲學」

（philosophy of reasonableness），牟宗三先生也曾明指儒家為「健康的理性主義」，這對現代工商企業，尤具重大啓發。因為，理性精神就是能講眞話、能講道理，如果公司中，多數人不敢講眞話，只知逢迎拍馬，領導人只想聽他愛聽的話，公司便會開始有危機。

《貞觀政要》中，唐太宗問魏徵：「何爲明君？何爲昏君？」魏徵回答：「兼聽則明，偏信則昏。」代表眞正開明的領導人，必定能兼聽各種意見，並能容納異己的聲音；而昏庸的領導人只偏信阿諛之聲，經常在歌功頌德中昏了頭，自然只有失敗。政治上固然如此，管理上同樣如此。所以，只有理性化的管理，就事論事，以理服人，而不是以力服人，才能眞正集思廣義，邁向成功。

很多外國學者誤以爲儒家就是強調「絕對的服從」，如德國韋伯（Max Weber）就是如此❻❶。他們認爲根據孔子講法，在家中，父親就是專制極權，子女盲目服從，這就是「孝」；然後在社會又「移孝作忠」，中國人便成爲盲目地服從政治權威。他們以此來解釋爲什麼中國幾千年來一直是君主體制，一貫是「家長制」，最後歸咎於孔子，這是嚴重的誤解。

事實上，孔子從來未曾教人盲目地服從權威。孔子在《孝經》中回答曾子的一段話便非常精彩。曾子問：「子從父令，可謂孝乎？」孔子立刻答以：「是何言也？」然後說：「君有諍臣，父有諍子，士有諍友。」如果要使君不陷於不仁，父不陷於不義，士不陷於不信，則「不可以不諍」。這種據理力爭、不怕權勢的精神，就是「理性精神」！

所以，一個國家要能進步，必須普遍能「理性化」，一個公司

亦使如此。此所以韋伯論「現代化」，曾經明指「理性化」
（rationalization）即「現代化」（Modernization），這非但
對國家的現代化很有啓發，對企業的現代化同樣很有啓示。如當代
企管學者彼得·聖吉便曾說到：

> 經由對話互動的程序，參與對話的人才能將想法融合為一，
> 產生全新的想法，超越其中任何一人單獨的思考結果。物理
> 學大師海森堡在他的自傳裏，提到他與其他二十世紀初葉物
> 理學大師的對話經驗，就形容：『物理學家的根本對話』隨
> 著對談進展，每個人的想法開始改變，最後他們的想法完全
> 超出了他們原先各自的想像。對話的過程就像一個有機體，
> 像在栽種、培育動植物一樣，所生長出來的結果是觀察、思
> 考世界的全新方式。這不是一個人可以獨立做到的，它是經
> 由團體互動而來的。有一點非常重要，對話的能力一定要有
> 紀律做基礎。⑫

　　此中提到的「對話」，需要相互尊重、彼此包容，也需要共同
遵守紀律與守分，凡此種種，均需要有理性做基礎。由此便充份可
見，孔子重視理性精神的重要性。

　　聯合航空公司（United Airlines）的卡森（Ed. Carlson）
也提出明顯例証，他稱「自由溝通」為「看得見的管理」以及「走
動的管理」（management by walking around，簡稱MBWA）⑬。
惠普公司則認為這是「惠普方式」的重要一環，因為惠普公司所有
的金玉良言，都與加強溝通有關，所以特別重視理性精神。有位惠
普公司的人員，談到該公司的核心實驗組織時，就曾說：

我們不知道哪種組織最好，惟一能確定的是，我們第一步先做自由溝通，這是關鍵所在，我們必須不計任何代價來保存它。❻

　　事實上，孔子贊易時，對溝通的重要，很早就有精闢的申論。因此在「泰」卦中，他明白指出，要「天地相交，萬物相通」，所以才能「泰」；反之，若「天地不交，萬物不通」，溝通不良，則必定成「否」❻。由此看來，任何公司如果要想「否極泰來」，首先必須溝通良好，否則必定上下離心離德，結果不堪設想。這種睿智，迄今仍然深值重視，甚至「不計任何代價值保存它」。

(3)　社教化管理：

　　孔子曾經強調：「君子之德風，小人之德草；草上之風必偃。」這種「上行下效」以身作則的精神，在現代管理深具重大意義。

　　因爲，如果董事長很開明，隨時傾聽各種聲音，那麼，總經理也會是如此，總經理若如此，則各部門經理也會如此。各部門經理若如此，那各基層主管也必定如此，這就能夠產生普遍「教化」的功用。孔子生平最爲重視社會教化，在今天管理學則可稱爲「公司教化」，以形成該公司上下一體奉行的「企業文化」，這對該公司能否成功，深具重要的影響。

　　教化作用除對了公司本身，能凝聚共識團結力量外，對社會的號召，乃至義工的感召，同樣深具啓發。此所以管理大師杜拉克（Peter Drucker）曾說到：

　　現代社會很多公民，因爲覺得自己很孤獨，而想要對社會有

　　所參與和貢獻，因此志願部門（volunteer　sector）的重要性日增。志願義工都是有貢獻感、公民感及社區感的人，所以毫無疑問，未來社會的中堅力量，將是非營利的社會機構，而非政府或者商業界。政府只管要人民遵行它所推動的政策；商業界只管提供產品從中獲利，但是非營利機構則不同，它們提供的產品是脫胎換骨後的個人（changed　human　being），所以它們的影響力也會愈來愈重要。**⑯**

　　這種所謂「脫胎換骨的個人」，用孔子精神講，就是經過人文教化，充份提昇靈性、變化氣質的個人。由此看來，教育就絕非只是賠錢、花錢的性質，因其能普遍提升民眾品質，所以能提昇整體競爭力，這無論對公司或對社會，其定位就不僅是社會福利，而也能成為賺錢的保証。所以，即使在美國，哈佛波特教授也強調：

　　以前我們都認為教育投資是社會福利，只賠不賺的，但是從培養競爭力的觀點來看就完全不一樣了，教育就變成一種投資，可以促進經濟進步。**⑰**

　　因此，波特也從整體競爭力著眼，特別指出，「教育經費絕不能刪減，政府要領導全國著手改善教育體係。」這從啟迪民智、探尋民意的角度來看，尤具重大意義。

　　尤其，今日所謂「民意」，應指「民智已開的大眾」（enlightened　public），經過理性思考所產生的判斷。所以「民智已開的大眾」，乃是一個公民社會很重要的部份，他們也必須對政府決策具有重要的影響力。如果沒有成熟的理性大眾，選舉之類

的民主形式，便很容易會被操縱與誤用。結果很可能有民主之名、而無民主之實。政治固然如此，企業管理同樣如此。這就再次証明社會教育是何等的重要。

因此，即使在美國，成功的企業家經常反省這項重大問題，他們認定，「教育」應該培養「民智已開的大眾」。一個良好的公民社會裏，不但基礎教育重要，而且必須有一定比例的民眾受到高等教育，具有對複雜事務的思辨能力。這與孔子「有教無類」的思想更可說完全相通。

事實上，眾所皆知，人民教育程度不高的社會，很難眞正實行民主。不幸的是，在美國，即使教育程度很高的人民，也很容易因爲只關心個人生活，而不參加投票、不讀報紙、不關心公眾事務，因而無法成爲成熟公民的一份子。換句話說，成功的社會，奠基於成熟的公民，而與國家大小無關；同樣情形，成功的企業，也奠基於成熟的員工，而與公司大小無關。所謂成熟，就是理性化與社教化的程度，由此充份可見孔子學說的重要性。

有人曾問管理大師杜拉克：

> 80年代一度盛行『大就是好』的觀念，但是90年代的趨勢又變成了『小而美』，你認爲規模與效率之間，究竟有什麼關係？

杜拉克回答：

> 只要是適合的，就是美。大象是不是比蝴蝶更美麗？我不知道。而蟑螂其貌不揚，卻比人類更有生存能力。所以適當的

規模大小，實際上與功能有關。依我的觀察，今天的中型企業將會是最能適應世界競爭的組織型態，因爲它們變化自如，而且逐漸比大型企業更能吸引最優秀的年輕人。**⑥**

換句話說，根據杜拉克，企業要能變化自如，深具靈活性，而且要能吸引最優秀的人才，才能更具功能，而這兩項要件，均賴普遍的「教育」。因爲，只有推廣教育，才能去除僵化、變化自如，也只有「社教化」的管理，才能人才濟濟，兼容並蓄。凡此種種，均可看出「孔子重視教育」，對現代管理的重大影響。

除此之外，孔子重視的「教」與「學」相長，今天同樣對提昇企業競爭力很有幫助。此所以，即使在美國，杜拉克也強調：

> 這事實上是一體兩面。…最近幾年，在產業界有一個重要的發現，那就是教、學的確相長——『教』是最好的自我學習。提升一名超級業務員生產力的最佳方式，就是讓他在業務會議上公開傳授『我的制勝之道』。在資訊時代，人們口耳相傳『企業必須是一個學習性組織』，但不要忘了，企業也必須是一個教學組織。**⑦**

由此充份可見，孔子學說非但在教育界深具啓發性，即使對今天的企業界，同樣深具重大的現代意義。

第五節　何人能管理？

什麼人才適合管理？這個問題，代表經營者的成功要件，研究

孔子思想，可以得到很多啓發。首先，從整體的要件來言，可從何謂「儒」加以分析。漢儒揚雄說的很中肯：「通天地人之謂儒。」引申來說，對一個經營者而言，代表必須要有「通天、地、人」的精神氣概，也就是要有頂天立地的價值理想，能有雄偉恢宏的胸襟，才能包容各種人才，眼光格局遠大，將工作不僅當作餬口的「職業」而已，更能當成高尚理想的「志業」。

今天企業的領導者，若能有這種大氣魄與高境界，才能達到孟子所稱的「上下與天地同其流」，不致流於暴發戶的低俗，或市儈者的鄙陋。換句話說，今天的企業領導者，若能充實哲學修養，提昇精神氣象，則其對於公司的整體規劃與重大決策，將有關鍵性的幫助。反之，如果領導人目光如豆，胸襟狹小，私心太重，那非但無法得到良好的社會形象，也無法長期在經濟上成功。

孔子曾經強調：「君子不器。」也正是對經營者同樣的啓發。代表經營者，不要只斤斤計較於眼前的小利，自困其中，而要能超脫其上，以無形的精神信念做為創業動力，此即所謂「形而上者之謂道，形而下者之謂器」。所以「君子不器」，正是孔子對現代經營者的重要提示——不要自我侷限，不要自我小化，不要自我矮化，更不要自我庸俗化，而要能共同超拔其上，精神雍容、器宇恢宏，如此才能有真正成功而持久的創業。

就此而言，西方管理名家也有相通體認，此所以管理名家布蘭德（Steven C. Brandt）曾說到：

> 創業家有三種：有人開個店的目的只是爲了維持生計，這是
> 第一種創業家。第二種創業家創辦企業的目的就是建立企業

本身，他不只是爲自己工作，也希望在離開自己的事業或去世時，能留下一些有價值的東西，不像第一種企業家一旦離開世界，店也就關門了。第三種創業家野心很大，他的目標是建立高速成長的公司，而且要公開上市。**❼**

換句話說，經營者有三種境界，一是只求餬口的「職業」；二是能在歷史留名的「事業」；三則是能夠規模宏大，並有歷史使命的「志業」。這種精神不以近利爲足，不以眼前爲限，而能眼光遠大，胸懷廣闊，這正是孔子所說「君子不器」，對經營者的極佳註腳。

此所以西方最新管理學很重視，領導人是否有脫俗雍容的修養，以及圓融成熟的態度。因爲，唯有如此，才能以超然公正與廓然大度的胸襟與精神，整合與團結各方的力量。凱森巴克（J.R. Katzenbach）專研《團隊的智慧》，他就曾經強調：

> 團隊領導人的資格不在他的人格特質、聲譽和職位高低，而在於他的態度。成功的召集人一直都在追求一個完美的平衡點，他一方面要指導團隊，一方面要學會放手；一方面要自己做困難的決定，另方面要其他人學習做決定；一方面要自行完成困難的任務，另方面要讓其他人學會做事，因爲在金字塔組織中養成的管理習慣，不夠圓熟的召集人通常會過猶不及。**❼**

事實上，經營者如果能兼容並蓄，容忍各種聲音，代表必定能夠廣納各種人才，用謙遜來團結各方力量。孔子「溫、良、恭、儉、

讓」的精神，提醒現代領導人要能禮賢下士，胸襟開闊，的確深具重大意義。

另外，日本明治維新時期工商業界領袖澀澤榮一，在他講述的《論語講義》裏頭，對於節儉，也有很精闢的見解。當他講述的時候，正值民國十一～十四年間，這時日本正值中日、日俄戰爭之後，志得意滿之際，社會風氣轉趨奢華；所以他極力提倡節儉，強調應節省不必要的開支，以便集中資金投入必要的項目。後來証明，這種自我克制的領導人，能用勤儉精神管理公司，才能眞正成功繁榮。

除此之外，松下幸之助以一介平民身份，能在日本成爲統御數萬名員工的企業界領袖，其重要的成功關鍵，也是同樣的精神風範。他生平行事作風，即奉行一位大師在其剛出道不久奉送的一句話：「以謙虛、虔誠的心，經營事業，必定有成。」這位大師還補充說明：「謙虛會使你聰明、慈悲、產生勇氣。」證諸松下氏後來的成功過程，的確此言不虛❼❸。這與孔子教誨，同樣完全相通。

尤其，就實踐面而言，松下氏歷經近六十年的企管經驗，深深體會到，要找一個完全沒有缺點的人，是不可能的，因此，只要是優點佔了七分，缺點三分的話，就是可用之材。所以，孔子強調的「君子不器」，也代表領導者用人要能「不器」，能夠用開闊的胸襟，廣納各種人才，不必斤斤計較其他缺點。唯有如此，善用優點、包容缺點，吸引各種英才，才能成爲成功的經營者。

再者，「君子不器」的另外啓發，就是能突破框框、揚棄包袱、勇往前行。有人問到著名管理學者彼得・聖吉：

　　美國商務週刊在封面上稱你爲管理新大師。你認爲你所做的

工作、所發展的理論，與上一代的管理思想家有什麼區別？

他回答：

> 我們的研究與別人最大的不同，在於承認改變的關鍵在個人
> 自己，組織不可能根本改變，除非其中的人改變思考與互動
> 的方式。❼

因此，他認為公司成功之道，也在於領導人要能「改變思想與
互動的方式」，這也可說是「君子不器」的現代啓示。

所以彼得·聖吉曾說：

> 我想好創業家主要的特質是鍥而不捨。要不斷往前衝，
> 設法克服障礙，不輕易放棄。有句名言說『創業精神是
> 十分之一的靈感（inspiration）加上十分之九的汗水
> （perspiration）』。❼

另外，惠普（HP）總裁普烈特（Lewis Platt）也曾經說過：

> 惠普的價值觀之一是貢獻，而創新就是有所貢獻。❼

這句話可說代表同樣的精神。他並曾強調：

> 不創新就死路一條，不管一個公司多麼努力，不管它如何改
> 善組織結構，只要規模一大，就幾乎不可能固定地做任何創
> 新的舉動。❼

因此，公司領導者特別要能注意不斷創新、改革的重要，而千

萬不能劃地自限，日久生墮，這也是「君子不器」的重要啓發。

　　此所以孔子在《易經》中，也明白強調「乾，元亨利貞」，乾既象徵「天」，身為領導人，即應具備四項要件。其中「元者，善之長也。」代表要有充滿元氣淋漓的創新精神，才能有「亨」通的發展，所謂「亨者，嘉之會也；利者，義之和也。」更代表所有嘉賓能夠匯集，才能大利公司；整體公司若大利，自能整合大義，從根本鞏固，此所謂「貞者，事之幹也。」就此而言，「元、亨、利、貞」，這《易經》的四項要件，同樣也可稱為管理哲學領導人的四項要件。唯有如此，才能在變化快速的潮流中，更加勇猛精進。

　　因此，西方管理學者畢德士曾經指出：「變化中求蓬勃發展」，這一點是台灣經濟最大的優勢。抗拒改變是任何企業的最大敵人，愈是能為明日創造新力量、新傳統的企業，愈能在未來的競爭中獲得勝利。像美國有個財星五百大企業排行榜，這些年成為美國經濟力量很好的一個指標。1979年入選財星五百大的企業，如今有40%已完全不存在了，它們不是被改組、瓜分、就是整個倒閉，主要原因，就是這些企業沒有能力革新或是抗拒改變❽。

　　所以，名管理學者邁克·韓默（Michael Hammer）說過：

　　　通常在三種情況下，企業會採行改造的做法。首先，是處於危機中的公司。過去，都是這一類的企業決定推動改造。企業改造是全新的觀念，只有深陷麻煩的組織才願意嘗試。今天，情況已經不同。現在要改造自己的，大多數是歷經大環境改變的企業。它們面對的是全新的世界，過去有用的做法，今天已經失效。惟有改造自己，才可能應付這個新世界。另

一種決心改造的企業，則是爲了創造優勢，能夠領先其他的
競爭對手，使對手的日子更難過。今天大多數採行改造的企
業，是因爲環境改變。我總是告訴企業界，如果你等到焦急
時再十萬火急來做，那就太晚了。有些公司爲了要當業界的
領導者而改造，但這很不簡單，在組織還看不到頭頂天空上
的烏雲，感受不到很實際的危機感前，很難說服他來大刀闊
斧地變。㊾

換句話說，對企業家來說，「革新」或「改造」，不能是被動
的因應，而應兢兢業業，經常主動自我警惕，這也正是孔子在《易
經》中強調「終日乾乾，夕惕若」的警示。

另如，名管理學者彼德·羅倫所強調，企業領導者應有的精神，
與孔子所說也極爲相通：

市場領導者所以成爲領導者，是因爲他們絕不留空隙讓別人
有機會可鑽。所以領導廠商就更需時常警覺其他廠家的變化。
我們研究一些在市場上能保持長久優勢的廠商，他們共同的
特點是永遠不覺自滿，永遠戰戰兢兢，永遠在改變，增加或
加強本身的優點，不給其他對手可乘之機。這當然就很難，
因爲，領導廠商對現有技術的投資都已很大了，要發展新產
品，就必須犧牲部份現有的獲利能力。不過這也是成功與失
敗廠商的最大分野了。㊿

除此之外，孔子在《易經》中強調「時之義大矣哉」，突出時
間的重要性，尤對領導者深具啓發。此所以羅倫也提到，要「以時

間作競爭基礎」，這個觀念近來在美國商業界十分流行。衆多觀察人士都認爲，在可預見的未來，企業競爭成功的關鍵在於「速度」❽。這與孔子在《易經》中所明示的「生生之謂易」，也極爲相通。

正因爲現代企業對「速度」很重視，所以資訊科技的發達，也改變了人們對「價值」的定義。像Philip　Morris花了一百二十九億美元買下了Kraft食品公司，當會計師結束簽證工作，一結算才發現Kraft的工廠、設備等有形資產只值十二億美元，其他的一百一十六億美元都是品牌、行銷通路等無形資產。這對於學MBA或工程出身的人而言，是難以理解、不可思議的，可是這種事情現在到處可見❽。充份証明「速度」這無形的因素，影響公司業績多麼重大。

因此，就此重大快速變遷的企業環境而言，很多管理名學者強調，一個領導者最大的貢獻，就是明訂價值體系，並加以推廣實踐。這是傑出公司主管人員最關心的問題❽。事實上，歸根結柢，仍是孔子在「易經哲學」中，因應種種「變易」的「不變」之道，深値今日領導階層重視。

例如專研競爭力的波特曾經提醒：

> 技術的變化、原料的變化、買方需求的變化，或是銷售管道的變化等，我發覺有五個因素的變化會左右一個公司的競爭力；一、供應商力量的消長；二、買主力量的消長；三、新廠商力量的增強；四、替代品的威脅；五、現有廠商間競爭的激烈程度。這五個因素隨時都會有改變，所以公司必須特別注意這五種因素。❽

所以，根據孔子易經哲學，要能掌握易的三義：「變易、簡易、不易」，靈活應用在當今企業界，便知「變易」係指充份掌握上述五項因素的消長；而「簡易」則係把握「創新」的基本原則，然後更應緊記「明訂價值體係」（即公司的信念），仍是萬變中「不易」的道理。唯有如此，才能有所變、有所不變，有爲有守的邁向成功之路！

第六節　如何管理？

現代經營者應該如何管理，才能成功致勝？孔子在《易經》中展現的四項精神特色，很可做爲現代管理學上的啓發。

(1) 憂患意識：

孔子在《易經》中強調：「作易者，其有憂患乎？」因爲整部《易經》作者，先由文王在獄中演八卦，然後成於武王伐紂的時候。可見當時是一個價值混亂的時代，也是一個是非顛倒的時代，所以孔子認爲，《易經》提醒仁人志士要有「憂患意識」，以警惕心與使命感挺身而出，撥亂反正。這種精神——以憂患意識經營企業，在現代工商界中同樣非常重要。因爲唯有如此，時時有警惕心，常常存使命感，才能深具創造力，提昇競爭力，才能長保創業成功。

例如，日本人稱爲「經營之神」的松下幸之助，曾經有人問他經營之道，最重要的動力是什麼？他回答說：「憂患意識」。因爲二次大戰後，他發現當時日本社會很貧窮，所以他立志要「消除貧

窮」，使他的電器用品能普及窮苦大眾——如同「自來水」一般的價廉物美❽，此即著名的「自來水經營哲學」。究其根本動力，強調對日本社會的使命感，以及警惕心，正與孔子所說的「憂患意識」完全相通。

另外，松下幸之助又有著名的「水庫經營哲學」❽，代表平日要善於將資金節用，如同水庫般節流保存，然後必要時才能調度有餘。這也正是孔門在《大學》中所說的精神：「生財有大道，生之者眾，食之者寡，爲之者疾，用之者舒，則財恒足矣。」❽由此充份可見，孔學與現代經營方法，的確深具重大相通之處。

(2) 堅忍自強：

根據孔子對「乾元」的詮釋：「天行健，君子以自強不息。」❽以及另外對「坤元」的詮釋：「地勢坤，君子以厚德載物」，兩者合併而言，即爲堅忍自強的精神應用在現代管理上極爲重要。所謂「乾坤，其易之門戶耶。」即代表此中深意。因爲，「自強不息」代表創新動力，「厚德載物」代表堅忍厚重，就管理學而言，兩者缺一而不可。王船山的《船山易學》強調「乾坤並建」，也可說深諳此理，這對現代經營方法，尤具重大啓發。試看清華大學校訓，從創校以來，即同時並舉這兩句名言「自強不息」與「厚德載物」，便充份可知孔子在此的智慧，至今仍深具現代意義。

例如，瑞士國際管理發展學院院長彼得‧羅倫曾說到：

> 我想中鋼會是台灣企業的好例子。中鋼工廠平均每人生產高居全球第二，效率非常高。台灣最應該做的，就是儘量追求

　　高效率製造與高效率服務，累積人的技能，有效率地執行或
　　因應，就像中鋼可以做到不污染和工廠綠化，同時又是世界
　　上最賺錢的工廠。企業與其抗拒問題，不如積極主動去面對
　　問題，與員工一起衝刺生產力，趨勢如此，一定要這麼做。
　　❽❾

　　「中鋼經驗」成功的例証，代表一方面能自強不息，主動解決
問題，日新又新；二方面又能堅忍厚重，追求服務品質，任勞任怨，
正可說是孔子在此「乾坤並建」的重要印証，深值其他企業界共同
重視。

(3) 剛柔並濟：

　　孔子在《易經》中指出：「一陰一陽之謂道。」❾⓪代表非常注
重「剛柔並濟」的道理。在管理學上的啓發就是「恩威並重」，否
則過剛過柔，「過」猶「不及」，皆非成功的管理。

　　松下幸之助便曾指出，就人事政策而言，他認為不能太寬，否
則容易造成安逸而不長進的情勢；反之，也不能太嚴，過於嚴苛，
部屬就會畏縮，失去自動自發的精神，組織也會失去活力❾①。充份
可見，「剛柔並濟」之道，至今仍為經營成功的必然之道。

　　事實上，孔子所謂「文質彬彬，然後君子」，也是同樣的精神。
因為「質勝文則野，文勝質則史」，過份注重創造衝動，或過份注
重文飾形式，均會流於偏失，所以必須取得平衡點，才是「君子」。
這種注重平衡的精神，即剛柔並濟之道，對成功的管理深具啓發意
義。

(4)　謙沖為懷：

「謙」，是《易經》很特殊的一個卦，最重要的特色就是「六爻皆吉」。易經六十四卦中，所有卦都有凶有吉，只有「謙卦」六爻皆吉。「謙」卦的卦象爲「山在地下」，但事實上，任何山均在地之上，這代表明明在其上，却仍願低姿態自居其下，這便是重要的「謙」虛美德。這種六爻皆「吉」的精神，對於追求大吉大利的企業界，實在具有莫大的啓發意義。

因爲，領導者唯有謙虛，才能發掘公司的問題，解決問題；唯有謙虛，才能得到人和，和氣生財；唯有謙虛，才能眞正的合群，團結一致。易經所謂「謙受益，滿招損」，正是追求成功大利的最重要經營方法。

此所以日本著名管理學者大前研一，曾向國內企業界說：

> 中國人和日本人智商都差不多，可是日本人會團體合作，而你們每個人都想做頭。在日本，即使是很聰明的人，還是很懂在團體裏如何和人相處，他會乖乖地待二十年，等出頭的機會。而且當日本人學會一項技術，他會把技術留在公司，中國人却自立門戶去了。這是台灣自己要解決的問題，因爲這個問題是你們特有的，別的地方找不到。❷

這段話，代表很多中國人在台灣，已經忘記了孔子很早就強調的謙遜美德，因而經常自我中心、不肯合群，甚至勇於內鬥、力量抵銷，所以今後實在應該特別警惕改進，才能眞正成功。

(5) 將心比心：

孔子所強調的「忠恕」之道，就是能將心比心，體貼他人。就今日企業界而言，就是能對員工體貼，對顧客也體貼。對員工的福利、照顧、病痛、心理、情緒等等，都能將心比心的去了解，對顧客的需要、權益、福祉，與期盼等等，也都能將心比心的去了解。若能如此做到，則任何企業必定都能成功。

所以，商業週刊總編輯楊格（Lew Young）就曾指出：

> 今天的顧客不是被忽視了，就是被視爲一群令人討厭的傢伙。…傑出公司眞心誠意接近他們的顧客，就這麼簡單。其他一般公司只是坐在那兒空談；傑出公司則身體力行，確實做到了。❸

另外，吉拉德（Joe Girard）這位成功的汽車經銷商，也是著名例証。他經營十一年以來，每年所賣出的新車比任何其他經銷商都多。他談到成功的秘訣時，明確解釋說：「我每個月要寄出一萬三千張以上的卡片。」他的秘訣其實就是IBM以及其他許多傑出公司成功的秘訣，說穿了就是服務：壓倒性的、無懈可擊的服務，尤其是售後服務。吉拉德觀察到：「有一件事許多公司沒有做到，而我卻做到了，那就是我堅信銷售眞正始於售後。」此外，吉拉德對所有的顧客，都一視同仁，同樣的關心。他強調的是「一次一個、面對面、開誠布公」的銷售與服務。他並且認爲：「顧客等於是我的衣食父母，而非令人難耐的宿疾。」❹

從這些明顯的例証，均可看出「忠恕之道」，應用在經營企業，

就是「將心比心」的道理，對於企業成功是何等的重要！

(6) 為人著想：

孔子所提的忠恕之道，到了《大學》，更引申爲「絜矩之道」，所謂「所惡於上，勿以使下，所惡於下，勿以事上；所惡於前，毋以先後，所惡於後，毋以從前；所惡於右，勿以交於左，所惡於左，勿以交於右。」❾代表從上下左右、四面八方，都能設身處地爲人著想。能有這種「絜矩之道」，便能摒棄「本位主義」，也能超越自我中心、自私自利形象，從而形成公司整體關心公益的形象，所以深值今日企業界重視。就此而言，公司企業的形象，最忌給人「富而不仁」的負面評價，此所以孔子曾嚴厲對此批評。應如何做呢？日本管理大師大前研一即曾在台灣提到：

> 你們的政府和人民中，有些人不喜歡大企業，認爲大企業不好，會剝奪人民的利益，這種看法和日本、韓國很不一樣。這可能是因爲你們某些大企業的作風的確不好，你們大企業應該建立較好的形象。
>
> 例如韓國大宇集團的董事長，就把所有財產捐給政府，日本也有很多大企業家，賺了錢之後，捐給市政府或各種基金會。他們能贏得人民的尊敬，因爲他們有理想，會回饋社會，給員工和社會大眾帶來安全和保障。例如豐田，在日本人的心目中已造成一種印象，它並不是爲了賺錢才蓋這麼大的汽車廠，而是爲了推廣交通安全；山葉鋼琴給人的印象也不是爲了賺錢，而是要把音樂和文化介紹給日本人。❾

　　換句話說，如果公司企業形象，能夠讓人感覺「為人著想」、「注重公道」、「回饋社會」、「熱心公益」，則其經營反而更能成功，此中精神啟發，深值國內企業家重視。

(7)　**中庸之道：**

　　孔門所強調的中庸之道，如今証明即使在現代，仍然深得人心。在政治上，「中庸之道」最能符合多數中間選民的需求，也最能贏得中產階級共鳴；任何民主國家，如果中產階級人數愈多，民主程度就愈穩定。「中庸之道」在企業界亦然。因為中庸之道最能帶來和諧，而「和氣生財」正是千古不變的道理。另外，中庸之道更能摒除偏激之道，非但能「家和萬事興」，而且能促進公司和諧萬事興，所以非常值得工商界共同重視。

　　此所以美國管理學者柯維曾說到：

> 東方的傳統是講和諧，今天西方是把市場上競爭的那一套，帶進工作場所，甚至家庭。大家本來該是共組團隊，現在卻不再休戚與共。我們現在只要獨立（Independence），忘了要休戚與共。（Interdependence）**❼**

　　換句話說，公司中的每個人，若能體認「休戚與共」，行事作風符合中庸之道，必定能和諧團結，穩健進步，唯有如此，公司才能在穩定中求發展，進而可大可久。由此充份可見，中庸之道在管理方法的重要性。

　　事實上，孔門所強調的「中庸之道」，更可以從《尚書》中追溯到源頭。此所以《洪範》九疇中，特別注重「皇極」的「大中」

之道，「大中」即廣大和諧的「中道」，其重要性足以直承天心，
所謂「見大中，以承天心」。充份可見這種精神，足以提昇境界，
拓展格局，對今天工商企業管理，的確深具重大的啓發！

註　解：

❶　孔子，《論語》，學而篇

❷　《大學》，第一章

❸　孔子，《論語》，顏淵篇

❹　《大學》，第六章

❺　請參見廖慶洲著，《日本企管的儒家精神》，台北聯經出版社，民72年出版，p.32

❻　同上，p.33

❼　《大學》，第一章

❽　《中庸》，第十四章

❾　Peter Senge，"The Fifth Discipline"，Doubleday，N.Y.1990

❿　孔子，《論語》

⓫　Peter　Senge答，梁中偉問，見《替你讀經典》，台北天下雜誌社，民83年出版，p.115

⓬　同上，pp.115-116

⓭　《大學》，第十章

⓮　廖慶洲著，前揭書，p.36

⓯　孔子，《論語》，里仁篇

⓰　廖慶洲著，前揭書，p.37

⓱　Thomas J. Peters & Robert H. waterman，"In Search of Excellence"，《追求卓越》，天下編譯，台北天下文化出版公司，民84年出版，p.63

⓲　《大學》，第十章

⓳　Patrica Jones & Larry Kahaner，"Say It and Live It"，《企業傳家寶》，陳希敏/陳娟　譯，台北天下文化出版公司，民85年出版，p.177

⓴　同上，p.221

㉑　同上，p.245

㉒　同上，p.328

㉓ 同上，p.209
㉔ 同上，p.49
㉕ 同上，p.8
㉖ 天下編輯著，《策略大師》，台北天下雜誌社，民84年出版，p.158
㉗ 同上，p.158
㉘ 同上，p.159
㉙ 同上，p.161
㉚ 前揭書，《替你讀經典》，p.152
㉛ 同上，p.172
㉜ 本部份請參考前揭書，pp.172-173
㉝ 同上，p.173
㉞ 孔子，《論語》，八佾篇
㉟ 本段均見廖慶洲著，《日本企管的儒家精神》，p.67
㊱ 本段均同上，p.69
㊲ 本段均同上，p.70
㊳ 《周易》，乾文言傳
㊴ 同上
㊵ 「歷程哲學」（Process Philosophy）爲當今英美第一大哲懷海德（A.N. Whitehead）之特色，詳見於其名著《歷程與實在》（Process & Reality），其精神與易經甚爲相通，已爲當代識者定論。
㊶ 同前揭書，《追求卓越》，p.15
㊷ 同上，p.71
㊸ 《面對大師》，台北天下雜誌社，民83年出版，p.75
㊹ 前揭書，《追求卓越》，p.222
㊺ 《周易》，繫辭傳
㊻ 前揭書，《追求卓越》，p.223
㊼ 前揭書，《追求卓越》，pp.223-224
㊽ 同上，p.231
㊾ 《大學》，第二章
㊿ 前揭書，《面對大師》，pp.75-76
(51) 同上，p.69

52　同上，pp.69-70

53　本段均參前揭書，《日本企管的儒家精神》，pp.73-74

54　前揭書，《追求卓越》，p.105

55　前揭書，《面對大師》，p.63

56　本段均參同上，p.64

57　前揭書，《策略大師》，p.77

58　同上，p.85

59　本段均見前揭書，《追求卓越》，p.84-85

60　同上

61　Max Weber，"The Religions in China"，N.Y.；1936，p.25

62　前揭書，《策略大師》，pp.170-171

63　前揭書，《追求卓越》，pp.73-74

64　同上，p.74

65　見孔子贊易的「泰」與「否」二卦辭。

66　前揭書，《策略大師》，p.141

67　前揭書，《面對大師》，p.20

68　同上，p.26

69　前揭書，《策略大師》，pp.142-143

70　前揭書，《面對大師》，pp.36-37

71　前揭書，《面對大師》，pp.176-177

72　前揭書，《替你讀經典》，p.88

73　前揭書，《日本企管的儒家精神》，p.78

74　同上，p.79

75　前揭書，《策略大師》，p.175

76　前揭書，《面對大師》，p.179

77　前揭書，《策略大師》，p.11

78　前揭書，《面對大師》，p.58

79　前揭書，《策略大師》，pp.192-193

80　前揭書，《面對大師》，p.17

81　同上，p.52

82　同上，p.54

㉘ 前揭書，《追求卓越》，p.235

㉙ 前揭書，《面對大師》，p.16

㉚ 郭泰著，《悟──松下幸之助經營智慧》，台北遠流出版公司，民85年出版，p.22

㉛ 同上，pp.25

㉜ 《大學》，第十一章

㉝ 《周易》，乾象傳

㉞ 前揭書，《策略大師》，pp.220-221

㉟ 《周易》，繫辭傳

㉑ 前揭書，《日本企管的儒家精神》，pp.80-81

㉒ 前揭書，《面對大師》，pp.152-153

㉓ 前揭書，《追求卓越》，p.101

㉔ 本段均同上，pp.102-104

㉕ 《大學》，第十一章

㉖ 前揭書，《面對大師》，pp.153-154

㉗ 前揭書，《策略大師》，p.185

第二章 孟子管理哲學 及其現代應用

第一節 何謂管理的本質

(一) 明人倫

孟子曾經明白說：「人倫明於上，小民親於下，有王者起，必來取法，是爲王者帥也。」（滕文公上）也就是說，他把「明人倫」當作「王者師」，行王道的人必須要師法。

根據孟子精神，如果把人倫很清楚地頒布於上，那麼所有民眾就可以很親切地執行於下，所有行王道的人必定要來效法，這也正是管理的本質。應用在管理上，如何讓公司上下關係與員工關係親切而和諧，首先必須要「明人倫」，所以「明人倫」可稱孟子對管理的首要工作。

「人倫」代表人際關係的倫理，它的重點就是要能夠整理出「次序」與「脈絡」。從社會來講就是社會秩序；就憲政來講就是憲政秩序；從企業管理來講，則是彰顯個人在團隊中的定位與倫理，從而整合團結力量，弘揚團隊的精神。

孟子又曾強調：「父子有親，君臣有義，夫婦有別，長幼有序，朋友有信。」（滕文公上）這種「五倫」，代表孟子特重的人倫關係，應用在企管上，也深具啓發作用。

就一個公司來講，「明人倫」，就是明白宣示整個公司的倫理次序。對於長上，或對於資深者，特別要先尊重，這就是公司管理的首要本質。

例如，美國管理大師杜拉克便認為，目前大多數企業還停留在十九世紀的資本主義觀念：以為「員工需要企業遠超過企業需要員工的程度」。但事實上，知識社會中，員工和組織間的關係是前所未見的新局面。過去員工的定義是「受薪工作者」，但是，美國為數最多的一群員工，卻是「志願工作者」。另外，個人工作室和組織之間又保持著一種若即若離的關係。類似會計師等個人工作者，一方面不再受雇於組織，一方面又透過組織獲得報酬（是費用，不是薪水）❶。凡此種種說明，如何正確明瞭「員工」與「企業」的新關係，便影響員工對公司的認同與歸屬，這便是重要的「明人倫」工作。可見孟子此中精神，即使在現代仍深具啟發意義。

所以孟子又說：「舜明於庶物，察於人倫。」（離婁下），代表舜治之所以能夠昌明，主因就在精通事物之理，也明察人倫之際，這對今天的管理同樣非常重要。

(二) 行仁政

根據孟子精神，管理的第二個本質，就是「行仁政」，管理的內容也就是要「行仁政」。所以他曾經說：「三代之得天下也，以仁；其失天下也，以不仁。」

在孟子看來，「得天下」與「失天下」之間，成敗關鍵即在於是否「行仁政」；「得公司」與「失公司」也是同樣精神。「仁」與「不仁」的重要關鍵，在於能不能「得民心」。就企業的生意來

講，即「成」與「不成」，端看能不能得「員工之心」與「顧客之心」。所以孟子可以說是中國「心學」之驅，他一再強調「仁政」就是要「得人心」，「得民則昌，逆民則亡」。也正是管理的本質。

另外，孟子也曾說：

> 桀紂之失天下也，失其民也。失其民者，失其心也。得天下有道：得其民，斯得天下矣。得其民有道，得其心，斯得民矣。得其心有道，所欲與之聚之，所惡勿施爾也。（離婁上）

根據孟子，能否得人心，主要應該先了解他人感受，看能否瞭解人心之所欲，然後幫忙「與之聚之」，對於人心之所惡，則勿施加於上。這種精神，同樣對管理很有重大啓發。

哈佛教授高曼認為，「ＥＱ」代表「同理心」，也就是「了解他人的感受」❷，這種「成熟度」對事業成功影響很大，其本質與孟子在此可說完全相通。

另外，孟子所說「養心」在此也是相同精神：「苟得其養，無物不長，苟失其養，無物不消。」這種「養心」功夫，同時屬於人文修養的自我管理，也應在「仁政」中納入，然後才能充實心靈，完成自我訓練的成熟智慧。

孟子這種精神，應用在管理上，即應注重員工心理，結合員工需要——同時包括物質需要與心靈需要，然後才算對整體的「人文」價值，提供了完備的照顧。

(三)　求公義

根據孟子，管理的第三個本質，就是「求公義」，也就是所謂

的「仁，人心也；義者，人路也。」根據孟子精神，管理的本質，就是要大家都走光明大路，不要走邪門歪道。因此，管理就是先建立正大的制度。此即孟子所說：「得天下有道。」所謂「求公義」，就是要尋求這個「大道」。

此所以孟子曾經說：「仁，人心也；義，人路也。舍其路而弗由，放其心而不知求，哀哉！人有雞犬，則知求之，有放心，而不知求！」另外，他又曾指出：「學問之道，無他，求其放心而已矣。」管理之道亦然，其本質也在尋求令其安心的義理，亦即尋求整體公司奮鬥的基本理念。

根據德國專家Folker Streib分析，在日本，任何人背離了這基本義理，便不被承認是該團體的一員。因此，日本東京實踐女子大學的專家Ayako Sato強調：「簡單地說，誰沒有滿足義理的要求，就會被團體認爲是無責任感的，不可信任的。」❸

這種弘揚「義理」、以加強團隊精神的特色，也正與孟子所說「人同此心，心同此理」的精神很能相通。

另外，孟子又說：「以善服人者，未有能服人者也，以善養人，然後能服天下。天下不心服而王者未之有也。」（離婁下）

換句話說，如果用美德去屈服人，會使人心產生壓力，仍未能眞正服人。一定要能用美德去增進他人教養，才能使人心悅誠服；唯有心服，才算眞正行王道，也才能眞正管理成功。

出版過《與成功有約》、《全心以赴》等暢銷書的柯維（Stephen R. Covey），是美國現在最忙碌的領導課程講授人之一，包括奇異、通用汽車、美國電話電報等大企業的主管，都經常聽他講課。在變動快速、競爭激烈的企業經營環境中，他傳達的訊

息卻極單純。他說：人需要均衡，在家庭、事業、個人之間維持平衡。一般管理學者都以「理論、分析」爲重，柯維卻把「人性、心靈」視爲核心。❹這種精神，也正與孟子「心學」極爲相通。

因此柯維說到：「我感覺傳統的管理學說是以控制爲核心，強調層級間的管制；而我們強調，領導人不是要去控制屬下，而是要使大家接受、服膺某些原則，進而達到理想的效果。」❺

這種能使「大家接受、服膺」的原則，就是能使大家心服的原則，正是仁心公義，也正是人倫之道。充份証明孟子精神，在此完全不謀而合。

孟子在〈離婁〉中，曾舉舜與文王爲例，「地之相去也，千有餘里，世之相後也，千有餘歲，得去志行乎中國，若合符節。」因此，「先聖後聖，其揆一也。」代表無論時空的差距多遠，但其中管理的本質仍然相通，「其道一也」。柯維之說在此也是明顯的例証。

第二節　爲何要管理？

若問孟子，爲何需要管理？同樣可以從三個重點分析其看法。

㈠　王者無敵

孟子曾經強調，「王者無敵」，應用在管理上，即必需有「王者」風範，以王道式管理，才能夠無敵於天下。此亦孟子所稱：「國君好仁，天下無敵」，爲政如此，管理也是如此。所以，孟子講，「王如施仁政於民，省刑罰，薄賦稅」，就可以無敵於天下。

此中精神，在管理之道也能相通。

換句話說，根據孟子，「王者」即「仁者」，王道即仁道，因為王道可以無敵——用企管的話說，即最具競爭力，所以必須多用仁者的王道管理。綜觀孟子一以貫之的中心思想，就在反覆申論行王道的重要性，這對現代管理也深具啓發性。

此所以孟子說：「上下交征利，則國危矣。」（梁惠王）「王亦曰仁義而已矣，何必曰利。」另外，孟子又說：

> 爲富不仁矣，爲仁不富矣。（滕文公）
>
> 三代之得天下也，以仁，其失天下也，以不仁。國之所以廢興存亡者，亦然。天子不仁，不保四海，諸侯不仁，不保社稷，卿大夫不仁，不保宗廟，士庶人不仁，不保四體。今惡死亡而樂不仁，是猶惡醉而強酒。（離婁上）

這些充份代表，孟子認爲，如果只想求利求富，便會不仁不義，因而必須用人文精神，行仁政的管理，才能導正回到大路——亦即王道。

另外，孟子也特別重視「爲利」與「爲善」之分，因此也必須用王道管理，才能爲善。他說：

> 雞鳴而起，孳孳爲善者，舜之德也；雞鳴而起，孳孳爲利者，蹠之徒也。欲知舜與蹠之分，利與善之間也。（盡心）

換句話說，根據孟子精神，聽到雞鳴，立刻努力奮發爲善的人，是舜之德，同樣勤奮，卻只爲謀取私利的人，只是蹠這類人。兩者中間差別，主要即在「私利」與「公義」之分。應用在管理上，即

一個公司除了想謀利，更要能有益公善，這就需要王道的仁政管理，從公司的宗旨、作風、與方法，均以「為善」為重點。

(二) 保民而王，莫之能禦

根據孟子精神，用「保民而王」的管理，才能「莫之能禦」。「保民」在此，既代表保障員工權益，也代表保障顧客權益，能夠同時想到保護消費者與員工，自然能夠「莫之能禦」。

此所以孟子稱：

> 羿之教人射，必志於彀，學者亦必志於彀。大匠誨人必以規矩，學者亦必以規矩。（告子下）

換句話說，大匠教人必定以規矩，學者教人也一定要照標準，同樣情形，應用在管理學，經營者也一定要懂「保民而王」的規矩。這就是為什麼需要管理的原因。

另外，孟子也曾強調：「士何事？」「尚志」，「何謂尚志？」「仁義而已矣」。

根據孟子，「殺一無罪，非仁也，非其有而取之，非義也」。應用在管理上，工商界看似無需「尚志」，但真正深入分析，便知工商界仍需注重仁義，包括關懷公益、關懷社會、或賺錢取之有道，仍需符合仁義精神，才能得到民心。消極的說，即不漏稅、不欺民；積極地說，即有抱負，有理想，能愛員工，能愛顧客。因此仍需這種「保民而王」的管理作風，才能真正成功。

此所以孟子說：

> 愛人不親，反其仁，治人不治，反其智，禮人不答，反其敬。
>
> 行有不得者，皆反求諸己。其身正，而天下歸之。（離婁上）

因此，根據孟子精神，經營者必須時常反求諸己：何以親信不夠親，何以員工不好管，何以顧客不肯定。唯有其本身能行得正，反省之後大力改進，充份做到「保民而王」，才能真正有成。

(三) 生於憂患，死於安樂

根據孟子精神，生於憂患之中，才更能激發潛能，這對管理界深具重大的啓發性。孟子在此所提憂患意識，很清楚源自於《易經》。孟子雖然在字面上沒有提到《易經》，但其哲學特色，很清楚受到《易經》啓迪。從孔子講「作易者，其有憂患乎？」到孟子講「國無敵國外患者，國恒亡。」然後強調「生於憂患，死於安樂」，清楚可見此中一脈相承。尤其是孟子的「浩然之氣」、「配義與道」，主要亦源自《易經》所講的「大哉乾元，萬物資始乃統天」，亦即陽剛之氣所代表的創新精神，足以在憂患困境中，突破艱危，主動再創新機。應用在管理上，同樣深具重要意義。

此所以當代著名管理學者，麥肯錫管理顧問公司的資深顧問凱森巴克（J. R. Katzenbach）在《團隊的智慧》（The Wisdom of Teams）中，也曾指出，建立有效團隊還有一些小技巧。「首先要在企業內部形成危機意識，並將團隊列為最優先目標。」❻另外，日本的企業管理，堪稱最重視這種堅苦中奮鬥的精神，均與孟子精神不謀而合。

所以，日本早在武士教本即稱：「陷於不幸時刻而無法自拔是

沒用的。」❼因此，日本在1973年石油危機和1985年日圓大幅升值時，都顯示出，「任憑經濟制度遭受多大衝擊，日本都具有西方國家所未見的決斷力和彈性以爲因應」，充份証明憂患意識對於企業經營的重要性。

除此之外，哈佛大學麥可·波特教授也曾說過：

> 因爲我們現在身處經濟的危機，反而容易去改變人們對經濟的看法，當局面壞的時候，人都會變得很有彈性，很能建立新的能力。在一切很順遂的時候要發展新的技能，往往是最困難的。❽

這種心得，用孟子的話說，正是典型的「生於憂患，死於安樂」。所以這位競爭力大師麥克·波特觀察日本的工商界，也有同樣結論：

> 最重要的是政府必須給企業壓力，使他們不斷進步，企業有「怠惰」的本質，如果沒有壓力，他們希望今天就做今天的事，不求進步，政府要爲他們設定高標準，如日本通產省就常指引企業未來科技，創造適合這種投資的環境，企業一旦滿足於自己的成功，就會停止進步，淪於平庸，而被淘汰出局。❾

事實上，正因爲日本有各種先天上的限制，所以反而能刺激其發展其他的產品，例如日本土地因稀有而昂貴，就刺激日本企業，創新發展省時省地的「即時線上生產」（just-in-time）系統，此中精神，同樣與孟子很相通。❿

另外，因爲日本家庭空間極端窄小，所以日本家電廠商自然也

會往小型、可攜帶的電視、音響、錄影機等去發展，因此自然發展出全球最精緻、最高價值的家電產業。**⑪**

在此也是明顯例証。

所以，奇異公司顧問、提區教授（N. M. Tichy）曾經分析：

> 「把一隻青蛙放進冷水裏，慢慢加熱，青蛙會舒服地待在裏面，最後被煮熟。」「但是把青蛙扔進滾燙的火裏，保證牠會立刻跳出來，命也保住了。」**⑫**

這個例證也在說明，如果有警惕心、有危機感，反而能明快回應；反之，舒服安樂的環境，很容易造成慢性麻木與敗亡。很多管理界事例證明，公司的潛力，每在危機關頭，反而能有驚人的開拓，此即孟子所說「動心忍性，增益其所不能」，深值共同重視。

此所以孟子也明白強調：「入則無法家弼士，外則無敵國外患者，國恒亡。」他並列舉各種例証，「舜發於畎畝之中，傅說舉於版築之間，膠舉於魚鹽之中，管夷吾舉於士，孫叔敖舉於市，百里奚舉於海」……等等，說明英雄不怕出身低，很多豪傑均爲白手起家，奮鬥成功。這種愈挫愈勇的精神，不屈不撓的毅力，對於企業成功極具啓發性。正因任何大事的完成，必定經過艱苦過程，所以必須要有「動心忍性」的管理訓練，才能力爭上游，上進有成。

第三節　何時要管理？

若問孟子，何時需要管理，根據其精神，可以歸納如後。

(一)　掌握農時

因為孟子的時代還處於農業社會，所以孟子特別強調「農時」的重要，此即其所謂：

> 不違農時，穀物不可勝食也；粟榖不入洿池，魚鱉不可勝食也。

換句話說，就是要掌握恰當的時機，善用正確的時機。另外孟子也講

> 百畝之田，勿奪其時，斧斤以時入山林，林木不可勝用也。

引申而論，孟子仕此精神就是強調「時」的重要性，即使在工業化的今天，仍然深具啓發性。尤其孟子曾經特別稱贊孔子「聖之時也」，此中深意，對於掌握商機、預判時機，都深具啓發性。

所以，孟子在〈公孫丑〉篇，曾引述齊人名言：

> 雖有智慧，不如乘勢，雖有鎡基，不如待時。

他並且曾明白指出：「飢者易為食，渴者易為飲。孔子曰：『德之流行，速於置、郵而傳命』當今之時，萬乘之國行仁政，民之悅之，猶解倒懸也。故事半古之人，功必倍之，唯此時為然。」

換句話說，孟子強調，給飢餓的人飲食，或給口渴的人飲水，都更易見效。在暴政或衰世之中，行仁政，更能事半功倍，其效果比驛馬傳送命令還要快，「德之流行，速於置、郵而待命」。應用在工商管理，就是在人心求治的公司，最能發揮整頓的效果。這種「因勢利導」的精神，深值今天企管界重視。

但是，根據孟子精神，「導勢」並不是「坐待」之意。眞正豪傑之士，本身也可造勢創機。所以他說：「待文王而後興者，凡民也；若夫豪傑之士，雖無文王猶興。」

換言之，要等文王出現才能振興的，還只是凡民。如果豪傑之士，即使沒有文王教化，同樣也能自動奮發。這種「自動振興」的精神，代表自立自強的覺醒，對現代企業同樣重要。

另外，孟子又曾強調：

> 五百年必有王者興，其間必有名世者。夫天未欲平治天下也，如欲平治天下，當今之世，舍我其誰也？（公孫丑下）

因此孟子特別說：「君子貴其所立者大」（滕文公）而且，「舜何人也，予何人也，有爲者亦若是。」（滕文公），凡此種種，都代表孟子勉勵人心，要有積極奮發、主動創造時機的精神。擴而充之，這也正是孟子最重要的精神特色——時代使命感。根據他的看法，除非上天不想「平治天下」，否則「舍我其誰」！此中的氣魄與氣勢，對於經營者的確深具啓發性。

除此之外，孟子也曾引詩經，說明「未雨綢繆」的重要性，他說：

> 詩云，『迨天之未陰雨，徹彼桑土，綢繆牖戶；今此下民，或敢侮予？』孔子曰，『爲此詩者，其知道乎！能治其國家，誰敢侮之？』（公孫丑）

換句話說，孟子強調，要能防患未然，才不會受人欺侮。孔子認爲，治國之道也是如此。應用在企管上，即公司必須先有遠慮，

做好充份防患準備，然後才不會受到損害。所以孟子又稱：「賢者在位，能者在職，國家閒暇，及是時明其政刑，雖大國必畏之矣。」應用在企管上，即代表在平時閒暇之際，要能充份任用賢能，並修明其政刑。這種平時防患的精神，也深值工商界共同重視。

方東美先生曾經比喻，儒家精神如同「時際人」（Time-Man），亦即在時間之流中，深具時代使命感，勇於向前創造。道家精神則如同「太空人」（Space-Man）⓬，在精神高空中，善養空靈超越感，擅於向上提昇，兩者均對現代深具啓發性。而「時際人」的精神特色，勇於掌握時機、創造時代，在孟子表現得尤其清楚。所以特別值得現代工商界體認與力行。

㈡　照顧民生

孟子曾經強調：「養生送死無憾，王道之始也。」對於一般人而言，王道看來是很遠大的理想，但其起步卻很平易可行，那就是「養生送死無憾」。應用在企管上，即代表能照顧員工生活，員工生了嬰兒，對其切身來講，是非常重要的喜事，這個時候公司即應先用行動慶賀，領導人也應在這個時機表達關切。另外對於「送死」，員工家裏如果有親人過世，公司也應表達心意。孟子所說這些時機，是很能感動人心的重點，因而也是能得人心的開端，對今日的企業管理，同樣深具啓發。

另外，孟子也非常重視公平的權益。這對爭取人心的仁政，也很重要，此其所謂「仁政必自經界始。」為什麼孟子如此重視「經界」呢？最主要原因，如果經界不正，井田所分的地就不均，因而所徵的稅就不公。因此，根據孟子看來，凡暴君或污吏，必定對經

界漫不經心，對此根本不用心。因為，他們對民眾生活的切身權益，根本不關心。此即孟子所謂：

> 經界不正，則井地不均，穀祿不平，是故暴君污吏，必慢其
> 經界；經界既正，分田制祿，可坐而定也。（滕文公）

引申而論，根據孟子看法，什麼時候最需管理？就是民有疾苦，切身有痛苦的時候。在農業社會，就是切身的耕地，邊界不明、徵糧不公的時候。同樣情形，在今天工商界，如果中小企業感到徵稅不公、社會正義不張，大財團大漏稅卻不處理，小生意卻受苛徵雜稅，當然心中就不平。針對這種關鍵，政府就應切實整頓改革。孔子同樣曾講「不患寡，患不均」，孔孟在此共同的精神，對於管理界，都有很重要的啓發。

(三) 聞過能改

孟子曾經強調，對於貴戚之卿，「君有大過則諫，反覆之而不聽，則易位」。對於異姓之卿，「君有過則諫，反覆之而不聽，則去。」（告子）

換句話說，孟子很有革命的精神與膽識。在二千多年前，他即公開向君王說，對於同姓的親王，應反覆的進諫，如果未被接受，即可加以推翻。對於異姓的君主，進諫未被接受，則應自行退出。此中的重要關鍵，即在迫使君王能勇於認錯、勇於改革。這種精神，在今天工商界同樣深值重視。

根據孟子精神，公司領導人應勇於納諫，勇於認錯，此即孟子所說「聞善言則拜」、「聞過則喜」的精神。否則如果領導人心胸

狹小、變成聞過則怒、聞過則避，顧左右而言之，則公司必定會失敗。

　　當然，「納諫」之成功，必須同時具備二種條件，一是上司有胸襟認錯改進，二是部屬有勇氣犯顏直諫。就部屬而言，其心理必須無欲才剛，不能患得患失。因此，孟子所強調「人人有貴於己者」，每人要注重獨立的精神人格，便極為重要。

　　換句話說，在公司內，升官加薪固然重要，但精神人格更加重要，公司形象更加重要。所以，心靈上先要有道德勇氣，才能看破得失、看破名位、看破官場，此即孟子所說「趙孟之所貴、趙孟能賤之」的本質。德國在日本的企業家有句格言：「沒有勇氣就沒有榮耀」，可說深得此中精神。因為，有勇氣認錯，才有勇氣改進，也才有可能創新成功，得到榮耀。孟子這種聞過能改的精神，確實深值共同重視。

　　在〈公孫丑〉篇有段小故事，代表孟子非常重視知恥知過，這種精神，同樣可以應用在企業管理之上。

　　孟子訪問平陸，對其大夫孔距心說：「如果你的衛士，一天之內就三次走錯了行列，要不要開除呢？」大夫回答：「不用等三次，就一定開除了。」孟子立刻就說：「然則子之失也多矣。」距心大夫原先還搶白，對凶年饑寒子民，非他能力所及；但孟子接著問，「今有受人之牛羊而為之牧之者，則必為之求牧與芻多矣。求牧與芻而不得，則反諸其人乎？抑亦主而視其死與？」

　　因為孟子比喻，孔距心大夫如同牧羊人，受君之權而牧民，就應好好照顧，如今失責，豈能繼續戀棧名位？距心大夫這才自承慚愧，很誠懇的認錯，「此則距心之罪也」。後來，孟子往見齊宣王，

告以他對齊王派任都邑的人，共認識五位，「知其罪者，唯孔距心」，並把故事重說一遍。齊宣王則因自己未曾賑災，也很慚愧的說：「此則寡人之罪也。」

由此充份可知，政界若有人不知恥而戀棧權位，必定受後世所唾棄，管理界亦然。因此，從「知恥認錯」開始，才能覺醒振作，也才能警惕人心。

這種精神，非但在政界應如此，在企管界同樣深值重視。此所以孟子又曾說：

> 古之君子，過則改之，今之君子，過則順之。古之君子，其過也，如日月之食，民皆見之；及其死也，民皆仰之。今之君子，豈徒順之，又從爲之辭。（公孫丑下）

換句話說，孟子強調，眞正君子，知過能改，但有些人自命君子，卻非但不改過，甚至還有各種強辯，政治官場若如此，政風必壞；同樣情形，企業商場若如此，生意也必敗，所以深值共同重視。

第四節　從何處管理？

若問孟子，從什麼地方入手管理，根據其精神，也可歸納如後。

㈠ 定於一

孟子曾經講：「天下惡乎定？定於一。」這個「定」有「安定」、「穩定」的意思，同時有「長治久安」的意涵。

根據孟子，天下如何才能定呢？「定於一」。應用在工商企業

來說，即有統一整合之義，同時也有「統一事業，統一職權」的意義。

那麼，如何才能「定於一」呢？孟子又講：「不嗜殺者，能定於一。」代表他所講的「定於一」，不是用強權、暴力，而是用「仁政」來感召人心，用「仁政」來整合人心。換句話說，根據孟子精神，管理成功之道，在能統一整合。如何統一呢？其方法則爲行仁政、得人心，這對工商企業，同樣深具啓發意義。

所以孟子曾經強調，君要能仁、君要能義、君要能正的重要性：「君仁，莫不仁；君義，莫不義；君正，莫不正。一君正而國定矣。」（離婁下）那麼，君如何才能算仁義呢？具體而言，孟子也強調，相互尊重的重要性，他說：「君之視臣如手足，則臣視君如腹心，君之視臣如犬馬，則臣視君如路人。君之視臣如土芥，則臣視君如寇讎。」（離婁）

換句話說，公司領導人要能尊重部屬，視如手足，部屬也才會同樣回饋。如果領導人對部屬，任意踐踏尊嚴，則部屬自然也會敵視。因此，從上司尊重部屬，就是用「仁義」成功管理的關鍵。

那麼，君對臣，怎樣才叫寇讎呢？孟子說的也很具體：

> 今也爲臣，諫則不行，言則不聽，膏澤不下於民；有故而去，則君博執之，又極之於其所往，去之日，遂收其田里，此之謂寇讎。寇讎，何服之？（離婁下）

換句話說，如果領導者對臣既不聽諫，也不愛民，反而讓其走投無路，甚至離開之日，立刻收回住所，等於將其趕盡殺絕，這就叫做「寇讎」。待人而到如此地步，自然無法令人心服。必須反過

來，君能夠視臣如手足，臣才會回報，視之如心腹。應用在管理上，即組織對員工、對顧客均應充份尊重，如同己身，才能眞正得到向心力，並得到認同。這才算是經營成功，也才算「定於一」的境界。

贏得諾貝爾獎的組織理論家們賽門（Herbert Simon），曾經提醒管理界，「認同」的重要性。他提出一個問題：「爲什麼許多人，也許是大多數的人，都比要求的還要更盡力？到底爲什麼員工要認同組織的目標？」根據賽門的說法，答案在於，人類對組織認同有基本特性。他說：「對組織的認同，成了員工積極朝向組織目標努力的主要動力，這不是利用賞罰就能強求得來的。」❹

換句話說，組織對員工要能充份尊重，就很容易促使組織「定於一」，這種認同，絕非外在賞罰所能強求，必須員工內在心悅誠服才行此中精神，與孟子也完全相通。

㈡ 與民同樂

孟子曾經強調：「今王與百姓同樂，則王矣。」（梁惠王）如何才能達到王道呢？孟子認爲，要能夠與民衆共同歡樂，以民衆之樂爲樂，先從這個地方著手，才算成功的管理。

換句話說，根據孟子精神，如果領導人高高在上，不顧民間疾苦，只顧自己玩樂，則人民必定憤恨。因此他特別強調：「獨樂樂，不如衆樂樂。」因爲：

> 樂民之樂者，民亦樂其樂，憂民之憂者，民亦憂其憂。樂以天下，憂以天下，然而不王者，未之有也。（梁惠王下）

孟子很清楚，領導人一定要能眞正「與民衆在一起」，才能得

到民心。爲政固然要能如此，經營企業也要能如此：要能多做受民衆歡迎的事，才能受到民衆肯定，這對工商管理，同樣也有啓發性。

例如，豐群集團董事長張國安原爲農家子弟，後來成爲創立三陽機車王國的老臣，因爲與其「少主」不和，辭去總經理後，全心開展豐群公司，總營業突飛猛進，被稱爲「台灣的艾科卡」。他從什麼地方入手，公司才成功呢？根據他長子張宏嘉所說，其父親生前教他：「不只注重企業經營之道，還要注要如何在社會上做人，並且要多做受社會歡迎的事」。這句話，「要能多做受社會歡迎的事」，非常重要，這正是孟子「樂民之樂，憂民之憂」的精神，深値所有企業界共同重視。

麥桂格（D. McGregor）在三十年前曾提出「X理論與Y理論的不同」。麥桂格認爲，常見於美國企業界的X理論是，人都是被動地面對、甚至反抗組織的需要，因此必須被說服、獎賞、處罰、控制。這種行爲的存在，不是因爲人們天生就是被動、反抗的，而是因爲「管理的哲學、政策、方式」使然。X理論可以總結成：如果你把人做最壞的假設，並依此行事的話，你得到的結果便完全是如此。

從另一個角度，麥桂格提出Y理論，比較接近人們在沒有負面環境下的自然狀態。相反地，動機、發展的潛力、擔當任務的能力、依組織目標行事的能力，在人們身上都可以看到。Y理論可以總結爲：如果你把人做最好的假設，並依此行事的話，你得到的結果也會是如此。❶❺根據孟子的性善論，在此完全相通。所以只要能與民同樂，民衆必定會有善意回應。

杜拉克也曾說：「企業經營失敗，常肇因於經營理論假設（即思

考基礎)與現實脫節」❻換句話說，經營公司的思想基礎，必需結合民心、結合民之所欲、結合民之所樂、與民之所憂，這也正是孟子所說的同樣精神，深值重視與力行。

(三) 民為貴

孟子早在二千年前就強調，「民為貴，社稷次之，君為輕」，應用在工商企管，「民為貴」,代表以顧客為尊、顧客優先的精神。也就是「顧客為貴，公司次之，老闆為輕。」如果公司成員均能有此認知，全心以照料顧客、關心顧客為第一優先，則必定能有大成就。這對現代管理尤其深具啓發。

例如，摩托羅拉公司一直奉行「顧客至尊」的哲學，因為這樣有力的企業文化，這家公司的政府器材部門，在兩年之內就建立起一個真正的團隊。關鍵成功因素，在於團隊成員都知道摩托羅拉重視工作成果，勝於一切，因此，他們開始成立團隊時，就設定了清楚的目標，始終謹記不忘。❼歸根結柢，其成功動力就來自孟子「民為貴」的同樣精神。

除此之外，奇異公司的總裁威爾許（Jack Welch）曾經成功地領導奇異，走過一九八〇年及九〇年的轉型期。他在一九八八年的一場以「一九九〇年代的管理」為題的演講中，曾談到奇異「新」的轉型，很有啓發性。歸根結柢，其動力也來自「更靠近個人」，以及更「尊重個人」，凡此種種，均與孟子所說：「民為貴」的精神不謀而合。此即威爾許所說：

十年前，我們遇到了兩個挑戰，一個是外部的，另一個則是

內部的。外部的挑戰是，世界經濟的成長減緩，而競爭更激烈，大家一起搶一塊縮小的餅。……內部的挑戰更大，我們必須想辦法以小公司積極、快速、士氣高、鬥志昂的特色，靈活運用大公司的能力、資源及勢力範圍。……所以我們要削減公司的管理層級，以便更靠近我們所需的創意來源——個人。……我們發現，有遠見、有衝勁的領袖人物很快就會出現。隨著自信心的增加，我們開始把權力一步一步往下移。……我們知道競爭力的所在，它來自人——那能夠自由夢想、冒想、行動的人。解放這些人，是公司所面對的最大挑戰。❽

　　另外，一九八八年，杜拉克在《哈佛商業評論》（Harvard Business Review）發表〈新式組織的到臨〉，深受各界重視。杜拉克在這文章指出，自二十世紀初以來，現代企業在「觀念和結構」上，有兩大改變：一、是管理與股權分家；二、是引進傳統大公司的「指揮兼控制」的管理方式。之後，杜拉克更進一步指出：「我們正進入第三種轉變：從總指揮兼控制型的組織到知識專才的組織。」根據他的論點，「知識專才的組織」，必需以分析啓落，瞭解顧客心理為優先，這也正與孟子「民為貴」的精，完全相通。

　　除此之外，根據《超越卓越》（In Search of Excellence）這本名著的看法，許多成功的公司企業，皆以追求優異的服務品質為主要目標。他們基本的理論都是：以服務顧客為最高目標，利潤自然隨之而來。❾而且，他們也都充份體認，現在是一個實踐的年代，「顧客優先」不是一種經營的想法或手段而已，更不只是口號而已，而是站在經營的觀點，眞正去實踐能滿足顧客的活動。此中

精神，也正是孟子特色的實踐。

另如，以日本日產汽車為例，日產汽車自1951年股票上市以來，1986年第一次嘗到營業赤字，市場佔有率下降，勞資關係不良、企業形象也略見耗損。在這種情況下，當時日產汽車新任總經理久米豐呼籲改革企業文化、重新再創企業文化，想要賦予社會日產汽車可信賴、可親近的企業形象。針對這個目的，日產首先開始強調的就是：「滿足顧客」。

為了滿足顧客，日產內部人員意識到必需整體改革。過去日產汽車一直以「技術的日產」自豪，也就是說，僅止於滿足日產技術人員的成就：「我製造了這麼美好的汽車。」現在則改為：「為了滿足顧客而製造汽車」。日產這種「滿足顧客第一」的意識改革，使日產重新望造了可親近的企業形象。❷究其根本精神，仍係孟子「民為貴」的重要特色。

因此，日本著名管理學者平島廉久，講的很好：「所謂顧客滿足經營，即企業最終的目的是不斷提升顧客的滿意度、站在顧客的立場、以顧客為優先。」❷

他並進一強調：「為什麼滿足顧客的經營成效如此之大？因為對企業商品或服務滿足的顧客，會再度購入該企業的商品，逐漸成為固定客戶。這些固定客戶滿足度愈高，會不斷擴大購買你的商品，使你的營業額不斷增加。滿足顧客的另一效果是，得到滿足的顧客，會將他愉快的感覺傳達給他的家人或朋友，這些周邊的人會逐漸燃起購買的欲望。」❷

此中精神，就會造成公司與顧客的雙向交流，亦即公司能夠「樂民之樂」。公司若能滿足顧客，顧客也會回過頭滿足公司。此

中良性循環的成果，便是公司經營成功的保證。

　　另如，以製造飛機聞名於世的波音公司，它成功的最主要因素，就是在於它對顧客的服務。它原以製造軍機起家，後來搖身一變，成為生產商用民航客機的航空製造業重鎮，在《視野》（Vision）這本書中，威爾遜董事長（T. A. Wilson）曾談到該公司轉變過程：

> 我們企圖建立一個以顧客為導向的公司，因為我們體認到，若要在商場上出人頭地，顧客是最重要的因素。❷❸

　　再例如，山葉自八八年四月起，在日本銷售兩千五百美元的電子裝置，得到十分熱烈的迴響，不但替呆滯的鋼琴製造業帶來生機，還開拓了音樂電腦軟體、鋼琴調音的市場，甚至再度掀起學鋼琴的風潮。為了讓學鋼琴成為有趣又方便的事，山葉更全力發展電子琴技術來增加彈琴人口，目前電子琴的市場已超過傳統鋼琴的市場。這才是真正高明的策略：不和同業作惡性競爭，而是致力發掘顧客真正需要的產品價值。❷❹這也是因為結合顧客心理，能夠「顧客第一」的成功例證。

　　另外，日本在沐浴精充斥市面的情況下，花王公司並沒有推出打著花王品牌的沐浴精加入激烈的市場，反而是從日本人的生活需求、習慣中，發掘出新產品的靈感。事實上，花王的溫泉沐浴劑片上市不到一年，就把舊有的各式沐浴精打得落花流水，一直還未碰到競爭對手。其實，健全的企業經營的基礎就在這裏——仔細研究顧客的需求，並對產品特性作深入的了解。❷❺其中根本動力，同樣因為能符合「顧客第一」的管理哲學。

　　麻省理工學院專門研究技術創新過程的學者希伯爾（Eric von Hippel），曾仔細研究科學儀器工業的創新泉源，他的結論如下：他所歸類爲「第一類型」的十一種主要新發明，全來自使用者的構想；六十六種「主要產品改良」中，85%是得自使用者；而八十三種「次要的產品改良」中，有三分之二也來自使用者的構想。

　　由此可見，產品的使用者——亦即顧客，才是公司最重要的生命線，這些均與孟子所說「民爲貴」的精神完全相通。

　　很多傑出企業在此均有此通性。另如，當初最早發明李維牛仔褲的人，並不是李維牛仔褲公司的人，其靈感主要也來自顧客。再如迪吉多亦復如此，一位專家分析：「他們主要是仰賴顧客，發展出迷你電腦的多種用途的，爲公司省下大筆的研究發展及行銷成本。…多年來，迪吉多始終是被顧客提出的許多有趣的應用新構想牽著走。」王安電腦的故事，也是大同小異：「他們也是以顧客的需求爲導向。」王安本人就曾經說過：「和顧客一起工作，可以使我們對於顧客的需求提供更完善的服務。」㉖

　　再如，著名經濟學家傅利曼（Christopher Freeman），曾經仔細分析研究三十九件化學工業新發明，以及三十三件科學儀器新產品。他發現對兩個工業而言，最重要的成功因素竟然相同：「成功的公司比較了解使用者的需求。第二個重要因素也相同，即是產品的可靠性：成功的新產品極少發生問題。」

　　最後傅利曼的研究報告顯示：「成功的公司比失敗的公司要重視市場。他們隨著市場的需求，加以改良、創新產品，邀請使用者共同參與新產品的開發。他們比一般公司更能洞悉使用者的需要。」很多傑出公司特別留意主要使用者的反應。因爲主要使用者，也就

是富創意、前進的使用者，多半比普通同業領先好幾年。㉗

　　凡此種種例證充份證明，任何公司若要成功，首先均需重視使用者，亦即顧客的需求。此中精神，與孟子所說「民為貴」完全不謀而合，應用在現代管理，即「顧客第一」的特色，深值共同重視力行。

（四）　安定員工人心

　　前項重點，在於「顧客第一」，本項重點，則在「公司次之」，亦即安定公司員工。

　　應該如何安定呢？根據孟子精神，首先就應幫員工能有「恒產」，然後才能有「恒心」，要先幫員工「安居」，然後大家才能「樂業」。

　　所以，要從什麼地方來「安定員工」？根據孟子精神，先要大家有房子住，員工才有歸屬感，工作才能安心。

　　另外，孟子也曾經提到：㉘

> 數口之家，可以無飢矣，謹庠序之教，申之以孝悌之義，斑
> 白者不負載於道路矣；七十者衣帛食肉，黎民不飢不寒，然
> 而不王者，未之有也。

　　孟子舉這些具體例証，其中精神，簡單的說，就是要好好照顧員工生活與家庭。首先，數口之家「可以無飢」，生活沒有顧慮，以今天的話來講，對小家庭生活可以安頓，小孩子可以受好的教育。「謹庠序之教」，代表小家庭的孩子有好學校唸，教育不成問題。然後家庭很和樂，能夠「申之以孝悌之義」，能孝順長輩，並關心同輩。擴而充之，「斑白者不負載於道路矣」，公司裏的退休老人

不必再爲生活奔波，這樣就可做到「王道」。非但可以安定公司人心，並且可以吸引其他公司人才投效。

換句話說，如果大多數公司均不顧員工生活，罔顧員工福利，不管員工痛苦，那麼，若有一家公司可以推行仁政，照顧員工，則必能「民歸之，如水之就下，沛然誰能禦之？」尤其，如果員工可以沒有後顧之憂，自然就能提昇服務品質，也自然能夠心存感念，對公司有回饋的心意。在如此良性循環之下，便更能增加成功的效果。

日本很多成功的公司，透過各種福利，首先穩住員工心情，讓其安心工作，因而員工們很多樂於終身效命，便是明顯例証。

另外，孟子引湯誓講：「時日害喪，予及汝皆亡。」代表如果君主不能體恤民苦，民眾被逼急了，也會與你同歸於盡。所以「水能載舟，亦能覆舟」，民眾可以與你共同歡樂，也可以跟你同歸於盡，就看如何結合民心。對待員工也是同樣情形。應用在管理上，孟子的精神就是強調，要能與員工同甘共苦，如同一家人，那員工也才能與你共同奮鬥。這種「以廠爲家」的特色，的確深值重視。

另如，科迪納（R. J. Cordiner）是奇異公司在一九五〇年代初期大事改革的靈魂人物。現代管理大師（也是奇異公司的長期顧問）杜拉克便曾稱科迪納的改造爲「完美的模式，讓全世界的大企業（包括日本機構在內）都群起效仿」。❷❾

科迪納的特色是什麼呢？簡單的說，便是公司分權，員工均能有參與感，他還以「中央集權的分散：管理的哲學」爲主題，做了專題演講。就像今日的許多高級主管一樣，科迪納深深了解，權力分散能夠替大公司帶來「小」的好處。他聲稱：「權力的分散，不

僅可以保留及增強大企業的資產，同時也可以擁有小機構經常強調的（雖然不一定真的具有）彈性和『人情味』……決策的責任，不再僅止少數高級主管身上，主要是在那些最了解及最接近問題核心的各部門管理、與生產線員工身上，讓他採取明智的決定和快速的行動。」如此，公司裡的一個成員才能感受到挑戰、有尊嚴，願意全力以赴，密切合作。❸此中精神，正是尊重員工職權、安定員工心情，也與孟子完全相通。

此所以日本管理專家平島廉久也強調：「對企業經營者來說，顧客第一，其次重要的是與顧客第一線接觸的從業員。因此，企業給人的第一印象往往由從業員開始。所以，經營者必須能先安定員工人心士氣，並能授予現場的從業員相當的權限，便他們在銷售現場上能迅速對應，這才能給顧客留下好印象。」❸

這種「分權」的觀念，可以提昇員工的成就感與參與感，同樣也是安定員工的重點。

此所以，西方管理專家史塔克（P. Stryker）也指出，公司愈複雜，高階層主管愈需要放鬆決策過程的控制權，他指出：「如此授權，可以培養低階層主管的決策能力；同時也因為主管靠近問題核心，決策的品質也會更快、更好；主管之間的摩擦減少，有更多的精力把工作做得更好……減低高階層主管的督導壓力，以便有更多的時間思考和策畫更好的決定。」❸

雖然當時對權力分散的想法與今日略有不同，但史塔克的描述和現在所謂的「授權」之說，其實很相近。它們的目的都只有一個：讓公司比較不集權、不獨斷，以便與整個國家的民主傳統更協調一致。❸

　　而且，以服務顧客爲經營目標，幾乎一定會讓每一位員工都覺得自己的工作很有意義，使公司所有員工都能有一種責任感。這點非常重要。此所以畢德士強調，當一家公司的工作人員說：「我們每一個人都代表公司時，就表示這家公司已達到這個目標。」❸

　　迪斯奈公司可以說，就是這種強調「員工服務態度」的最佳例證之一。事實上，許多人都已經把迪斯奈與麥當勞，評估爲全美甚至全世界，爲大衆提供最佳服務的兩家企業。經常觀察迪斯奈公司的作家波普（Red Pope）評論道：

> 迪斯奈如何對待內外員工、如何跟他們溝通、如何獎懲他們，這些管理技巧，在我看來，才是眞正奠定迪斯奈屹立娛樂界五十年成功致勝的基礎。❸

　　簡單地說，迪斯奈如何安定員工人心，如何鼓舞他們士氣，有關管理方法，才是成功之道，這與孟子的精神可說完全相通，深具重大的啓發性。

第五節　何人能管理？

怎樣的管理者才能成功？根據孟子精神，可以歸納如後。

㈠　所立者大

　　孟子曾經強調「君子貴其所立者大」。這個「大」，代表「存心」的大，亦即心胸要大、格局要大、抱負要大。

　　所以孟子又講：「舜何人也，禹何人也，有爲者亦若是。」並

稱，「君子所以異於人者，以其存心也。」這對企管也很有啓發。
所謂「英雄不怕出身低」，眞正成功的管理者，不必講究出身、不必講究學歷、不必講究後台、不必要求特權，只看能否上進，能否有大志氣。此亦孟子所稱「養氣」與「持志」的重點，對於企業能否成功，具有關鍵性的作用。

　　例如台灣張忠謀被稱爲「半導體之父」，生於上海，卻立志立足台灣，成爲1996年〈天下雜誌〉評選十位最受企業界尊敬的企業家之一。更特別的是，他成爲唯一不在台灣土生土長的企業家。其經營特色，不要求特權、不要求取得土地、也不要求政府補助，「拼命的工作，嚴厲的要求部屬」，其公司爲目前全球規模最大的半導體工廠，其特色即「一磚一瓦，打造一個世界級企業」，允份代表自力更生、立志高遠的特色。

　　另如，當今名企業策略大師，密西根大學的普赫萊教授，曾經評論NEC、CNN、新力、葛蘭素和本田等企業，它們之所以都能高度團結，原因並不在於文化或體制上的傳承，而在於他們的野心和創意。不管在日本或歐美，物質優勢都無法取代它們因志向遠大所帶出來的那種創造力。❸❻

　　根據孟子精神，「君子所立者大」，同樣代表大有爲與大魄力。所以孟子在〈梁惠王〉中曾有段精彩故事，說明如果幹部不敢擔當，不敢仗義執言，人民必定同樣坐以待斃。

　　穆公問曰：「吾有司死者三十三人，而民莫之死也。誅之，則不可勝誅；不誅，則疾視其長上之死而不救，如之何則可也？」

　　孟子對曰：「凶年飢寒，君之民，老弱轉乎溝壑，壯者散而之四方者，幾千人矣；而君之倉廩實，府庫充，有司莫以告。是上慢

而殘下也。曾子曰：『戒之戒之！出乎爾者，反乎爾者也』，夫民今而後得反之也，君無尤焉。」

因此，孟子的結論是：「君行仁政，斯民親其上，死其長矣。」這段充份說明，平日能關懷員工、並有作爲的領導人，在公司有困難時，員工才會投桃報李，同舟共濟。否則，如果平日苛薄寡恩，無視員工痛苦，則公司出問題時，報應也會來臨。這種永恒道理，至今仍然極具啓發。

所以，美國新一代管理大師，韓默（M. Hammer）在《改造企業》（Reengineering the Corporation）中，便曾指出：

> 人，才是改造作業流程的成功關鍵。想要成功改頭換面的企業，必須出現一位眼光遠大、企圖心強盛的高階領導人，才能讓改造流程從「紙上作業」付諸實施。這位領導人不是由上層指派，而是由改革熱情驅使，目的是運用他在企業內部的影響力，推動改造企業的工作，讓企業拔得這一行的頭籌。他必須向員工溝通危機意識，強調改革勢在必行，清楚描繪出企業遠景，再激勵員工共同創造美好的未來。
>
> 徒有理想抱負，不足成事，領導人還必須延攬一批班底，同心推動改造工作，才有機會成功。他的個性最好能夠處變不驚。❸❼

簡單的說，因爲能夠「所立者大」，所以才能胸有成竹，處變不驚，因爲能夠「所立者大」，所以才能眼光遠大，企圖心強盛，並且能夠深具改革熱情，以此激勵員工，共赴美好未來。孟子此中精神，的確深值共同重視。

（二） 以德服人

根據孟子，眞正成功的領導人，必定能夠以德服人，那才能眞正令人心服，而絕不會只用名位壓人，更不會只用權勢服人，這種「以力服人」，絕對無法得人心。

因此孟子曾說：「以力服人者，非心服也，力不贍也。以德服人者，心悅而誠服也。如七十子之服孔子也。詩云：『自西至東，自南至北，無思不服』，此之謂也。」（公孫丑上）

公司領導人如果只是靠權力名位服人，員工必定口服心不服，如果能以德服人，才能心悅而誠服，也才是眞正領導成功之道。

所以孟子又說：

> 以力服人者，霸，霸必有大國。以德行仁者，王，王不待大：
> 湯以七十里，文王以百里。

應用在管理上，代表大財團多半挾持雄厚財力，而行霸道，但若中小企業能行仁心王道，則照樣能成功，無需大財團的規模與支持。這對消弭「金權政治」、去除財團壟斷、力行社會正義，均有深刻啓發意義。充份証明，建立精神風範，以德服人，至今仍有重大意義。

此所以著名管理學者斯蒂芬·柯維（Stephen Covey）也認爲，領導技術並非領導藝術的全部，他指出，一位好的領導人，必須令人心悅誠服，著重領導人的內心世界。正如武俠小說中的人物一樣，一位大俠需要的，不僅是劍譜之類的武林秘笈，他還需要鍛鍊內力的內功心法，二者互相配合，才能發揮最大功力。所以柯維認爲

「人的內心是最重要的領袖條件，單有技術並不足以成為領袖」。
❸此中精神，與孟子便完全相通。

另外，柯維也曾特別有句名言：「心靈是企業的核心」，他說：

> 我在念博士學位時，曾經整理過美國開國以來的文獻，想了
> 解美國怎麼看成功。我記得那年是一九七六年，剛好是我們
> 建國兩百年。我發現前面一百二十五年，大家判斷的重心都
> 在原則、人格、道德，在為收穫而耕耘。但是到本世紀開始
> 時，我們開始遺棄農場，進入工業化，加上我們經歷第一次
> 世界大戰和經濟大恐慌等一連串的傷痛，我感覺人對原則的
> 信心開始動搖，組織、法律、社會規章大量出現，法紀取代
> 人格，技巧和技術益發重要，因此大家重視分析個人心理，
> 好去操控、利用他們，公共關係和人際關係等成為顯學。我不
> 是反對這些新學理，而是這些必須以人的基本人格為基礎。❹

他這種主張，無論時代如何演變，但仍然強調，任何管理「必
須以人的基本人格為基礎」，便與孟子精神極為相通。

他接著又說到：

> 我強調的是企業人要回到人最基本的要件：原則。我講的都
> 不是新的，都是舊東西。全人類六個主要宗教所強調的，就
> 是這些。
> 每個人都有心靈，不管他有沒有宗教信仰，每個人心靈深處
> 都有一種道德感。佛洛依德認為，人的道德感和意識是人所

處的文化環境的產物；心理學家楊格（Carl　Yung）則認為，往更深一層的潛意識看，人有共通的良心。

我做過實驗，我請來自台灣、韓國、香港、新加坡、馬來西亞的人各自寫下個人的人生目標和價值體係，用投影機打出來，都差不多。我在很多國家都這麼做，只要大家彼此時常誠心溝通，相互學習，而不是彼此作態假裝，大家的價值都極近似。友善、溫暖、服務、誠實、正直，這些每每被人提起，這些都是做人的原則，是人格的一部份。❹

此中所謂，「每個人心靈深處，都有一種道德感」，「人有共通的良心」，正是孟子所講人之「四端」，這些「都是人格的一部份」。由此充份証明，孟子強調精神人格的重要，強調風骨道德的重要，至今仍與成功的企業管理完全相通。

另外，香港中文大學管理系饒美蛟教授說的很好：

若主管其身不正，沒有尊重及表現企業文化，則不難想象員工將會缺乏認同，以身作則是積極建立企業文化的一個重要手段，這也是培養企業文化氣氛的積極方法。設想若3M公司的負責人沒有創新的意念，沒有看重下屬的創新意見，則3M便沒有創意的文化；惠普的創辦人若沒有巡視下屬，聆聽他們的意見和感受，則惠普便不能發展其巡查文化。故此，一個成功的企業文化轉變是有賴管理階層的身體力行。❹

尤其，經理人要處理的絕大多數問題，都不是他們引發的，而是別人的需求帶來的。一位經理人說得也很好：「每天來到公司，

總是一個問題接一個；還來不及處理一個問題，就有人要你處理另一個問題。在你還沒發覺之前，一天已經過了！」❷因此，如何在眾多問題之中，把握基本原則：以身作則，並且以德服人，俾能以簡御繁，真正解決問題，便是經理人極重要的共同課題。

這種精神——強調成功的企業文化，「有賴管理階層的身體力行」，並且強調必需主管立身要正，均是「以德服人」的具體證明，深值共同重視。

(三) 「大丈夫」的風骨

孟子曾經強調：「富貴不能移，貧賤不能淫，威武不能屈。」這樣的「大丈夫」精神，不會被富貴腐化、也不會被貧賤軟化、更不會被壓力屈服，而能頂天立地、有為有守，正是成功經營者的重要條件。

另外，孟子又曾指出：「人之有德慧術知者，恒存乎疢疾。獨孤臣孽子，其操心也危，其慮患也深，故達。」（盡心上）代表有品德與智慧的人才，永遠來自憂患、橫逆中，不怕挫折，不怕失敗。挫折使他們更加奮發，失敗使他們更加成熟。因為，他們抱持孤臣孽子的心情，心懷戒惕，思慮深遠，所以才能通達。

應用在管理上，此所以美國企管專家畢德士說到：

在一個積極、創新、追求成功的企業環境中，還有一大特色，那就是有容忍失敗的寬宏雅量。壯生公司的伯克（James Burke）指出壯生的信條之一就是：『你必須願意接受失敗。』艾默森公司的奈特（Charles Knight）也強調：『你需要

有承擔失敗的能力。除非你肯接受錯誤，否則你不可能有任何創新、突破。』對失敗的容忍精神已成爲傑出公司的精神內涵之一，而且直接由公司高階層灌輸培養這種精神。⓭

另外，在3M，失敗者是會受到鼓勵的，所謂「有志者事竟成」。董事長李爾經常利用過去的實例，勉勵員工，不要怕失敗，即使失敗也切勿氣餒，應當發揮企業家奮鬥的精神。他說：「在3M，你有堅持到底的自由，也就是意味著你有不怕犯錯、不畏失敗的自由。」⓮

當然，根據孟子精神，如果選擇大丈夫的風骨氣節，則必定會在現實名利社會中有所失，這種價值觀的取捨，即孟子所說的「辭受有道」。除了個人立身需要有此風骨，身爲公司的經營者，也需在此堅持原則，然後才能帶動整個公司，成爲有品有格的公司，從而能夠獲得社會信賴與景仰，這才是眞正長遠成功之道。

此即畢德士所說：「對每個人來說，這一生最重要的事就是追求自我。如何爲自我選擇在世上的生活方式，涉及到價值觀的取捨，以及確認畢生的安身立命之所：身分。」⓯

這種價值觀的取捨，涉及「確認畢生的安身立命之所」，與孟子所稱精神可說完全相通：

> 生，亦我所欲也，義，亦我所欲也，二者不可得兼，舍生而取義者也。（告子）

換句話說，若能將生死大關都看通，則更能看破世俗的功名利祿。以此頂天立地的風骨立身或立廠，自能形成大丈夫的精神氣魄，爲國家社會的正氣注入清流。

(四) 能正直敢言

孟子曾引述曾子的名言：「脅肩諂笑，病於夏畦」（滕文公），以表達他對逢迎拍馬的不恥，並強調正直敢言的重要性。另外，他更曾以「齊人驕其妻妾」為例，說明很多求作官的人，在外屈膝卑躬，回家卻趾高氣揚，這種人便絕不能托以重任。政治上如此，管理上也同樣。

除此之外，孟子又曾強調：

> 天下有達尊三：爵一，齒一，德一。朝廷莫如爵，鄉黨莫如齒，輔世長民莫如德。惡得有其一，以慢其二哉？故將大有為之君，必有所不召之臣，欲有謀焉則就之。（公孫丑下）

換句話說，根據孟子看法，天下最看重的東西有三種：爵位、年長與品德。在朝廷中，爵位最受重視，在鄉里中，年長最受重視，在教養民眾上，則以品德最受重視。

因此，孟子認為，這三者各有獨立的意義與價值，怎能只以爵位為標準，便輕慢其他二者？這也正是孟子強調「說大人，則藐之」的精神，以及中華民族用「學統風骨」抗衡「政統權勢」的淵源所在。

所以孟子指出，真正成功的領導人，必定有「不召之臣」，能夠尊重部屬，絕不任意輕慢，呼之則來、揮之則去；如果有事商量，也必定禮賢遷就。此中精神，一方面代表能重視正直的品德，二方面代表能破除逢迎拍馬的文化，三方面代表能重用耿介敢言之士，這些均對公司能否成功，影響極為重大。

　　所以孟子在〈公孫丑下〉也強調：「有官守者，不得其職則去，有言責者，不得其言則去」，如此進退有據，風骨凜然，才能眞正彰顯人格，擔當大任。這種耿直敢言的精神，在企業界同樣重要。

　　除此之外，孟子也強調：「有事君人者，事是君則爲容悅者也，有安社稷臣者，以安社稷爲忱者也；有天民者，達可行於天下而後行之者也，有大人者，正己而物正者也。」換句話說，幹部約有幾種類型，有一種爲逢迎承歡者，還有一種，爲安定社稷者，另有一種爲行道而出，更有一種「正己而物正」者。眞正英明的領導者，自應該明白何者爲佳。經營國家固然如此，經營管理同樣如此。要能重用耿直敢言「正己而物正者」才行。

　　另外，孟子又說：「自反而縮，雖千萬人吾往矣。」就是鼓勵直道而行，多講忠言。自己反省，本身的主張，若是爲了「公義」，就算再多人反對，也要勇往直前，此即「雖千萬人吾往矣」。否則「以順爲正者，妾婦之道也。」如果徒以順承上意爲能事，則與妾婦之道無異。

　　所以孟子在〈告子〉也強調，「夫苟好善，則四海之內，皆將輕千里而來告之以善。」如果不好善，不聽忠言，則「士止於千里之外，則讒諂面諛之人至」，那時「國欲治，可得乎？」公司想要管好，怎麼可能呢？

　　此中所代表的精神：正直敢言，杜絕讒邪，對於促進公司改革，可說是極重要的動力。後來《貞觀政要》即特別以此爲管理的中心方法，證明極有功效，因而能開拓光明的「貞觀之治」，至今仍深具重大啓發意義。

第六節　如何管理？

根據孟子的精神，如何才能成功的管理？可以歸納如後。

(一)　用道義相結

滕文公曾問孟子：「滕，小國也，間於齊楚。事齊乎？事楚乎？」孟子對曰：

> 是謀非吾所能及也。無已，則有一焉；鑿斯池也，築斯城也，與民守之，效死而民弗去，則是可爲也。（梁惠王下）

朱子曾注曰：「有國者當守義而愛民，不可僥倖而苟免」，可說非常中肯。這段話，充份說明了「兩大之間雖爲小」的困境。中小企業經常也會面臨這種情形，應該如何管理呢？這段話提醒經營者，應以道義結合員工，鞏固陣腳，共同奮鬥，如此便無需恐懼兩大之間的威脅，反而能用最堅固的道義力量，得到最後成功。

尤其，公司雖然是營利單位，但同仁之間仍應講情義、講道義，不能只用利害相結合。否則，如果經濟不景氣，公司困難的時候，大家都會離開。

那麼，如何才能有道義呢？根據孟子精神，公司要有「老吾老，以及人之老，幼吾幼，以及人之幼」的胸懷，此即孟子所稱「推恩，可以得四海，不推恩，無以保妻子」；「古之人所以大過人者，無他焉，善推其所爲而已矣。」（梁惠王）此中啓發，就是要能體貼員工，照顧員工家庭，關心員工眷屬老小，有了這種情義作基礎，才能眞正管理成功。

溫諾格（T. Winograd）和弗瑞斯（F. Flores）在《了解電腦與認知》中，曾把經理人的處境說得很好。因為，管理的問題，很少是以定義明白的方式出現，大部分的時候，經理人必須解決的問題，都是定義不清和界線不明的。組織學理論家奇因（Peter Keen）與史考特─摩頓（Michael Scott-Morton）對此有很好描述：

> 經理人的大多數重大決定，都是在問題仍模糊不清的情況下做出的，他們自己或其公司並未意識到這一點，因而個人的判斷是極重要的關鍵。**❹**

換句話說，根據管理專家分析，光是要了所面對的問題的性質，經理人就需要花很多的時間。比如說，經理人可能會遇到一位憤怒的員工來抱怨一件事情，但後來發現的問題並不在那裡──或者甚至問題到底是什麼，也不太清楚。**❹**

為什麼如此呢？很多情形之下，均是因為員工心中有怨氣，卻又不太願意清楚說出，因而聲東擊西，致使經理人無法正確掌握員工心理。

所以，此時最重要的方法，就是要能開誠心、布公道，鼓勵員工無話不談。然而，要做到這一點，就必需要平日能以道義相結合，而不是以利益相結合。否則，員工就會無心深談，也不願交心。那就無法真正解決問題，公司也必定會走向失敗。

尤其，根據保羅·林柏格（Paul Leinberger）在《新個人》（The New lndividuals）中的研究，今天因為時代進步，企業型態轉變，員工並不一定仰仗雇主。「以往，自工業革命以來，員工

的命運一直都是操縱在雇主的手中。但是資訊時代的來臨,使得情況逆轉,資訊工作者的就業空間加大,不需要依附一特定的組織或雇主。」❹因此,公司領導人對員工,更要能以道義相結合,才能眞正得人心,也才能發揮團隊力量,開創更大成功。

(二) 人性化的管理

人性化的管理,根據孟子精神,就是注重人性的需要,不可「率獸而食人」。這正是孟子所說的,如果「庖有肥肉,廄有肥馬,民有飢色。」一個領導人,其廚房裏都是大肥肉,但老百姓却面有菜色,如何能爭取人心?如何能成功管理?

所以,公司此時一定要能注重「人性化」,體恤民苦,瞭解民隱。就工商領導者而言,就是要能關心員工,並且經常共用伙食,充份打成一片。唯有如此,才能眞正深得人心,進而共同成功。

另外,孟子曾經強調:「禹之行水也,行其所無事也。如智者亦行其所無事,則智亦大矣。」換句話說,孟子認爲,大禹治水所以能成功,主要能順著水性,因勢利導,使其暢行無所害;所以智者領導,也需順應人性,順乎人心所趨,才能眞正凝聚員工人心,公司運作也才能充份暢通有成。

例如,華爾商場,目前是美國數一數二的大零售店。其創辦人華頓(Sam Walton)是公司成功的幕後鞭策人物,但他所做最重要的工作,却是關懷員工。事實上,幾乎他手下所有的經理都戴著這樣的徽章:「我們關懷我們的員工。」❹這正是「人性化」管理的第一要義。

另外,企業若要提高產品品質、增加生產力、不斷創新,最終

還是要靠員工的表現。所以本田汽車在美國俄亥俄州的大汽車廠成立時，該廠的負責人對全體員工發表談話，一開始他就說：「公司不是付錢請你們來工作的，公司是請你們每天來改進每一個生產過程的。」❺也就是說，他先提高每個員工的自尊心與使命感，讓他們自覺受到重視，才能進而賣力，這也正是人性化管理的重要特色。

換句話說，因為有人性化管理，所以才能得到「人和」，此即孟子所謂「天時不如地利，地利不如人和。」（公孫丑下）根據孟子精神，在所有管理之中，「人和」最為重要。任何一個單位，如果沒有人和，其他一切都會成空。所謂「家和萬事興」，在公司也是同樣情形。因此，必須以善待家人般的心情，善待公司員工。

曾經有人問到柯維（Stephen R. Covey）：「你畢業於哈佛企管學院，你感覺正統的管理學界，怎麼看你的理論？」他回答：

> 他們一直覺得這些是很軟性的東西，不切實際，他們認為主流要講結構、系統、策略這些硬東西，直到今天他們仍有這種想法。但今天他們也逐漸了解，如果不善待員工，就算在法律前面毫無問題，在組織文化仍會有大麻煩。❺

這種「善待員工」的精神，看似軟性管理，却正是柔性管理特色，也正是「人性化管理」的特色，與孟子精神完全相通。

除此之外，人性化的管理，還要能夠尊重資深員工，尊老敬賢，讓員工們感到溫馨，並讓員工們感覺親切窩心。任何公司，如果輕視老臣，那近臣也會寒心，自然均會求去。

此所以孟子說：「所謂故國者，非謂有喬木之謂也，有世臣之謂也。王無親臣，昔者所進，今日不知其亡矣。」〈梁惠王下〉此中

深意，的確深値重視力行。

(三)　明賞罰

　　孟子曾經問齊宣王，如果有個人把他太太託付給朋友照顧，結果這個朋友讓他太太受凍，他會如何？齊宣王講，當然棄之；孟子跟著又問，如果是做官的，卻不能夠治好，市井之內不振，他又會如何？齊宣王認爲，立刻要處分。最後孟子問，如果領導人不能充分做好領導者角色，應如何？齊宣王則「顧左右而言它」。上述內容，指出了帝王時代，對帝王無法監督的盲點，但孟子却也已經觸及管理的重點：眞正成功的管理，必須權責分明、賞罰分明、公私也分明。

　　此所以孟子說：

　　　左右皆曰賢，未可也；諸大夫皆曰賢，未可也；國人皆曰賢，
　　　然後察之，見賢焉，然後用之。左右皆曰不可，勿聽；諸大
　　　夫皆曰不可，勿聽；國人皆曰不可，然後察之，且不可焉，
　　　然後去之。（梁惠王下）

　　換句話說，孟子非常重視民意。在他看來，領導人如果只聽左右的話，未必可靠，只聽部屬的話，也不見得可靠，但若「國人」的民意皆曰某人「賢」，便應開始正視，並在愼重考察後，加以重用。對於「不可」用的人亦然。先應注重「國人民意」的反應。這才是眞正根據客觀標準，能夠賞罰分明。唯有如此，摒棄個人私心，超越黨派私見，訴諸全體民意，才能眞正成功。

　　另外，孟子很重視「辭受有道」，也代表是非分明的精神。

他說：

> 當在宋也，予將有遠行，行者必以贐，辭曰：餽贐，予何爲
> 不受？當在薛也，予有戒心，辭曰『聞戒，故爲兵餽之』，
> 予何爲不受？若於齊，則未有處也。無處而餽之，是貨之也。
> 焉有君子而可以貨取乎？（公孫丑下）

換句話說，根據孟子精神，在宋、在齊，均受之無愧，但在齊却受之有愧，所以不能收。因爲，無功却受祿，便會形同收買。君子人格怎應可以被收買呢？孟子在此表現的風骨，代表講道理、守分寸，而且公私分明，是非分明，一絲不苟。非但對從政非常重要，對從商人士同樣重要。

如果政界均有如此素養，清廉自持，絕不逾越分寸，政風自然能夠改進；管理界若也能有此精神，正派經營，辭受有道，則「金權政治」與官商勾結便可完全消除，所以深值共同重視。

㈣　要有憂患意識

孟子強調要有憂患意識，才能促使「動心忍性，增益其所不能」，在台灣「經營之神」王永慶的經驗中，確有很多相通之處。

王永慶曾說：「賦予一個人沒有挑戰性的工作，是在害他。我覺得人的潛能是無窮盡的，給予沒有挑戰性的工作，這個人的潛力根本無從發揮，他這一生不就完了？」❷

此中精神，與孟子所說「天將降大任於斯人也，必先苦其心志，勞其筋骨」，可說完全不謀而合。應用在管理上，王永慶更曾明確強調：

如果台灣不是輻員如此狹窄，發展經濟深爲缺乏資源所苦，而台塑企業可以不必這樣辛苦的致力於謀求合理化經營，就能求得生存及發展的話，我們能否做到今天PVC塑膠粉及其他二次加工均達世界第一，不能不說是一個疑問。今天台塑企業能發展至營業額年逾一千億元的規模，可說就是在這種壓力逼迫下，一步一步艱苦走出來的。❸

另外，他也曾強調：「爲什麼工業革命和經濟先進國家會發源於溫帶國家，主要是因爲這些國家天候條件較差，生活條件較難，不得不求取一條生路。這就是壓力條件之一。日本工業發展的很好，也是在地瘠民困之下產生的，這也是壓力促成的。今日台灣工業的發展，也可說是在退此一步即無死所之壓力條件下產生的。」❹的確深具啓發意義。

由此充份證明，根據孟子精神，有壓力反而更能激發動力，這種「化壓力爲動力」的哲學，對管理界同樣重要。所以，「憂患意識」對於激發潛能的重要性，深値各界共同重視。

(五) 得道多助

孟子曾經強調，「得道多助，失道寡助」。在今天仍深具啓發性：

> 域民不以封疆之界，固國不以山谿之險，威天下不以兵革之利，得道者多助，失道者寡助。寡助之至，親戚畔之，多助之至，天下順之，以天下之順，攻親戚之所畔，故君子有不戰，戰必勝矣。（公孫丑下）

　　這種「得道多助」的精神，也是極重要的管理方法；那麼，如何才能得道多助呢？孟子曾經強調「無敵於天下」的五種方法，應用在今天管理上，均甚具重大的現代意義：

> 尊賢使能，俊傑在位，則天下之士，皆悅而願立於朝矣；市，廛而不征，法而不廛，則天下之商，皆悅而願藏於其市矣；關，譏而不征，則天下之旅，皆悅而願出於其路矣；耕者，助而不稅，則天下之農，皆悅而願耕於其野矣；廛，無夫里之布，則天下之民，皆悅而願爲之氓矣。信能行此五者，則鄰國之民，仰之若父母矣。如此則無敵於天下，無敵於天下者，天吏也。然而不王者，未之有也。（公孫丑上）

　　換句話說，根據孟子精神，管理成功之道，第一要能尊重人才，使用賢能，第二要能輕租減稅，減低商人負擔，第三要能方便過關，絕不刁難，第四要能加惠農人，不收私田租稅，第五要能重視民生住的問題，不重複徵收土地稅或房租。綜合而論，就是要能真正用人才、體民苦、得民心，並要具體表現在政策與行動。這種精神，對於經營企業，同樣深具啓發。

　　在暢銷的管理書《先驅管理》（Vanguard Management）中，該書作者托里（J. O. Toole）管經列舉最佳管理公司的方法，有以下幾項重點❸，很多均與孟子精神完全相通：

1. 以人爲本；亦即孟子「民爲貴」的精神。
2. 領導人透明；亦即孟子「民主化」的精神。
3. 在員工僱用上有穩定的計劃；亦即孟子「照顧員工」的精神。
4. 面向消費者；亦即孟子強調得「民心」的精神。

5.具有未來或長期的取向；亦即孟子強調邁向「王道」的精神。

6.提供擁有權；亦即孟子強調「樂民所樂，憂民所憂」的精神。

由此也可充份證明，孟子精神對現代管理確有很多重大啓發，深值共同重視。

註　解：

❶　《替你讀經典》，天下雜誌公司，台北市，民國八十五年出版，P.6

❷　Daniel Goleman，《EQ》，中譯本見台北時報公司出版，民國八十六年，P.116

❸　Folker Streib Q Meinolf Dllers, "Der Taifun", 中文譯本《風雲再起》，黃景自譯，台北市遠流出版社，民國八十六，PP.142-143

❹　《策略大師》，天下雜誌公司，台北市，民國八十四年出版，P.180

❺　同上，P.181

❻　《替你讀經典》，P.87

❼　《風雲再起》，P.5

❽　《策略大師》，P.212

❾　《面對大師》，天下雜誌公司，台北市，民國八十三年出版，P.10

❿　《替你讀經典》，P.17

⓫　同上，PP.19-20

⓬　同上，P.40

⓭　方東美先生，《中國哲學之精神及其發展》，英文本，"Chinese Philosophy：Its Spirit and Its Development"，台北聯經出版社，民國六十八年，儒道部份。

⓮　Robert G. Eccles, "Beyond the Hype：Rediscovering the Essence of Management",方美智中譯《超越管理迷思》，天下文化公司出版，民國八十五年，P.96

⓯　同上，P.87

⓰　同上，P.5

⓱　《替你讀經典》，P.83

⓲　《超越管理迷思》，P.30-31

⓳　Thomas J. Peters , "In Search of Excellence"，中文《追求卓越》，天下文化公司編譯，民國八十四年，P.111

⓴　《替你讀經典》，P.199-200

㉑　同上，P.200

㉒ 同上，P.202

㉓ 《追求卓越》，PP.115-116

㉔ 《面對大師》，P.139

㉕ 同上，P.140

㉖ 《追求卓越》，P.139-140

㉗ 同上，P.141-142

㉘ 孟子，〈梁惠王〉下篇

㉙ 《超越管理迷思》，P.29.

㉚ 同上，P.30.

㉛ 《替你讀經典》，P.205

㉜ 《超越管理迷思》，P.28

㉝ 同上。

㉞ 《追求卓越》，P.112

㉟ 同上，PP.112-114

㊱ 《替你讀經典》，P.61

㊲ 同上，P.34

㊳ 饒美蛟等主編，《商業管理啓示錄》，香港商務印書館出版，PP.90-91

㊴ 《策略大師》，P.183

㊵ 同上，PP.183-185

㊶ 《商業管理啓示錄》，P.105

㊷ 《超越管理迷思》，P.68

㊸ 《追求卓越》，P.164

㊹ 同上，PP.172-173

㊺ 《超越管理迷思》，P.84

㊻ 同上，P.70

㊼ 同上，P.70

㊽ 《替你讀經典》，P.212

㊾ 《追求卓越》，P.190

㊿ 《面對大師》，P.65

51 《策略大師》，P.185

52 郭泰著，《王永慶的管理鐵槌》，遠流出版公司，台北，民國八十五年

二版，P.76

㊹ 同上，P.74

㊺ 同上

㊻ 《商業管理啓示錄》，P.67

第三章　老子管理哲學及其現代應用

第一節　何謂管理的本質？

從老子的哲學來看，管理的本質，一言以蔽之，就是「無爲而無不爲」❶。如何看似清靜「無爲」，卻能尊重萬物，各自發展，達到「無不爲」，正是管理的最勝義。這也正是老子思想中的管理本質。

很多人誤以爲老子只是消極無爲，其實老子主張「爲無爲」，正是透過「無爲」，不干擾、不宰制、不自以爲是、不勉強他人，而讓所有萬物能夠順其自然，自行發展，充份完成生命潛能。所以同時能「無不爲」。此即其所稱「道常無爲而無不爲」的深意。

因此，引申而論，管理的本質，在老子來看，具有雙重特性，就是如何生發萬物，促使萬物各自完成生命創造力，但又同時不會佔爲己有，不會居功，不會掌控。就管理而言，就是如何增進生產力，而又沒有私心，不會據爲私有。

英國哲學家羅素（Bertrand Russell），在其著作《中國之問題》前言，就曾引述老子的名言，強調：「生而不有，爲而不恃，長而不宰」，他精闢的譯成：Production without possession；action without self-assertion；development without domination❷。這對企業管理來講，是很高明的管理哲學，眞正可

稱「玄德」。

因為很多人講管理，總認為該如何費盡心思去掌握、如何絞盡腦汁去控制，但老子卻認為，愈是掌握、愈是控制，就愈會扼殺了生機，愈會阻礙創造性的自由，堵塞很多潛力。所以他反而主張，要能簡單、自然，尊重員工，相信員工；用民主自由的方式，讓員工自行激發潛力，而不必用各種法令加以束縛。

此即老子所謂「吾言甚易知，甚易行。」（70章）如此的管理，便不必用機心，不必勾心鬥角，只要用誠心。很多大企業家的管理精神，於此便很相通。

例如，「順其自然」便是日本松下幸之助的人生哲學，也是他經營成功之道。所以他說：

> 經營管理的秘訣，就像雨天打傘、晴天收傘一樣，凡事必須
> 以率直之心去觀察，才能看出事物的真象，並求得合理的解
> 決方案。❸

在1932年，松下為了激發員工生命的潛能，促使大家自動自發，以使命感推動工作，曾經鄭重向員工宣佈：

> 今天大家在松下電器工作，除了要增加生產之外，最終目的
> 在提高人類的生活水準。換言之，我們經營的目的，不單是
> 提高公司的業績，或是保障員工的生活而已；其中更大的目
> 的，就是繁榮社會，以提高人類的生活水準。能夠繁榮社會，
> 我們這個事業體才有存在的意義，這也是我們的使命。全體
> 員工都能自覺出這種強烈的使命感，才可看出我們工作的價

值。❹

因為，松下從小生長在貧窮之家，所以他深知貧窮的痛苦。他很早就體會出，如果要消除貧窮，使人人富足，身為一個企業家必須有一種使命感：生產豐富的物質，以改善人類的生活，使整個社會脫離窮困之境。所以，他主張，企業家應不斷努力生產，把所有物質製造得如自來水一樣的豐富與價廉，取之不盡、用之不竭，這就是松下的自來水經營哲學❺。

另外，他又曾經說過：

> 所有的罪惡幾乎都由貧窮而生，而自來水之價廉乃因其來源豐富，世界上其他的東西，倘若能像自來水一樣無限量的供應的話，定可嘉惠貧民，消除許許多多的貧窮與罪惡。我的使命，就是要把電器產品製造得像自來水一樣多，一樣的便宜，以惠加貧民。❻

員工們的心情如何呢？他們的共同心聲是：

> 過去，我們只知道要不斷地努力工作，可是，不知為何而努力；如今，我們已認清了公司的使命，對今後的工作，將更有自信。❼

因此松下回憶說：

> 從那一刻開始，我自己改變了，松下電器也起了很大的變化。這種變化的動力，來自於深深瞭解身為企業人應有的使命感，在精神上，大家已經從『人云亦云』提昇到充滿抱負的使命

感了，這是松下電器能夠迅速成長的主要動力之一。❽

　　就此而言，松下便充份做到了「生而不有」的境界——能夠充份提昇公司的生產力，但又不把利潤據為私有，他也真正做到了「無為而無不為」——無需經常叮嚀員工，或訂出瑣細的管理規則，而是從精神上，讓員工人人自覺有神聖的使命感，知道為何工作、為誰奮鬥，因而人人能產生充沛的原動力，進而達到「無不為」的境地。歸根結柢，正因他能活用「順其自然」的人生哲學，運用在經營管理，所以能非常成功，甚至被日本人稱為「經營之神」，此中秘訣，深值中外企業界重視。

　　另如，在日本戰國時代的英雄人物中，對於「不鳴的杜鵑」如何處理方式各自不同。織田信長說：「杜鵑不鳴則殺之。」豐臣秀吉說：「杜鵑不鳴則強迫要牠鳴。」德川家康說：「杜鵑不鳴，則等待牠鳴。」松下則會說：「不鳴也罷！」這也充份能反映，松下對任何事物，均不會強求，不執著己見，而以順其自然、尊重他人的方式進行處理，所以反而能更受員工擁戴，更願為其效命❾。

　　另如，美國電話電報公司（AT&T）也有共同的信約：「尊重個人」，強調要「彼此互敬互重，珍惜個人及文化之間的差異」。因此，該公司，經常進行坦白溝通，「不論職位的高低，都願意傾聽他人的意見」。而且，該公司還主張，必「以誠實、合乎道德的原則從事商業交易，而且就從對待彼此的方式開始做起」❿。

　　這種精神，絕不強加己見於他人，也正是「生而不有」的精神。而且因為「為而不恃，長而不宰」，所以能相互尊重，絕無職位高低之分，彼此均能以誠對待，並以公平、公道相待。

　　根據老子思想，正因如此，腦中沒有枷鎖，心中沒有束縛，所以才能在輕鬆的氣氛中，馳騁神思，發揮創造力，這才更能達成創新的效果，與不斷革新進步的成果。

　　此所以該公司進一步指出：「創新」是維持活力及成長的原動力。「我們的企業文化鼓勵運用創造力，探究各種不同的角度，冒險追求新的機會。我們發明新科技，並迅速應用在產品及服務上，不斷的找尋新方法，讓科技帶給顧客更多便利」⓫。

　　該公司在此所稱的「創造力」、「新機會」、「新方法」，均根源於輕鬆自在、尊重自由的環境。正如同春天到來，百花才能盛開。如果公司氣氛如同冬天肅殺，彼此相互猜忌，不能尊重，發表意見諸多顧慮，噤若寒蟬，怎麼可能創新進步？更怎麼可能腦力激盪，尋求新方法？由此充份可見，老子所強調的精神，無拘無束，順其自然，才能令人輕鬆、自由的、激發創造力。

　　再如，波音公司在管理上，公認有很多特質，其中最重要的就是要促進員工「具有極佳工作表現，並展現最高的道德水準」，對於波音公司具有認同感，願為其盡心盡力，並率先進行以顧客滿意度為重點的「持續提升品質行動」⓬。

　　就此而言，與老子《道德經》可說完全相通。因為老子非常重視「最高的道德水準」，此其經常稱頌「公道」、「天道」與「大道」，並在上經以「道」字開頭，下經以「德」字開頭，併稱為《道德經》。而且，凡精通老子管理之道，便知「無為而無不為」的哲學，最能尊重員工，使員工如沐春風，所以員工均能充份激發各自潛能，淋漓盡緻的發揮創造力，自然能有「極佳工作表現」，並能事先進行種種「提昇品質的行動」。

除此之外，全錄公司的價值觀，強調「我們成功是因爲有滿意的顧客，我們渴望做成的每件事都是高品質且卓越的」，並明白宣示，「我們重視員工。我們要作爲一個負責任的企業公民」❸。精神可說也完全相通。

因爲，任何公司如果顧客均能滿意，品質均能卓越，當然能夠保証成功。重要的是，如何能做到？老子在此所提的「生而不有」，便極具啓發性──不自大、不自滿、不以自我爲中心，而能以顧客之心爲心，自然能經常革新改進，並令顧客滿意，且令品質提昇。

此所以老子也曾明言：「聖人無常心，以百姓之心爲心。」（49章）若用在管理上，即「經營者無常心，以顧客之心爲心。」眞正做到爲顧客著想，才能成功。

另外，老子也曾指出：「聖人之在天下，歙歙焉，爲天下渾其心。」（49章）同樣在管理上，可稱爲「經營者之在公司，歙歙焉，爲公司渾其心」。代表領導者不存既設立場，不用固執己見，而能整合員工意見，以員工意見爲意見，並以顧客的意見爲意見，如此才能重視員工，從而提高士氣，增進生產，且又不需掌控把持。此即「生而不有，爲而不恃，長而不宰」的哲理，的確深具現代的啓發意義。

第二節　爲何要管理？

若問老子，「爲什麼要管理？」老子必定回答：本來就應順乎自然，「無需管理」。因爲，「無之以爲用」❹，「無」才是衆妙之門。老子這些話看似形上學的語句，只對抽象的宇宙論而言，實

際上卻應用無窮，對管理學尤其極具啓發。

　　眾所皆知，秦始皇暴政擾民，法令多如牛毛，但人心反而充滿怨恨，因此劉邦在楚漢之爭勝利後，只規定「約法三章」，其它一概與民休息，不多規定，結果民間反能逐漸恢復生機與元氣，國力才能開始興盛，此即明顯「無」需管理的妙用。

　　到了漢惠帝，宰相曹參終日無所事事，惠帝甚爲著急，問他準備如何管理政務；曹參卻反問，是否比先帝更聖明，惠帝回稱當然不能相比。曹參又問，看他是否比蕭何睿智，惠帝答以不會。曹參因此總結，以先帝與先相的聰明智慧，自然明瞭「無爲」的深意，無需費神擾民，反能人人發揮本身才智。因此只需根據此項精神，「蕭規曹隨」，持續培養民間生機即可。事實証明，果然因爲民間累積了豐富的生氣與活力，終能形成後來著名的「文景之治」，並爲其後雄才大略的漢武帝，累積了豐富的國力。

　　從這段有名的歷史例証，充份可以看出，漢高祖與群臣們，深知「無爲」的妙用，所以民間才能生機盎然，百姓生活充滿機趣。試觀漢代藝術品中，對民間雜耍人物的雕塑，表情憨厚可愛，深具樸拙之美，無需多作斧鑿雕飾，即能渾然天成，即明顯反映同樣「無爲」的自由精神。

　　反之，試看秦朝兵馬俑，個個表情嚴肅，精神緊繃，充滿肅殺之氣，雕刻手法雖然非常精密，甚至上至髮髻，下至鞋帶，均一絲不苟，卻都反映管理嚴苛，任何細節均作規定。用如此繁瑣的軍事化管理，証明反而會妨礙創造力，嚴重影響自由創新的精神。因此秦朝政權不能長久維持，秦朝看似強大，但到二世及身而亡，正好襯托老子哲學輕鬆自由，反能產生大用。

老子這種管理妙用，簡單的說，即認定「治大國若烹小鮮」
（60章），他何以不說「炒小鮮」？即因「烹」小鮮，才能烹出原味，
若用「炒」小鮮，則翻來覆去，小魚必定面目全非。引申而論，代
表治理大國，必須尊重人民本有的潛力與興趣，政府只需從旁輔助，
不需也不能干預太多，否則如果企圖掌控一切，反而會把競爭力窒
息捏死。

雷根總統退休前，在國會的國情咨文，即曾引述老子這句名言。
說明其經濟政策的自由化精神，充份可証明老子這種高明的哲學——
—「以不管理作為管理」，非但到現代仍深具啓發，而且連美國這
種大國，也因深諳其妙用，而能國力常保強盛。

另如，競爭策略的理論大師麥克·波特（Michael Porter）
1997年來台訪問，在答覆如何提昇台灣競爭力時，也明白指出「政
府要能放手，讓企業負起更多責任」。❺他並曾數度指出，政府干
涉太多，才會導致IMD（國際管理學院）我國排名滑落，從1996年
的18名，退步成1997年的24名。因此，「這需要一個更小的，減少
干預的，角色適度轉變的政府。」此中精神，明顯與老子的中心思
想相通。除此之外，波特也特別強調：「我認為台灣過多的研究發
展是由政府主導，應由私人企業推動更多的研發計劃……應將更多
政府的研發計劃，移轉至大學系統，這些可能是台灣競爭力升級面
臨的挑戰。」❼這種見解，同樣可說與老子「無為」的管理精神不
謀而合。

事實上，美國開國元老傑佛遜（Thomas Jefferson）早有名
言：「管得最少的政府，才是管得最好的政府。」（The
government which governs the least is the best.）根據傑

佛遜看法，成功的國家最好少管老百姓。法令多如牛毛，只會引起反感，只會綁手綁腳。所以他的基本信念是相信人民、相信民主、相信民間力量；老子亦復如此。老子一再強調，要自然、要無為，頂多從旁輔助，其它不必多干涉，所以老子基本上也可說是「自由主義」。

當然，值得進一步說明的是，「管得最少的政府」，並不代表完全不管，即如劉邦當初，也規定「約法三章」（殺人者死、傷人及盜抵罪），這才能維持最基本的人民安全與國家安定。所以老子也提過「立天子，置三公」（62章），以維持最基本需要。由此可証明老子並非近代部份人士所誤解的「無政府主義者」（Anarchism），更非「虛無主義」（Nihilism），而是強調對人民應多信任、多尊重、少干預。就管理而言，就是對員工多尊重、多幫助其發揮，而減少干預，的確深值重視。

例如，AT&T本來是一家制度僵化、非常講究上級與下屬關係的公司，幾乎就跟軍隊一樣。但後來也深感如此會影響生產，也影響士氣，所以應員工需求而有了重大改變。其中最關鍵的改革之一就是：「我們經常進行坦白的溝通，不論職位高低，都願意傾聽他人意見。」這句話在改組之前，根本是無法想像的❸。

另外，加州柏克萊大學的貝拉教授（Robert Bellah）也曾明確指出，政府不應「直接介入人民的社會參與」，頂多只「提供環境，間接鼓勵」，這也正與老子思想完全相通：

> 政府的角色非常敏感。一方面，我們實在不需要政府來告訴我們怎麼樣去實行推廣社會道德，歷史上已經有太多這樣的

反面教訓。但另一方面，政府卻可以鼓勵社會上公民組織的成長茁壯。事實上，政府應該提供一個環境，鼓勵大家組成社會團體，爲一些共同的目標努力，學習如何成爲民智已開的大眾的一份子。政府不應該直接介入人民的社會參與，但卻能提供環境、間接鼓勵。政府也應該大力支援教育，這非常重要。**⓳**

此所以波特也曾同樣指出：「基本上，政府最重要的責任，是創造一個能使企業維持最高產能的環境。台灣在某些領域成績很好，但我認爲在競爭過程中，台灣政府涉入過多，反映出來的是政府指定產業，優先發展產業，政府實驗室，國營企業等。」**⓴**

除此之外，英國管理大師高伯瑞（John K. Galbraith）曾經發表《不確定的年代》與《自滿的年代》，被譽爲「經濟學界的聲音與良心」，他對此也有深沉的呼籲。

有人問高伯瑞：「對於東亞新興工業國家來說，可不可能出現一種理想的經濟體系？」他的回答是：

> 我不管任何意識型態系統上的問題，我只呼籲每個政府，站在純粹務實的立場來處理每件問題。市場經濟有用，就應該用；政府行動有必要，但不該處處設限。你的問題暗示有所謂的理想系統存在，這正是我希望大家不要相信的一種論調。
>
> **㉑**

換句話說，高伯瑞在此呼籲各國政府——不管任何意識型態——均能「用純粹務實」的態度處理問題。因此，除了市場經濟象徵

政府應儘量少介入經濟活動外，他更要求政府「不該處處設限」，此中深刻睿智，今天更深值省思。尤其在兩岸經濟活動方面，根據高伯瑞看法，顯然他會贊同多多開放與自由化，而不應由政府處處設限，更不應以政治手段「戒急用忍」，企圖封殺經濟交流。否則的話，非但徒勞無功，而且只有自喪政府的威信。此所以波特也曾特別指出，「兩岸發展出互利關係，對彼此經濟都有助益。」❷❷深值政府領導階層重視。

另如，安麗公司（Amway）的總裁狄佛士（Dick Devos）對此也說得很中肯：

> 我們覺得私人更懂得應該如何處理這些事務。當然政府還是應該管像國防這樣攸關整個社會安全的問題，或者像治安這類社會的基礎建設。但是在其他事務上，我覺得私人團體都可以處理得比政府更有效率。從救火到垃圾處理或私立學校，至少在美國，都證明私人組織可以提供更好、成本更低的產品與服務。如果政府真想提供人民較好的服務，他們就應該考慮由私人企業來執行。
>
> 政府要負責的，是提供聰明的個人很好發揮的環境，讓聰明的個人做最好的選擇。因為政府不可能無所不在，他們雖然試著要無微不至，但是昂貴的官僚體系，骯髒的政治遊戲，卻讓他們動彈不得。今天政府可以做的是鼓勵自由人民投資私有資本，創造好的企業之外，更要投資好的社會福利，像教育、藝術，鼓勵私人企業與個人往這些有利社會的方向投資。而不是等著政府處理這些事情，自己什麼都不動手。❷❸

此外，專研趨勢的大師約翰·奈思比（John Naisbitt）也說到：

> 保護主義是一種極不理性的想法，我們知道它不能解決問題，但它還是存在。❷❹

凡此種種，均可看出，當代管理名家的思想，很多精釆之處，均與老子哲學相通。

事實上，早在亞當·史密斯（Adam Smith）《國富論》的基本理念中，他就提出市場經濟有「一隻看不見的手」，會自行調整與平衡經濟活動，這也正是老子的「無為」思想。像極權國家，就是只用「計劃經濟」，將任何事情，都由政府最高階層從上而下計劃，然後分配下來，結果全國的經濟反而被綁死了。此中道理，用老子的話就是：「天之道，利而不害；聖人之道，為而不爭，衣養萬物而不為主。」（81章）所以我們要效法「天之道」、「聖人之道」，「衣養萬物而不為主」，不要效法「凡人之道」，自命「衣養萬物而為主」。這很容易就會爭權奪利，很容易就會要求擴權，擴大控制，結果反而會閹割了經濟創造的活力。

老子在此所謂「利而不害」，就是要普遍地生長萬物而不加害。所以管理的目的，就是要讓各個單位、各個人才都能夠充分發展，彼此不會相互危害，這是統合外在關係。「為而不爭」則是調合內在的關係，使得內部不會有爭鬥，彼此抵銷。如此就能「衣養萬物而不為主」，才可以將公司業務拓展得更廣、更大、更遠，而本身並不會心存掌控，自命主宰，這才是管理的最高境界。

所以，約翰·奈思比曾說到：

即使是新加坡，李光耀今天大力推廣的理念是什麼？在一手
主導了新加坡的發展之後，他現在大力傳播的訊息卻是創業
精神，要讓新加坡的創業家獲得解放、轉戰全球。他的想法
非常正確，新加坡不能再照過去的模式做事。全世界，尤其
亞洲，現在正由政府主導全面轉變爲市場主導型經濟，即使
中國大陸也一樣。㉕

另外，他又進一步說到：

在我生長的時代中所發生的最重要、也最令人興奮的全球大
趨勢之一，就是市場經濟成爲統合全球經濟最重要的機制。
㉖

除此之外，波特也曾明確指出：「台灣進級面臨的主要障礙，
包括政府管制干涉過多，立法系統效率不足，對保護智慧財產權缺
乏充份承諾等。除非一國的人民能夠創新並保護創新的想法，否則
無法擁有創新的經濟，台灣必須認清這一點。」㉗

凡此種種，充份証明，經濟型態若要充份成熟，政府必須要能
放開腳步，亦即充份做到「自由化」，由「政府主導轉變成市場主
導」。這種全球性大趨勢——肯定「市場經濟爲統合全球經濟最主
要的機制」，也正是老子自由思想的最佳印証，政府唯有減少干頂，
眞正先能「無爲」，才能眞正達成「無不爲」。此中深意，至今仍
極具現代意義，深值中外共同重視。

第三節　何時要管理？

　　若問老子，什麼時候才需要管理？因爲老子主張回歸自然，最好不管理、不干頂、清靜無爲，所以只有在他認爲違反天道、違反公道、違反自然的時候，才需要管理。此即所以老子曾經強調：「大道廢，有仁義；智惠出，有大僞；六親不和，有孝慈；國家昏亂，有忠臣。」（18章）

　　根據老子思想，若公司一切正常，人人均能以平常心各盡其責，上層即無需再出怪招，多所干預，妄加管制。否則，若上位者自以爲是，常出怪招，反會遭致反彈。此即老子所說「民之難治，以其爲，是以難治。」（75章）換句話說，老子強調，順應民心自然，才是最高明的管理。此時就應摒棄一切表面動聽的口號教條，復歸人心孝慈，才是眞正管理之道。這也正是他所說：

　　　　絕仁棄義，民復孝慈，絕巧棄利，盜賊無有。（19章）

　　因此，老子曾經明確指出：「太上不知有之，其次親之譽之，其次畏之侮之。」（17章）根據老子，最高明的管理，讓人民不知有管理，其次則是讓人「親之譽之」，最差的就是「畏之侮之」。所以很明顯的，老子主張，非不得已，絕不輕言管理，然後「成功事遂，萬物皆謂我自然。」（17章）這才是眞正能有成效的管理。

　　那麼，在什麼情形下，才是不得已，不得不管理呢？最重要的，便是社會不公平的時候。因爲老子所講的「大道」，同樣代表「公道」，所以老子很明顯地講：「天之道，損有餘以補不足；人之道，損不足以奉有餘。」（77章）簡單地說，「人之道，損不足以奉有餘」，代表富者愈富，貧者愈貧，這時候就需要用天道的精神管理，「損有餘以補不足」，以尋求眞正的社會公平。否則如果掩飾

問題，粉飾太平，則「和大怨，必有餘怨，安可以爲善？」（79章）其結果，必定人心不服。

1985年的某一天，一個以婦女和少數民族的經理爲主的團體，要求李維公司執行長羅伯‧哈斯（Robert Haas）召開會議，其共同宗旨，就是希望尋求弱勢團體的公平待遇。到1987年，公司決定將多元化列爲六大希望宣言之一，並針對多元化，在宣言中提到：

> 領導風格必須重視各階層員工的多元化，包括年齡、性別、種族等，除此之外，還希望員工有各種不同的經驗與觀點。公司會樂於充分運用員工豐富的背景和能力，並鼓勵位居要職的人能有各種不同風格。我們會探尋不同意見，重視公司內多元化的發展，也會鼓勵而非壓抑誠實的意見。❷⑧

這種精神，「探尋不同意見，重視公司內多元化的發展」，並「希望員工受到尊重，獲得公平待遇」，代表同時尊重弱勢團體，也正是公道與天道的表現。李維公司宣言進一步說：

> 我們希望員工受到尊重，獲得公平的待遇，他們的意見得到充分的反應，並且有參與感。最重要的是，我們渴望成就感和友誼、個人生活和工作上的平衡，還有樂在工作。當我們描繪公司未來的藍圖，將會建築在李維的既有基礎上：發揚公司的優良傳統，縮小理想和現實間的差距，並且更新我們的價值觀以反映當時情勢。❷⑨

老子在此的啓發，便極具現代意義。所以老子曾經明確強調：「知不知，上；不知知，病。是以聖人不病，以其病病，是以不

（71章）如果公司病。」強不知以爲知，漠視弱勢團體心聲，自認能代表他們，便是大毛病；唯有知道毛病，並且將毛病當成毛病，認眞解決，才能算沒毛病，這才是眞正有希望的公司！

此所以「管理學教父」彼得·杜拉克（Peter F. Drucker），凝聚二十年的思想結晶後，在新著中曾經預言：

> 後資本家社會的管理階層必須隨時放棄一切知識，重新開始。資本主義社會即將凋零，知識社會（Knowledge Society）正在取而代之。❸⓿

換句話說，杜拉克在此所說精神，即老子所稱「爲學日益，爲道日損。損之又損，以至於無爲。」（48章）眞正高明的管理階層，「爲道日損」，能經常反省，認識從前的限制與毛病，進而能放棄自以爲是的知識，重新開始。這對任何公司的脫胎換骨，均有重要啓發。

另外，奇異公司對其企業使命也曾用七個字代表：「無界線、快速、遠大」，深得老子精神。威爾許總裁在1993年對全公司說：

> 我們用三個經營原則來定義奇異的氣氛與行爲：『無界線』，指的是我們的行爲不應該自我設限；『快速』，指的是我們所做的每一件事都要講求速度；『遠大』，指的是我們的每一個目標都要有遠見。❸❶

威爾許進一步的解釋說：

> 行爲上的無界線，是今日奇異的精神所在。簡言之，人們似

乎老愛在自己與他人之間築起一道道的牆，在我們這種大型機構內，此種本性發揮得更透徹。這些牆會限制大家、壓抑創造力、浪費時間、箝制理想、扼殺夢想，更糟的是，會減慢一切事情的進度。我們的挑戰就是要打掉、甚至推倒這些阻隔在我們彼此、以及我們與外界之間的障礙。到目前爲止，『無界線』的精神讓我們發展出許許多多的新點子，將公司徹底改進。㉜

這種「無界線」的精神，讓奇異的各個部門之間更加合作，正是道家哲學「泯除物我界限」的精神。對「遠大」的概念，威爾許的解釋是：

『遠大』公司把目標推向更高更遠，遠到大家都意想不到的地方。在這個無界線、講速度的公司裏，公開、誠懇及信賴的作風讓我們定出遠大的夢想，然後大家一起努力實現。㉝

這種「遠大」精神，「遠到大家都意想不到的地方」，與老子所說「道」的性質有異曲同功之妙：「吾不知其名，字之曰道，強爲之名，曰大。大曰逝，逝曰遠，遠曰反。」（25章）雖然「道」的性質在此看似虛無漂渺，非常抽象，但老子的「道體」落實成「道徵」，足以印證大道的精神，正是經營管理所需的遠大胸襟與遠見。由此充份証明，任何公司若有遠大眼光與豁達胸襟，形成「公開、誠懇、信賴」的作風，則根本不用任意設限多管。

除此之外，日本「經營之神」松下幸之助也曾提醒企業家，遭遇不景氣的時候，不用灰心。因爲，這才是最佳磨練時機，也才是

能發揮管理長才的時候：

> 許多企業的弊病，往往在遭遇不景氣時才會暴露出來，因此，
> 不景氣反而是改進營運缺失的大好機會。還有，不景氣也是
> 企業培育人才的最佳機會。因爲在經濟景氣時，要刻意創造
> 一個磨練員工的環境與機會實在不容易；而不景氣時，正好
> 提供一個最佳的磨練時機。❸❹

　　換句話說，松下幸之助認爲，不景氣反而能促使公司反省改進。
別人認爲負面的因素，松下反能看成正面的改革動力。這種精神，
正是老子所說「福禍相倚」的豁達胸襟。所以從老子哲學來看，任
何對公司的考驗與打擊，均可看成更上一層進步的原動力，這時所
激發出的管理智慧，更能光芒萬丈。此中睿智，的確深值重視。

　　另外，本於同樣精神，老子也很重視負面的批評，此即老子所
謂「受國之垢，是謂社稷王」的「正言若反」精神（78章）。松下在
此的胸襟很能相通：

> 人人都喜歡聽讚美的話。當顧客買下我們的產品，順口稱讚
> 了幾句，我們聽了當然很高興。可是，如果所有的顧客都是
> 這樣的話，非但無益，反而有害。因爲，顧客的縱容，會使
> 我們懈怠；沒有挑剔的顧客，哪有更精良的產品。所以，面
> 對挑剔的顧客，縱使內心厭煩到了極點，仍然要回露笑容，
> 虛心地請教，這樣才不會喪失進步的機會。❸❺

　　事實上，這種精神非常有助於勇於認錯的領導風格，此亦李維
公司所說：

領導風格必須是直接、開放、樂見別人成功、勇於承認錯誤、
負責任、有團隊精神，以及信任別人。我們不只要遵行這些
行為，還要引導別人一同來效法。❸❻

這種勇於認錯的風格，能夠經常反省，接受批評，在精神上，
也正是老子所強調的「玄之又玄，眾妙之門」。這「玄」字代表不
斷翻昇的超越精神，也代表不斷反省的上進精神，對於現代管理深
具啓發作用。

另外，值得強調的是，老子非常重視整合各方的「統一」精神，
此其所謂：「聖人抱一以為天下式。」所以根據老子思想，如果任
何公司內部分裂，相互不和，必定會成為災難。唯有各方經過相互
尊重，整合成統一的力量，才能真正成功。此即老子所謂：

昔之得一者，天得一以清，地得一以寧；神得一以靈，谷得一
以盈，萬物得一以生；侯王得一以為天下貞。❸❼

反過來說，如果內部無法整合團結，則宇宙萬物都會衰滅：

天無以清，將恐裂；地無以寧，將恐發；神無以靈，將恐歇；
谷無以盈，將恐竭；萬物無以生，將恐滅；侯王無以貴高，
將恐蹶。❸❽

由此充份可見，根據老子精神，任何公司或者機構，如果無法
統一意志，無法整合力量，便是失敗的前兆，這就是不得不加強管
理的重要時候了。

第四節　從何處管理？

若問老子，對工商管理，應從什麼地方入手管理？根據老子精神，可以歸納如後。

(一)　返本務本

如果一個公司出了問題，老子一定是主張恢復常道，一定強調「歸根復命」，從根本來分析，問題出在那裏？因爲，只有回歸根本，培元固本，恢復健康生命與正常體質，才能夠恢復正常的營運。老子曾說：「歸根曰靜，靜曰復命，復命曰常。」（16章）雖然原指芸芸萬物，但引申而論，同樣可以代表，返本務本對管理萬物的重要性。

換句話說，老子非常重視「常道」，非常反對胡作妄爲，此即其所謂「知常曰明，不知常，妄作凶。」（16章）這對雄心勃勃卻經常「妄作」的經營者，確爲重要的當頭棒喝。因此老子也曾強調「希言自然，飄風不終朝，驟雨不終日。」（23章）代表只有回到正常的自然大道，才能可大可久。否則任何狂風驟雨，來得急，去得也快，絕非長久之道。這種重視務本的歸根復命精神，對今日企管深具現代啓發性。

例如，專營嬰兒用品的嘉寶公司，其董事長、總裁兼執行長艾爾·皮爾加里尼（Al Piergallini）特別強調，其公司根本要務便是一切回到嬰兒需要，「凡事要爲寶寶著想」，便是同樣精神：

> 我們今天的使命宣言，其實是丹·嘉寶（Dan Gerber）先生

1935年所寫使命宣言的現代版。主要的精神在於『凡事要爲
寶寶著想』，完全從這個觀念出發。❸

所以該公司在使命宣言中又說：

嘉寶公司所有的員工及資源，都是爲了促進嬰兒的營養、照
顧及發展，並讓公司在這些地方面居世界領導地位。❹

這種精神，正是「返本務本」的最佳印証。

另如，著名的國際連鎖酒店馬立亞公司，也把「滿足每位消費
者」，以及「照顧所有同仁」，做爲該公司的根本工作，並明白稱
之爲該公司「長期勝利的關鍵」。這同樣與老子哲學不謀而合：

我們要塑造我們的未來，成爲一家全球性的組織，並經由下
列幾點而成長與繁榮：一、專心一意的滿足每位消費者的需
求，贏得他們的信賴與忠誠，並與他們建立長遠的關係。二、
具體實現馬立亞哲學，特別是「照顧所有同仁」的這項信念，
這是我們得到長期勝利的關鍵。我們會用一種關懷的態度，
公平、道德並誠實的對待員工，提供機會和訓練給眾多員工，
讓他們發揮專業上的最大潛能，同時維持工作和個人需求間
的平衡。❹

凡此種種例証，充份說明老子「返本務本」的哲學特性，的確
深值中外企業家共同重視。

(二)　擅於反省

　　蘇格拉底有句名言：「沒有經過反省的生活，是不值得活的。」
此中精神，同樣可應用在工商管理：「沒有反省能力的公司，是不
會成功的」。老子曾強調：「反者，道之動。」此中孕含的反省精
神，便深具很重大的啓發。尤其，老子所說的「反」，既代表「返」
本，也代表「逆反」式思考，凡事也能從反面同時思考，這才能關
閉所有失敗之門，並且從正反利弊同時分析，從而採取最佳決定。

　　就管理哲學來講，老子這種精神，代表不能只由「同質性」很
高的人共同決策，而要能多找反對派，同時多聽反對派的批評，這
才能同時從對立面來思考。唯有如此，才能「正反俱呈」，才能夠
發現問題，並且眞正解決問題。此所以蘇格拉底以採取「反詰法」
（Socrates' irony）著稱，柏拉圖更經常以「對話錄」（dialogue）
正反交叉辯論，促進眞理愈辯愈明。就此而言，老子注重「無之以
爲用」的反向省思，也表現了同樣精神。應用在管理哲學上，即不
斷反省改進、不斷聽取批評，通過自我反省批評而永遠改進。這對
現代企管也深具啓發作用。

　　例如，固特異在其使命宣言及指導原則中，一再出現的主題之
一，便是「不斷改進」：

　　　　我們的使命是不斷提升產品與服務品質，滿足顧客需要。每
　　　　一位員工都有責任，要不斷改進工作表現以及與其他員工的
　　　　關係。所有的過程、產品和服務，永遠都有再改進的空間。㊷

　　再如，本田汽車美國製造廠的經營重點，除了：一、「安全至
上」，二、「品質第一」，三、「重視生產力」外，反覆強調的，

即是「了解客戶的需求，超越客戶的要求」❸。這種自我要求超越的精神，同樣正是「反者，道之動」的重要例証。

除此之外，著名的競爭策略大師，哈佛大學教授波特也曾強調：

> 企業要維持競爭優勢的唯一方式，就是持續升級，持續將生產方式修得更精密。❹

這種「持續升級」的原動力，就是「持續反省」、「持續批評」，也正是老子的重要精神！

所以，莊子曾經在〈天下篇〉中形容老子：「建之以常無有，主之以太一。」代表老子的哲學建立在「常有」與「常無」之間，形成相互辯証的進展。「常無」，就是經常地批判與否定，否定之後再有肯定，肯定之後再有否定，此所謂「無之以爲用，有之以爲利」。因爲要經過否定、經過反省、經過批判，才能顯示出那裏需要改進、那裏需要改革。老子在此中統攝的動力，就是「大道」，即所謂「主之以太一」，也就是以大道形成「和諧的統一」。這對如何提昇現代企管的競爭力，尤具深刻啓發。

例如，波特聞名於世強調的「鑽石」形競爭力，其中以四要素構成產業競爭的環境，亦即：「有特色的生產要素」、「國家或地區的需求狀況」、「產業所在地是否具備競爭優勢」、以及「個別企業的策略、結構與競爭」❺。但這並不是說必須具備所有四種優勢，產業才能有競爭力，而是必須在其中一兩項奪取特殊優勢，形成特色，此即他千里迢迢應邀來台講演的重點。然而綜觀其對國家競爭力所說眞正的動力，則仍然是不斷的自我省思、自我批評、與自我提昇，此中精神，便與老子完全相通。

(三) 溝通協調

老子曾經強調:「天地相合,以降甘露,民莫之令而自均。」
(32章)引申而論,即代表天地交泰,上下若能充份溝通,公司員工
心靈感受便會如同「甘露」世界,既沒有陰霾,也沒有迷霧,更沒
有暴風雨。此中代表的溝通精神,對今日工商界尤其重要,深值重
視。

另外,老子也強調:「兩不相傷,故德交歸焉。」(60章)這就
充份顯示,老子強調相互尊重、容忍與溝通的精神。所以老子的
「自由主義」,基本上奠定了「民主」的溝通協調精神,到了莊子
〈齊物論〉即更強調「兩行」,「和之以是非而休乎天鈞」。換句
話說,根據老子哲學,一個公司出了問題,一定是協調出了問題,
而協調不行,又一定是溝通出了問題,溝通出了問題,更一定是因
為互不相讓,才會相傷。因此老子所強調的低姿態、柔性作風,以
及能夠包容的胸襟,對現代管理界,同樣均深具重要的啓發作用。

此所以老子曾說:「知常容,容乃公,公能王,王能天,天能
道,道能久,終身不殆。」(16章)代表要能包容溝通,才能行事公
正,也才能效法天道,可大可久。

松下幸之助就是現代企業家擅於溝通的例証。而其秘訣就在
「讓我們站在同一邊,肩並肩,好好談」,他說:

> 過去大家總以爲員工只需聽命行事,但自二次大戰後,人們
> 發現其實員工能提出許多建設性的意見,對於工作的邏輯、
> 節奏、品質、工具,他們知之甚詳。有心提升生產力的經理
> 人,一定得隨時傾聽員工心聲。**⑯**

這種「隨時傾聽員工心聲」的精神，以及「站在同一邊，肩並肩的談」，均為溝通的好方法，也正是老子的重要特色。深値現代企業共同重視。

(四) 去甚、去奢、去泰

老子曾講：「聖人去甚、去奢、去泰。」（29章）對工商界，同樣深具現代啟發。「去甚」就是不要過分，凡事能留餘地。什麼叫不要過分呢？波特教授在台灣講「建構台灣競爭力」時，就曾指出，「像台灣、哥斯大黎加、薩爾瓦多，企業要花一半時間與政府打交道，浪費生產力。」❹這明顯就是「過份」，如此浪費生產力，自然就會損害競爭力。

另外，「去奢」就是不要奢華浪費。「去泰」則是不要自大自得，不要以為可以安枕無憂，而要經常戒惕警愼。這種「去甚、去奢、去泰」的精神，簡單的說，就是去除驕矜自滿、盛氣凌人的精神；任何公司若出現這種現象，便必定會物極必反，走向下坡，這也正是老子所說「福禍相倚」的道理。

此外，老子曾經強調：「我有三寶，持而保之。一曰慈，二曰儉，三曰不敢為天下先。慈故能勇，儉故能廣，不敢為天下先，故能成器長。」（67章）可說是用同樣的精神啟迪世人。它提醒世人，要能寬厚、要能節儉、要能謙沖為懷。這些都是成功的經營者，不可或缺的要件。任何公司如果反其道而行，必定失敗，這也就是必需反省管理的關鍵。

再如松下幸之助也曾經指出，為人處事要能以簡御繁，要單純化，不要複雜化；「對於任何事情，與其看得很困難，不如看得很

簡單，這樣才會激起我們克服障礙的雄心，這樣才會成功。」此中
精神與老子所講「吾言甚易知、甚易行」（70章）可說完全相通❹。
因爲老子深知，世人惑於私心雜念，充滿躁欲，迷於榮利，所以對
其道理「莫能知，莫能行」。其實，老子的思想，「言有宗，事有
君」，均有本源，也有根據，即使應用在管理界，也證明極能相通。
所以深值世人，用明心見性，直溯其本源，以眞性情與自然心，深
入瞭解，切實力行，便能充份成功。

㈤　自我訓練

　　老子曾經強調，「無死地」❹的道理，提醒工商業者，應從本
身加強磨練入手，才能逐步邁向成功。松下便很重視這種自我磨練
功夫；所以他曾舉日本戰國時代山中鹿之助這位英豪爲例。山中經
常向神明祈求七災八難，許多人覺得他的行爲太怪異了，於是問他，
爲何祈求災難呢？山中回答：「我要藉著神明賜給我的各色各樣災
難，考驗自己、訓練自己、惕勵自己。一個人的志氣和力量，必須
歷經重重的折磨之後，才會顯現出來。」❺

　　因此，松下曾說：

> 聽完山中鹿之助祈求災難的故事，使我想起了獅子敎子之道。
> 老獅子爲了要考驗小獅子，故意把小獅子推到谷底，讓小獅
> 子在危險的環境中，自己努力掙扎，設法從谷底爬上山頂。
> 小獅子要從谷底爬到山頂，必須歷經無數次的挫折，摔倒又
> 摔倒，最後遍體鱗傷爬到了山頂。牠千辛萬苦抵達山頂那一
> 刻，才能體會出依靠自己的力量克服困難的氣魄與力量。山

中的祈求災難，與老獅子爲小獅子刻意製造困境，雖是異曲，卻有同功之妙。**⑤**

　　老子哲學也有同樣的精神，所以他說：「善攝生者，陸行不遇兕虎，入軍不被兵甲，兕無所投其角，虎無所措其爪，兵無所容其刃。夫何故？以其無死地。」（50章）唯有如此充份自我磨練，主動尋找艱難的困境，鍛練心性、磨練韌性、培養毅力，才能眞正開創成功之門；日本管理界經常有所謂「魔鬼營訓練」，宗旨亦在此，與老子同樣有異曲同功之妙。

　　根據德國著名專家史特萊博（Folker Streib）與艾勒爾斯（Meinolf Ellers）在《風雲再起》（Der Taifun）中曾評述：「魔鬼訓練營自1979年創辦以來，每期兩周，每年接受企業界委託訓練二千五百個職員，在強行軍期間，學員從學習野外求生和人格磨練中，喚醒武士道精神。」學員並且必須在街道人群喊出「魔鬼訓練營之歌」，其歌詞爲：「我們流汗生產的東西，我們要冒汗出售，我們流淚製的產品，淌淚也要賣出。」**⑤**德國專家認爲，這種「流汗流淚」的奮鬥苦幹精神，正是日本訓練企業人才的根基。事實上，這也是美國管理名言，將「汗水與淚水」（wears and tears）並用的精神，充份証明，中外共同相通的成功之道，與老子精神也完全相通。

第五節　何人能管理？

　　若問老子，什麼人才適合管理經營？根據其精神，可以歸納如

後。

(一) 不爭的人

因為，根據老子，凡事不爭的人才是最好的人，一爭馬上就有對手，一有對手就有是非。唯有不爭名、不爭位、不爭權，這種人才能容納更多的人材，此即老子所謂「以其不爭，故天下莫與之爭」（66章）；而且，「不爭之德，是以用人之力，是謂配天古之極」（68章）；這樣的人，才能夠集思廣益，用眾人之力，上下相處可以政通人和，全公司也才能和氣生財。

另外老子也曾強調：「天之道，利而不害，聖人之道，為而不爭。」（81章）而且「天之道，不爭而善勝，不言而善應。」（73章）凡此種種，均充份說明，根據老子，唯有「不爭」之人，才是真正能成功的經營者。

尤其，老子曾經明白警示：「罪莫大於可欲，禍莫大於不知足，咎莫大於欲得。」（46章）因此，貪心多欲之人，必定常與人爭，也必定會多禍多咎。唯有心中寧靜寡欲，才能公正持平成功的領導眾人。

事實上，根據中國哲學通性，早在儒家就曾經指出「生死有命，富貴在天」，孔子並強調，「不知命，無以為君子也。」易經也倡言「樂天知命」的重要性。在道家則著重於通達逍遙的精神，視功名利祿為身外之物，不需力爭，也不可強求。這種胸襟，除了有哲學的慧見，更已臻宗教的境地。

因此，從老子思想看來，唯有不爭、不忮、不求的心靈，才能真正雍容大度，也才足以領導群倫。中國諺語曾說：「事能知足心

常樂，人到無求品自高。」老子這種知足、無求、不爭的精神修養，對於眞正成功的領導人，的確極具重大啓發。

㈡　自然的人

老子曾強調「人法地，地法天，天法道，道法自然。」（25章）「自然」就是不矯柔造作、不虛僞作假，而能至情至性。所以，根據老子，要有眞性情，並且崇尚自然、崇尚眞誠的人來管理，公司才能欣欣向榮。所以老子也說：「道之尊，德之貴，夫莫之命而常自然。」（51章）即爲同樣精神。

松下幸之助曾舉日本名將豐臣秀吉與毛利元輝交戰爲例，毛利的名將清水宗治驍勇善戰，豐臣秀吉久攻不下，於是，築了長堤，引洪水來淹沒高松城。清水宗治彈盡援絕，在城破之前，懇求與豐臣秀吉談和，條件是自殺以示負責，但是要求豐臣秀吉不得殺害他的部屬。豐臣秀吉一口答應了，於是，清水宗治在衆目睽睽之下，從容地切腹自殺。

因此，松下說：

> 像清水宗治這樣，肯犧牲自己的生命去救部屬的生命，此種
> 『一將死，萬骨生』的悲壯情懷，怎不令部屬爲他而拋頭顱、
> 灑熱血呢！我想這是領導統御的珍貴啓示。當然，目前的社
> 會與古代不同，一個領導者不會爲了救部屬而切腹自殺；不
> 過，其道理是相同的，那就是說，身爲領導者，當企業遭遇
> 變故時，必須挺身而出，把一切責任都承擔下來。❸

換言之，根據松下的看法：

企業的領導者，為了保障員工的生活，在企業危難之時，必須有負責到底的擔當。倘若領導者抱怨部屬缺乏犧牲奉獻的精神時，我想領導者先要檢討一下，在公司危急之時，自己有無勇於承擔的氣概。❺❹

這種發乎真誠的自然表現，才能真正對員工產生精神感召。所以老子曾經說：「聖人常善救人而無棄人，常善救物而無棄物。」（27章）能有這種真誠悲憫的精神，才能感動員工，共同打拼。充份証明老子哲學，即使在現代仍深具啟發性。

(三) 胸襟大的人

老子曾說：「禍，福之所依；福，禍之所伏。」（58章）這代表老子很能通達，看破得失相伏、福禍相倚之理。因此胸襟能夠非常恢宏，不會強求名位，不會戀棧權力，而能真正開明豁達，冥合大道，與大自然的生命脈動合一，這也正是經營者應有的素養。尤其根據老子哲學，「聖人終不為大，故能成其大」（34章），代表真正成功的經營者，並不自認為偉大，而能兼容並蓄，善用他人長處，包容他人短處，結果反而能成就偉大事業，這對現代企管很具啟發意義。

例如，當大家都尊稱松下為「經營之神」時，他卻坦白地承認，自己是一個既沒學問又沒才能的平凡人。只是，他善於用人，是位經營的高手。松下說：「我想答案就是，我用了比我有學問、比我能幹的人。」簡單的說，「七分長處，三分短處」是松下用人的原則。它的意思是說，他用人的特色，七分注意其長處，三分注意其

短處。他認爲，「找出每一個人的特長，加以活用，這是用人最重
要的原則」❺。

因此，松下曾說：

> 許多在其他公司令人頭痛的人物，進了松下電器之後，卻成
> 爲獨當一面的重要幹部。在別的公司被認爲是缺點的，到了
> 松下電器反而變成優點了。我想其中主要的原因在，我們盡
> 量挖掘並發揮其優點，同時有意忽略其缺點的緣故。當一個
> 人的優點充分發揮時，其缺點就會變得微不足道了。還有，
> 即使性格與我不合的人，只要能力高強，一律予以重用。❻

松下也曾舉日本名將堀秀政的一名部屬爲例，這名部屬整天哭
喪著臉，其他的部屬看到他，都感覺很倒霉。因此他們就向堀秀政
建議說：「那個人老是愁眉苦臉，看起來實在不舒服，他很可能帶
給您霉運，爲何不辭掉他呢？」堀秀政說：「你們的話固然有道理，
不過，如果他代我去弔喪，憑他天生的哭喪臉，豈非最恰當人選，
所以，他還是蠻有用的，不能辭掉他。」堀秀政的這句話，道盡了
名將用人的訣竅❼。

松下進一步說明，要有此胸襟，那天下便「無不可用之才」，
也才能「用盡天下的人才」，這是成功的最大因素，深值共同重視。
他說：

> 人與人之間的個性、長相、優缺點都不相同，堀秀政深知這
> 個道理，所以，他會去容忍部屬的缺點，另外，他又積極地
> 發掘每個部屬的優點，他讓每個人發揮所長，以截長補短。

此外，一個優秀的領導者，他必定深知無不可用之人，由於他抱此胸襟，因而能豁達大度，兼容並蓄，用盡天下的人才。❸

尤其，根據老子的看法，「善行者無轍跡」（27章），真正成功的領導者，經常成功於無形，領導於無形。因為他並不突出個人的才能，更不排斥其他人才，而是能對部屬知人善任，善用眾人之智，並能擷長補短，善於活用眾人之力。例如漢高祖劉邦，在勝利之後慶功，曾經詢問眾人他何以能成功，結果眾人所見均不中肯。他乃指出，他文不及蕭何，武不及韓信，運籌帷幄不及張良，本人的能力更不及項羽，然而，因為他能善用活用眾人之才，所以才能成功。這種「成功於無形」的精神，正是典型的老子智慧，應用在經營企業，同樣深值具重大啟發性。

此所以松下曾說，「一個人的智慧，一定比不上眾人的智慧」，因而再三強調，應「主動聽取部屬意見」：

> 領導者會不會用人的關鍵就在，是否傾聽部屬的意見而已。善於聽從部屬意見的人，他的部屬必定主動積極貢獻對策，所以不斷有新構想與新方法；相反的，不善於聽從部屬意見的人，他的部屬因意見不被採納，自然懶得動腦，終必推諉因循。其實，一個人的智慧，一定比不上眾人的智慧，所以，主動聽取部屬的意見，是領導者用人的正確態度。若能以商量的態度去用人的話，不但被用者高興，用人者不也很快樂嗎？❺

四　博大真人

莊子曾經比擬老子為「博大真人」，亦即學問淵博、胸襟偉大、性情真誠的人，事實上，這樣的人才是最理想的經營者。所以老子曾說：「上德不德，是以有德，下德不失德，是以無德。」（38章），代表真正的「博大真人」，不會自認有德，也不自認有才，唯有如此，才能真正用人成功，成為「博大」之特性。

根據老子精神，「博大真人」代表領導的素養，也代表人格的特質。事實上，這也正是哈佛大學高曼（Daniel Goleman）所稱「EQ」的重點。所以他曾強調：「有一個傳統的字眼可涵蓋EQ的主要內容：人格特質」⑩。

換句話說，「EQ」（Emotional Intelligence）代表成熟的人格，代表自制情緒的能力。引申而論，亦即包容他人、理解他人、知人善用的胸襟，在此與老子精神非常相通，對經營者的成功，尤具有重大的啟發。

例如，德川家康最敬佩的大將是武田信玄，他從來不在自己的藩土之內建築城牆。因為他認為，人心才是最堅固的城牆，如果人心不固，再結實、再高的城牆也不管用。而武田信玄最善於用人，他用人的原則是，把部屬就其優缺點互相搭配。例如，山縣昌景個性急躁，做事很衝動，武田信玄就拿他跟遇事三思而後行的高板昌搭配；對沉默寡言遇事保守的馬場信房，武田信玄拿他跟愛說大話行動敏捷的內藤昌搭配⑪。

因此，松下幸之助就說：

一般說來，我們談到用人，都不約而同的會想到適才適所，

把一個合適的人擺在適當的位置上。這樣做還是不夠的，我
們必須像武田信玄一樣，充分瞭解部屬的優缺點，就其優缺
點，做最恰當的搭配，以截長補短，這麼一來，每個人的長
處才能充分顯現、發揮。把三個優秀的人擺在一塊兒，常因
不能合作，彼此力量抵消，績效因此不彰；三個彼此優缺點
互補的人，由於個人專長能夠充分發揮，較能分工合作，反
而成果輝煌。所以，領導者在用人之時，除了適才適所之外，
也必須重視優缺點搭配的問題。㉒

然後，松下又語重心長地說：

我體弱多病，沒讀多少書，智慧與才幹平平，我之所以有今
天的局面，說來只有一個原因，那就是我特別注意部屬的長
處，並重用之。在這個世界上，似乎專愛指責別人的缺點的
人比較多，而專心發現別人長處的人比較少。我認為還是盡
量發掘別人的長處比較好。

松下曾在1934年四月成立員工訓練所，全面展開員工的培訓工
作。松下當時即說：

我曾在一個偶然的機會裏告訴員工說，當拜訪客戶，若對方
問起『貴公司在製造什麼』時，一定要回答『松下電器是培
育人才的公司，並兼做電器產品的生意』。㉓

總之，「中興以人才為本」，任何公司皆然。松下自許其公司
以「培育人才」為第一義，其次才是「兼做電器產品」，由此一語，

即可看出胸襟的確不凡。重要的是，要能有「博大真人」般的胸襟
領導，才能真正組織成功的團隊，如同管弦樂團一般，形成悅耳生
動的功效。

此所以摩托羅拉公司創始人保羅·高文（Paul Galvin）之子，
也是執行委員會董事長包伯·高文（Bob Galvin）曾經強調，「企
業就像一個管弦樂團」，他說道：

> 有許多不同的聲部，彼此間不斷嘗試要協調成和諧的樂曲。
> 某些時點看來，或許某部分是和諧，但可能覺得走調，認為
> 它聲音太吵了。在公司裡，每個人可能會把自己的部門想成
> 是宇宙中心。在使命宣言中，我們覺得必須強調這顯而易見
> 的道理，因為這是每個人都必須盡的責任。『每個人』這字
> 眼非常重要，因為它表示我們之中沒有人會被排除在外；它
> 表示我是特別的、直接負責的，但其他人也是一樣特出。我
> 們是一個隊伍。⑭

這種精神：「我們是一個隊伍」，充份反映出成功之道，在於
兼容並蓄，和諧並進。因而老子在此精神，能以「博大真人」包容
隊伍中的各種人才，便深具重大的啟發性。

除此之外，美國管理大師彼得·杜拉克也曾經警告德國人，
「當心陷入可怕的偏狹主義或處境」⑮，因而德國專家，曾獲艾德
諾基金會頒獎的艾勒爾斯（M. Ellers）與史特萊博（F. Streib）
曾指出，「要避免這種情況，最重要的是精神的國際化。」⑯這種
「精神的國際化」，正是老子「博大真人」的精神，深值中外企業
家共同重視。

(五)　能夠同情的人

根據老子哲學，眞正成功的經營者，也必定是能夠設身處地爲他人著想的人，也就是能廣大同情的人。此所以他說：「以身觀身，以家觀家，以鄉觀鄉，以邦觀邦，以天下觀天下。」（54章）

換句話說，眞正成功的經營者，不能站在「本位主義」，不能站在自我中心，所以，「能夠同情的人」，也就是能夠打破「本位主義」的人，能夠有「團隊精神」的人。因此老子曾講：「吾之所以有大患者，爲吾有身，及吾無身，吾有何患？」（13章）到了莊子，即更進一步指出「吾忘我」的道理，代表必須去除自我中心，能夠善與人同、能夠同情體物，對他人均有同情的理解，這才能眞正贏得人心，也才能眞正鼓舞士氣。

二次世界大戰之後，由於民主的潮流吹向日本，勞工地位因之而提高，勞資的糾紛層出不窮，再加上輿論的支持，勞工勢力銳不可當，企業家都叫苦連天，就是松下也不例外。剛開始，松下因爲提不出妥善的因應措施而非常苦惱。有一天，他忽然想通了，如果把員工都當顧客看待的話，一切都迎刃而解了❻。

因此，他說：

> 我覺得每一位員工都比我偉大，即使是剛進入公司的實習生，有的學問比我好，有的口才比我好，最起碼身體比我好。這些比我行的人來當我的屬下，怎能不令我感謝呢？我的貢獻只是，站在員工的背面替他們泡茶、端茶，表示感激與慰勞，如此而已。❻

松下緊接著又說道，他後來對員工，除了「心存感激」，甚至還用拜佛一般的「虔誠之心」。如此一來，自然能化解勞工的對立情緒：

> 當我的員工在一百名左右時，我要站在員工的最前面，以命令的口氣，指揮部屬工作；當我的員工增加到一千人時，我必須站在員工的中間，以誠懇的口氣，請求員工的鼎力相助；當我的員工達一萬人時，我只要站在員工的後面，心存感激即可；當我的員工有五萬或十萬人時，除了心存感激還不夠，必須雙手合十，以拜佛的虔誠之心來領導他們。**⑲**

除此之外，管理學大師彼得‧杜拉克也說到：

> 我見過最差勁的一種領導人，就是完全控制整個組織，等到他一走，組織便被掏空而崩潰。領導人最糟的一點，就是不去培養接班人。領導人主控一切，組織中其他人的能力就完全無法發揮，導致人才流失。領導人離開後，就再沒有人可以銜接了。**⑳**

凡此種種充份說明，當代成功的管理名家，其管理哲學均與老子精神很能相通。因此，如何深入體認老子哲學精神，進而弘揚其現代意義，並應用於現代管理學中，確爲深值國人共同努力之道。

第六節　如何管理？

根據老子哲學，如何管理才能成功，可以綜合說明於後。

(一) 要謙下

老子曾經強調:「不爲天下先。」又強調「自見者不明,自是者不彰,自伐者無功,自矜者不長。」(24章)明顯都代表應「謙下」的重要道理。此所以老子又曾說:「江海之所以能爲百川王,以其善下之,故能爲百谷王。」(66章),這種「善下之」的管理方法,正是最能凝聚衆智的絕妙方法。

另外,老子又稱:「聖人欲上民,必以言下之,欲先民,必以身後之。」(66章)此中精神,絕非權謀,更非虛僞,而是眞正能尊重員工,並對顧客多加同情。若能如此,自能管理成功。

像讀者文摘公司,便以「服務」顧客爲優良傳統。它的信仰便是:「專注於服務客戶」,提供卓越的服務,以滿足客戶的不同需求;並且「表揚及關心員工」、尊重並公平的對待每個人❶。此中精神與老子智慧便極其相通。

尤其老子很重視「上善若水」的道理。他曾強調:「天下柔弱莫過於水,而攻堅強,莫之能先。」(78章),松下幸之助在此也有同樣的領悟。他說:

> 率直的心胸,像水一樣。水具有下面五大特性:本質不變,而又能隨外物而調整;阻力愈大,其勢力也愈增強;本身永保純潔,而又能洗滌污垢;汽化成爲雲霧,凝固則爲雪霜,但其本質不變;從高處向低處流,永不休止。因此,有率直心胸的人,也具有水的特性,非但勇於追求事情的眞象,而且具很大的融通性,可隨不同的情況而自我調整,因此,將會產生巨大的力量。❷

　　除此之外，內省的功夫，對促進「謙下」也非常重要。此所以老子強調「虛靜」，並曾說：「我無爲而民自化，我好靜而民自正，我無事而民自富，我無欲而民自樸。」（57章）

　　例如，松下經常要求幹部用「自問自答」的方式來自我反省，他自己則採用清晨祈禱、白天拼命、晚上反省的方式來進行內省。清晨起床，他先要祈禱，以穩定情緒、消除迷惘，最後達到「寧靜」之境界。祈禱之後，帶著一顆眞誠的心，在白天裡，熱誠、拼命地工作，並從工作中得到樂趣。晚上就寢之前，好好反省一下這天有無失誤，是否遵照了大自然的法則，是否順應社會大衆的需要，是否接納員工們的意見，是否公正、無私、坦誠等等，最後感謝蒼天的照顧後，才安然入睡。

　　松下認爲，清晨祈禱、白天拼命、晚上反省的內省方式，可減少許多錯誤❼❸。這與老子「虛靜」的功夫，可說完全相通。

　　除此之外，西屋（Westinghouse Electric）總裁喬登（Michael H. Jordan）也曾提過同樣精神。他說：

> 我們現在強調要建立一個公開對話、公開衝突的企業。因爲衝突是組織再生的要素，建設性的衝突與不合，有助於匯集眾人意見，但是以前的西屋不是這樣，大家只會聽命行事或者敷衍了事，很少人提出質疑或挑戰。也可以說，促進企業文化與人力再生，正是我在西屋最重要的一部份工作。經常，我只要在一家企業的會議上觀察個五分鐘，就可以判斷這家企業有沒有活力。好的企業開會，各種反應不絕，甚至有人會說：『這是我聽過最愚蠢的主意。』但要是大家正襟危坐，

看某人展示一張張的投影片，全場除了嗯哼之外，什麼聲音都聽不到的時候，你就曉得這些人已經槁木死灰了。❼❹

所以老子又說：「含德之厚，比於赤子。」（55章），而且「不言之教，無爲之益，天下企及之。」（44章）因爲，只有如此，用「厚德」容忍異己，廣納正反各種衝突聲音，絕不自以爲是，絕不固執己見，才能眞正集思廣義，經營成功。

這也正是松下說的，凡事應以「公正、坦誠、仔細的態度面對」，此中精神完全相通：

> 人類的困擾與苦惱，完全由於人類本身的疏忽、自私與貪婪所造成的。冬天穿著薄薄的夾衣，一般人都會感冒；若要避免感冒，自然應該穿上較暖的毛衣或厚棉衣。人們著涼感冒，並非氣候作怪，而是人類的疏忽所致。凡事必有其因果，若種下疏忽、自私、貪婪的因，自會嘗到惡果。所以，倘若不願有困擾與苦惱，當要徹底的反省，凡事應以公正、坦誠、仔細的態度面對之。❼❻

㈡ 民主風範

老子曾經強調：「聖人無常心，以百姓之心爲心」，「聖人在天下也，歙歙焉，爲天下渾其心。」（49章）這就是「民主」的風範，也就是以民心爲主、以民意爲主。應用在企業界，公司的領導人，不能自以爲是，而要能以員工之心爲心、善於傾聽員工心聲，整合各種異議，那才能眞正達到成功。

民主之可貴，重要特色之一，就是尊重每個「個人」，讓他

（她）感到備受重視，是一個完整而獨立的生命體。莊子後來引申老子哲學，強調「獨與天地精神相往來」，即代表尊重每一個個體生命的精神。這在現代管理同樣重要。

例如，以出產好奇紙尿布的Kimberly-Clark公司來說，該公司每型的好奇尿布，都有三千五百萬美元的行銷預算，其中一千萬美元是用在郵件式的直效行銷上。每年美國約有三百五十萬名新生兒母親，Kimberly-Clark利用各種調查，得到了其中75％母親的姓名，將這些名字輸入電腦檔案，再以郵件行銷的方式，向她們推銷好奇紙尿布。由於該公司寄出的推銷函，都直接稱呼那些新生兒母親的名字，十分有親切感，因而使得好奇尿布的銷路十分的好。

Kimberly-Clark的負責人便表示，對該公司而言，這一套客戶資料庫比工廠、辦公大樓等設備都來得有價值。知道每個客戶的名字，已成為未來企業競爭的必備條件之一，而資料庫式的行銷也愈來愈受到重視❼。

這種精神，代表大公司直接對顧客的溝通，正如同民主政治中，候選人直接對選民的溝通，充份代表對顧客（選民）的尊重，自然能達到良好的功效。這也正是老子所說「和其光，同其塵。」（56章），要能與民眾打成一片，才能真正經營成功。

（三）　開放的胸襟

根據老子精神，他很鼓勵百花齊放，並且非常信任人民，本於這個理念，形成開放的胸襟，這對現代企管界也深具啟發作用。

此所以惠普（HP）總裁普烈特（Lewis Platt）曾說到：

以『對人的信任』這項價值爲例，1970年，我們廢除了惠普
在全球各工廠的打卡鐘；1972年，我們開始實施彈性上班制
度。這表示你必須眞的信任員工，否則無法在這麼開放的環
境中運作。⓻

另如松下企業亦復如此。日本戰後的電器業，都把電器產品製
造方法列入高度機密，只有自己兄弟或近親才能得知；但松下卻在
新進員工上班的第一天，就把製造的機密教給他們。松下的理念是：

因爲員工們都知道製造方法是機密的，如果機密洩漏出去，
公司必定受損，所以，他們不會這麼做的。再說，老闆與員
工之間要彼此誠信，我信任員工，把製造的機密告訴他們，
他們當不會辜負我的誠信，我相信他們會保守機密，以誠信
回報我的。⓽

松下認爲，絕大部分的員工，一旦受到充分的信任，不知不覺
會產生尊嚴，而不會背叛公司。而且，只有受到信任的員工，也才
能充分發揮他們的潛能⓾。

另外，松下並且對公司的員工公開盈虧，稱之爲「玻璃式經營
法」（意思如玻璃一般清澈、明朗）。他認爲，實施「玻璃式經營法」，
才能檢討經營的得失，並可提高員工的士氣，更能培養出得力的幹
部⓾。這與老子開放的管理思想，可說完全相通。

此外，松下又提倡人人培養「率直的心胸」，因爲，只有開放
的思想中，才能容忍率直的心胸，同樣情形，只有率直的心胸，才
能營造開放的環境。松下在西元一九四六年成立PHP研究所時，即

提倡「培養率直之心，使你更聰敏」的標語。松下認為，從宇宙的
觀點來看，人們的所作所為，都屬微不足道。儘管科學發展，以目
前的科技，也只不過知悉宇宙的一點點奧秘而已。一個人如果領悟
了這一番道理，他的一舉一動必然能配合大自然的運作，最後定可
帶來和諧、繁榮與幸福❽。這種體認，更與老莊思想的「大道合一」，
可說完全不謀而合了。

尤其松下曾經強調：

> 身為經營者，最重要的是有一顆真誠的心。所謂真誠的心，
> 就是不被利害、情感、成見所迷惑，能公正判斷事物之心。
> 經營者如果能夠遵照大自然的法則，順應社會大眾的需要，
> 接納員工們的意見，從事你應該做的事，這才算有顆真誠的
> 心。真誠的心會使人公正、聰敏、堅強，而公正、聰敏、堅
> 強，發揮到極致就是神力了。人雖然不具備神力，但真誠的
> 心充分滋長時，就幾乎擁有神力，所以，必能無往不利。❾

這種管理方法，以「真誠的心」，遵照「大自然的法則」、
「順應大眾的需要」，正是老子所強調的「真人」，以及莊子所強
調的「神人」精神，充份可見其與道家哲學相通之處，深值現代企
管界重視。

㈣　有餘

老子曾經強調「夫唯道，善貸且成」（41章），運用在管理上，
即代表「有餘」的管理方法，深值重視。

例如，松下想出一套「水庫式經營法」，便是明顯例証。眾所

皆知，建造水庫的目的，在充分利用河川的水。當河水暴漲之時，水庫有防洪的效能；在乾旱時，可用水庫的水來灌溉農田；此外，又可用來發電。松下把上述水庫的道理，充分運用在企業經營上，形成「水庫式經營法」，也就是永遠留有某種剩餘的經營法❽。

松下指出，經營一個需要十億元資金的事業，如果只準備十億元，萬一不夠時，那就糟糕了，所以，需要十億元，應當準備十一億元或十二億元，此謂之「資金水庫」。他的這套「水庫」哲學，使松下電器在戰前，從來沒有資金的問題傷過腦筋❽。

事實上，「水庫式經營法」除了必須建立「資金水庫」之外，還需建立「人才水庫」、「庫存水庫」、「技術水庫」、「企業水庫」、「產品水庫」等；換言之，在經營上，各方面都要保留運用的彈性。松下認為，對於期望長期穩定長的企業而言，必須採行「水庫式經營法」。此種經營法的特色是不勉強、充裕、安定，任何方面留有餘地，不必臨渴再掘井❽。究其根本精義，也與老子「有餘哲學」完全相通。

尤其，如果經營者懂得「有餘」的妙用，便不會勉強冒險，陷入「不知足」的大禍，此所以老子強調「禍莫大於不知足」，道理即在於此。

松下也曾就此強調，「吃八分飽」的哲學，與老子的精神完全能相通。他說道：

> 經營者必須瞭解，他好像在高空走鋼索，隨時有摔死的可能；所他應該確實地評估自己的能力，即使有載得動五十公斤重實力，也只載四十公斤就好了，過分勉強，難免會摔倒。也

就是採行所謂『吃八分飽』得經營法，例如，設備只動用百分之八十，而保留百分之二十，這麼一來，一旦發生設備臨時故障或有緊急訂單時，不但可應付自如，而且可使『設備水庫』充分發揮其功效。❽

由此充份可見，松下被稱爲「經營之神」，的確其來有自，而其精華之處，很多與老子極爲吻合，甚值管理界共同重視與力行。

(五)　力行

老子曾說：「上士聞道，勤而行之，中士聞道，若存若亡，下士聞道，大而笑之」。（41章）充份說明，「勤而行之」，才是眞正成功的重要秘訣。老子又曾說：「合抱之木，生於毫末，九層之台，起於累土千里之行，始於足下。」（64章）凡此種種，都在強調腳踏實地、苦幹實幹的重要性。這對現代企業，尤具重大啓發。

所以日本企業界有一句話說：「百日說教，不如一屁。」這句話的意思是說，儘管花一百天學到了許多大道理，如果不去實行的話，其實連一個臭屁都不如❽。如松下便非常重視「實行的哲學」，他曾經舉學游泳爲例說：

一個想學會游泳的人，光是聽了三年的課，而沒有下水去練習的話，我想，就是請奧林匹克選手訓練營的教練來開課，也教不會游泳。學游泳，一定要實地下水去學游，起碼喝過幾次水之後，上課聽來的技巧，才能心領神會，派上用場。一個沒有實地經驗的經營者，參加任何經營研討會，就像不曾下水而想會游泳的人一樣，是不會有任何心得的。學游泳，

要先與水展開搏鬥，才能學會；一旦會游了之後，才能體會課堂裡講義的奧妙，如此，才有可能成爲一名游泳健將。學經營也是一樣，一定要先去實行，然後再去參加研討會或請教專家，如此，才會有收穫，才會有可能成爲一名成功的經營者。88

有一次，有一位年輕的記者請松下對記者提出批評。松下說：「現在日本的記者，大都懷有私心，因此，常有不實的報導；所以拋棄私心，誠實、客觀地報導，是我對記者的第一個期望……」記者說：「啊！這下子我完全明白了。」松下立刻緊接著說：

不！您還不明白。如果只聽了我這席話，您就已經明白，那等於您向游泳教練請教泳技，結果聽了一些游泳的理論之後，就自覺已成爲游泳高手了。舉下圍棋爲例，大部分的人，都要下了一萬次以後，才能夠成初段。所以，您要完全明白我的話，從今天起，必須每天躬行實踐，二十七年之後，您才能成爲一位公正、無私，坦誠、客觀的記者。換言之，聽了一番道理如果不去實行，不能算懂。89

松下這番心得，正是老子「勤而行之」的精神，確爲企業成功的重要關鍵，深值中外共同重視。

另外，老子也曾強調：「圖難於其易，爲大於其細。」90，亦即「天下難事，必作於易，天下大事，必作於細。」充份代表，老子認爲，所謂不平凡的難事，必定從平凡的易事做起。他因而鼓勵，人人要能平日努力不懈，累積衆多小成，就能達到重大的成就。這

也正是松下所說的名言，証明兩者精神完全相通：

> 得天獨厚、能力高超的人，千萬人之中只有一兩人而已，其
> 餘均是平凡之輩。其實，平凡的人創造不平凡的事業，其秘
> 訣就在按部就班、循序漸進、持之以恒、努力不懈。把每天
> 努力的『平凡』累積起來，就會變成不平凡了。 ❾❶

　　綜合上述，充份証明老子的管理思想，與現代東西方很多成功
的企業家均完全相通。因此，今後如何更加深研，進而發揚光大，
形成中國式管理的重要養份，相信將是有志者值得共同努力的重點。

註　解：

❶　老子，《道德經》，37章

❷　Bertrand Russell，"The Problems of China"，London，1950，Preface

❸　郭泰，《悟：松下幸之助的經營智慧》，台北遠流出版社，1996年初版16刷，p.17

❹　同上，p.23

❺　同上，p.22

❻　同上，p.22

❼　同上，p.24

❽　同上，p.24

❾　同上，自序，p.17

❿　本段引述請見Patricia Jones & Larry Kahaner："Say It and Live It"，莊希敏、陳娟合譯《企業傳家寶》，台北智庫公司，1996年出版，pp.7-8

⓫　同上，pp.7-8

⓬　同上，p.50

⓭　同上，p.328

⓮　老子，《道德經》，11章

⓯　聯合報，1997年，4月7日專訪

⓰　同上。

⓱　同上。

⓲　前揭書，《企業傳家寶》，p.11

⓳　天下編輯，《面對大師》，台北天下雜誌出版，1994年，p.202

⓴　聯合報，1997年，4月7日專訪

㉑　前揭書，《面對大師》，pp.222-223

㉒　聯合報，1997年，4月7日專訪

㉓　天下編輯，《策略大師》，台北天下雜誌出版，1995年，p.109

㉔　同上，p.155

㉕　前揭書，《策略大師》，p.151

㉖ 同上，p.153

㉗ 聯合報，1997年，4月7日專訪

㉘ 前揭書，《策略大師》，pp.300-301

㉙ 同上，pp.295-296

㉚ 天下編輯，《替你讀經典》，台北天下雜誌出版，1996年，初版6刷，pp.1-3

㉛ 前揭書，《企業傳家寶》，p.118

㉜ 同上，p.118

㉝ 同上，pp.118-119

㉞ 前揭書，《悟：松下幸之助的經營智慧》，p.153

㉟ 同上，p.154

㊱ 前揭書，《企業傳家寶》，p.296

㊲ 老子，《道德經》，36章

㊳ 同上，36章

㊴ 前揭書，《企業傳家寶》，p.135

㊵ 同上，p.135

㊶ 同上，p.209

㊷ 同上，p.147

㊸ 同上，p.156

㊹ 前揭書，《替你讀經典》，p.17

㊺ 同上，pp.18-19

㊻ 天下編輯，《面對大師》，天下雜誌出版，1994年，p.35

㊼ 聯合報，1997年，4月7日專訪

㊽ 前揭書，《悟：松下幸之助的經營智慧》，p.57

㊾ 老子，《道德經》，50章

㊿ 前揭書，《悟：松下幸之助的經營智慧》，p.155

(51) 同上，P.155

(52) Folker Streib & Meinolf Ellers，“Der Taifun”，黃景自譯，《風雲再起：德日企業未來競爭之剖析》，台北遠流出版社，1997，p.192

(53) 前揭書，《悟：松下幸之助的經營智慧》，p.80

(54) 同上，p.81

(55) 同上，pp.84-85

(56) 同上，p.85

(57) 同上，p.85

(58) 同上，pp.85-86

(59) 同上，pp.83-84

(60) Daniel Goleman，“E.Q.”，張美惠譯，台北時報文化公司出版，1996，p.314

(61) 前揭書，《悟：松下幸之助的經營智慧》，p.86

(62) 同上，p.86

(63) 同上，p.133

(64) 前揭書，《企業傳家寶》，p.223

(65) 前揭書，《風雲再起》，p.10

(66) 同上，p.10

(67) 前揭書，《悟：松下幸之助的經營智慧》，p.77

(68) 同上，p.79

(69) 同上，pp.79-80

(70) 前揭書，《策略大師》，pp.139-140

(71) 前揭書，《企業傳家寶》，p.245

(72) 前揭書，《悟：松下幸之助的經營智慧》，p.38

(73) 同上，p。36

(74) 前揭書，《策略大師》，p.52

(76) 前揭書，《悟：松下幸之助的經營智慧》，p.37

(76) 前揭書，《面對大師》，p.62

(77) 前揭書，《策略大師》，p.6

(78) 前揭書，《悟：松下幸之助的經營智慧》，p.28

(79) 同上，pp.28-29

(80) 同上，p.30

(81) 同上，p.37

(82) 同上，pp.30-31

(83) 同上，pp.25-26

(84) 同上，p.26

(85) 同上，pp.26-27

(86) 同上，p.27

(87) 同上，p.32

(88) 同上，p.32

(89) 同上，p.33

(90) 老子，《道德經》，63章

(91) 前揭書，《悟：松下幸之助的經營智慧》，p.34

第四章　莊子管理哲學
及其現代應用

前　言

　　先秦諸子之中，方東美先生曾經特別推崇莊子，稱頌其爲「氣魄最大的一位」。

　　因爲，莊子的超越哲學，足以壁立萬仞，放曠慧眼，甚至可以將精神不斷提昇於高空，持續超拔，進入宇宙終點——莊子稱爲「寥天一處」，亦即代法國哲人德日進(Chardin)所說的「奧米茄點」(Ω point)。然後再俯覽衆生，流眄萬物，自能充份體認「道通爲一」、「萬物平等」的重要哲理。

　　以莊子如此大格局與大氣魄的大哲人，其管理哲學當然特具啓發意義。對於任何單位化解紛爭、泯除分裂，都具有極大的助益。對於整合力量、促進團結，也具有絕對的功效，應用在管理上，對於加強一體感、增進競爭力，更具有極大的啓發性。

　　然而，因爲莊子哲學經常是用寓言方式表達，並且藉大鵬、大魚、蟬與斑鳩、甚至骷髏等發言，以展現其縱橫馳騁的才情與智慧，在文學上誠如錢賓四先生所說，堪稱「是一位絕世的大文豪」，但對世俗心靈，卻有很多無法理解，難以眞正窺其奧妙，甚至還視之爲「大而無當」、「荒唐之言」。

　　此所以在整個漢代，當時「陽儒陰雜」的思想家，幾乎均未申論莊子。同樣情形，在中國哲學向國際傳播的現代世界，很少外國

學者能夠真正體悟莊子的胸襟與氣魄。因而在管理界，能夠真正對莊子「入乎其內，出乎其外」，先把握其精華、再加應用者，更如空谷足音，未之能聞。

本章重點，即在特別嘗試，根據管理哲學的六項問題，申論莊子精神的現代意義，並且應用於現代管理界，結合具體事例，以相互佐證。或許對闡揚莊子精義、並且靈活運用於現代管理，能有一定的參考作用。

第一節　何謂管理的本質？

根據莊子的哲學精神，管理的本質，一言以蔽之，就是「道通為一」，也就是要將零星的力量整合為統一的力量；透過溝通，化解紛爭，超乎片面是非之上，形成團隊的精神。這可說是莊子哲學對管理的重要啟發。

「道通為一」的關鍵在「通」，也就是要能看透萬物之中相通之處，這就需要有超越的眼光，從精神的高空俯視，然後才能異中求同，明大義，識大體，也才能發揮整體的團隊力量。這對現代管理，無論行政管理、企業管理、或人事管理，都深具重大意義。

哈佛大學教授懷海德（A.N. Whitehead）曾經指出，「修哲學，第一門課應坐飛機」。因為，唯有在飛機上，從精神高空俯瞰萬物，才能胸襟豁然開朗，培養通達眼光。這種「提其神於太虛而俯之」的精神，正是莊子開宗明義在〈逍遙遊〉所提倡的精義。引申而論，也正是管理的本質。

此所以莊子在〈逍遙遊〉後，才能體認〈齊物論〉的萬物平等，

然後方能看透世間百態，「恢詭譎怪，道通為一」。應用在管理上，即對公司各種背景的員工，均能用通達的胸襟整合，容納成為整體力量，這便成為管理的最勝義。

另外，莊子又曾強調：「道未始有封」（齊物論），因而，人的胸襟也不應「有封」，這就形成現代管理所說「開放性的心靈」（open-minded）。此所以莊子說：「洋洋乎君子不可以不刳心」，「刳心」就是打開心胸，容納形形色色各種人才，形成團隊精神。即使內部產生衝突，也能轉化為建設性的溝通，經過良性互動，更能激發出生產力，發揮整體智慧，這正是莊子哲學對管理的重大啓發。

此所以《第五項修練》的作者，名管理學家彼得·聖吉（Peter M. Senge）曾經明白指出：

> 「能夠持續學習的團體，它的特色不但不在於沒有衝突發生，反而是意見衝突不斷。對優秀的團體來說，衝突往往能激發生產力。……但是缺乏學習能力的團體一旦面對衝突，通常不是粉飾太平，就是互不相讓。前者，成員相信為了維持團體一條心，必須設法壓抑會造成衝突的意見；後者，該說的都會說，但是每人立場分明，南轅北轍，紋風不動。哈佛的愛吉力斯等人的長期研究也發現，優秀與平庸團體的差別，就在於他們面對衝突、處理自衛心態的方法不一。」❶

因此，莊子特別強調「虛靜無為」的重要性。因為虛靜，才能容納萬物各依其潛能而成長，因為無為，才能容忍萬有各依其性向而作為，如此尊重種各種意見，摒棄自我中心的高壓領導，才能透過良性互動，激發充沛的生產力。老子所稱此為「無為而無不為」，

在莊子，更直稱「虛靜、恬淡、寂漠、無爲」，爲萬物之本。

此所以莊子在〈天道〉篇中明確強調：

> 夫虛靜恬淡寂漠無爲者，萬物之本也。明此以南鄉，堯之爲
> 君也；明此以北面，舜之爲臣也。以此處上，帝王天子之德
> 也；以此處下，玄聖素王之道也。以此退居而閒遊江海，山
> 林之士服；以此進爲而撫世，則功大名顯而天下一也。靜而
> 聖，動而王，無爲也而尊，樸素而天下莫能與之爭美。夫明
> 白於天地之德者，此之謂大本大宗，與天和者也；所以均調
> 天下，與人和者也。與人和者，謂之人樂；與天和者，謂之
> 天樂。

根據莊子精神，唯有如此，領導者本身能虛心，明白天地樸素
無爲之大德，其胸襟才足以均調天下，能夠大其心以體衆人之心，
唯有如此，才足以眞正得人和。無論在行政管理、企業管理、或人
事管理，「人和」均爲成功第一要義，莊子在此可說眞正掌握了管
理的根本精神。

另外，莊子也曾運用寓言方式，藉「無名人」之口，回答天
「根」的問題，指出「順物自然而無容私焉」，才是眞正的管理本
質。在此寓言之中，「無名人」先以淡然的口吻，表達對「爲天下」
的不屑，然後經過「無名人」再問之後，無名人才透露其中秘訣：

> 「天根遊於殷陽，至蓼水之上，適遭無名人而問焉，曰：
> 『請問爲天下。』無名人曰：『去！汝鄙人也，何問之不豫
> 也！予方將與造物者爲人，厭，則又乘夫莽眇之鳥，以出六

極之外，而遊無何有之鄉，以處壙埌之野。汝又合帛以治天
下感予之心爲？』又復問。無名人曰：『汝遊心於淡，合氣
於漠，順物自然而無容私焉，而天下治矣。』（應帝王）

　　換句話說，根據莊子，眞正管理之道，應該順乎人心、去除私
心，「無容私焉」。唯有如此，精神能超拔於萬仞之上，流眄萬物，
俯覽萬衆，「遊心於淡，合氣於漠」，才能容納天下各種人才，這
才能眞正「天下治」。莊子這種精神，非常重視對精神靈魂的提昇，
對現代管理的提昇格局、提高境界，堪稱深具啓發作用。

　　美國著名管理學者勞倫斯米勒（Lawrence M.Miller）寫過一
本書《美國的企業精神》，書中指出，美國企業爲了提高生產力，
很多重大的改革方案中都具有共同的特色，他稱這些特色爲「美國
的企業精神」。爲什麼他會寫這本書呢？他提到，因爲大家只一窩
蜂地想尋求新的管理方式，但是對於經理人管理的基礎，也就是
「管理的靈魂與精神」，卻很少探討。他說：

　　　「在一窩蜂尋求新管理方式的狂熱中，對經理人管理權力的
　　基礎——管理的靈魂與精神——的探討卻付諸闕如。」❷

　　因此，根據米勒看法，眞正成功的管理者，必定在靈魂與精神
上，能有崇高的情操與通達的胸襟，形成高尚的價值觀，這與莊子
「道通爲一」的精神，與豁達容人的特色，可說完全相通。

　　米勒更認爲，任何公司若要治本，便應從這種公司的「靈魂與
精神」入手：

　　　我每次跟公司主管談起生產力、品質、美國式與日本式管里

之異同後，我就愈發相信，我們有必要對管理角色的看法和
觀念重新加以檢討與界定。從此以後，我跟主管們談管理時，
內容也跟著有所改變。我常問他們的價值觀爲何，他們希望
在公司裡建立的共同價值意識是什麼。我發現他們對企業文
化相當重視，對如何塑造文化來適應未來也花了不少腦筋。
從這些談話中，我獲得了不少寶貴的智慧結晶，從而可以著
手對所謂明日企業文化的價值體系予以界定。

米勒並且指出：

美國商界裡正出現一種新的企業文化，……但是，新文化並
非只建立在物質上，而是源起於對新價值、新觀念和新精神
的創作與接受。由於領導者的倡導和身體力行，新文化於焉
產生。

本書即在探討這種美國公司裡所興起的新價值、新觀念和新
精神，不只是新式管理的技巧，也包括了新式管理的精神和
靈魂。❸

除此之外，米勒也提醒公司的領導人：

公司之組織和管理應有其價值和精神基礎。……改進生產力、
革新公司，單從管理理技巧下手只是治標，治本還須從新價
值觀的培養、倡導首和行實踐上著手。許多人做了不少研究，
但對管理的精神和靈魂──管理的權利基礎，卻缺乏研
究。❹

同樣情形，根據莊子哲學，管理的精神和靈魂，應由偏狹的「人之道」，提昇爲超越的「天之道」，然後才能眞正無爲而尊。此即莊子在〈在宥篇〉中所說：

> 何謂道？有天道，有人道。無爲而尊者，天道也；有爲而累者，人道也。主者，天道也；臣者，人道也。天道之與人道也，相去遠矣，不可不察也。（在宥）

因此，莊子在〈天道篇〉中，再次明白強調，「明大道者」，必定「先明天」，然後再論人間現實界各種層次的管理。唯有如此，「必歸其天」，才是太平，才是「治之至也」：

> 是故古之明大道者，先明天而道德次之，道德已明而仁義次之，仁義已明而分守次之，分守已明而形名次之，形名已明而因任次之，因任已明而原省次之，原省已明而是非次之，是非已明而賞罰次之。賞罰已明而愚知處宜，貴賤履位；仁賢不肖襲情，必分其能，必由其名。以此事上，以此畜下，以此治物，以此修身，知謀不用，必歸其天，此之謂太平，治之至也。（天道）

換句話說，根據莊子精神，管理的根本之道，心須先能效法天地之道，也就是「天地有大美而不言」，然後體認聖人之道，亦即「原天地之美，而達萬物之理」。唯有如此，觀於天地，用於管理，才算把握了管理的本質，此所謂「本根」，所以莊子強調：

> 天地有大美而不言，四時有明法而不議，萬物有成理而不說。

聖人者，原天地之美而達萬物之理，是故至人無爲，大聖不
作，觀於天地之謂也。……惛然若亡而存，油然不形而神，
萬物畜而不知。此之謂本根，可以觀於天矣。」（知北遊）

此另外，莊子在〈天道〉篇也曾引述老子，強調要「能守其本」、
「通乎道」，才能備乎萬物：

夫道，於大不終，於小不遺，故萬物備。廣廣乎其無不容也，
淵乎其不可測也。形德仁義，神之末也，非至人孰能定之！
夫至人有世，不亦大乎！而不足以爲之累。天下奮柄而不
與之偕，審乎無假而不與利遷，極物之眞，能守其本，故外
天地，遺萬物，而神未嘗有所困也。通乎道，合乎德，退仁
義，賓禮樂，至人之心有所定矣。（天道）

換句話說，根據莊子，唯有精神靈魂能提神高空，冥同大道，
才能容納萬物，「於大不終，於小不遺」。應用在管理上，也能容
納各種人才，充分靈活重用，共同邁向崇高的價值理想，這才是管
理的眞正本質所在！

除此之外，正因莊子強調靈魂精神要能向上提昇，泯除邊見，
消弭隔閡，所以應用在現代管理上，對於無國界的「國際化」趨勢，
也有很大啓發。莊子在〈秋水篇〉中曾引用北海若的話說：

以道觀之，何貴何賤，是謂反衍；無拘而志，與道大蹇。何
少何多，是謂謝施；無一而行，與道參差。嚴乎若國之有君，
其無私德；繇繇乎若祭之有社，其無私福；汎汎乎其若四方
之無窮，其無所畛域。兼懷萬物，其孰承翼？是謂無方。萬

物一齊，孰短孰長？道無終始，物有死生，不恃其功；一虛
一滿，不位乎其形。年不可舉，時不可止；消息盈虛，終則
有始。是所以語大義之方，論萬物之理也。（秋水）

莊子在此所強調的大道精神，「汎汎乎其若四方之無窮」，而
且「無所畛域」，足以兼懷萬物，「是謂無方」，就今天企業管理
而論，即爲加強研究全球趨勢，邁向更廣泛的自由化，才算眞正的
「國際化」。

此所以管理學者趨勢大師約翰・奈思比(Jonhn Naisbitt)曾
經說到：

> 許多人說我專門研究未來趨勢，其實我是專門研究全球趨勢，
> 因爲我相信，若要對某一個國家的處境有所了解，不可能不
> 對世界上其他國家的發展有所掌握，所以，你必須對全球的
> 發展進行研究。❺

另外，他又說到：

> 如果有人希望發展一個專門播放歌劇的電視頻道，即使是在
> 義大利，恐怕也難以成功，但若以全球爲目標，市場恐怕就
> 不小了。這就是全球弔詭最值得企業界深思的地方。❻

換句話說，傳統跨國（multinational）企業逐漸轉化爲超國
界（transnational）的企業活動，改變了世界的經濟結構；因此
領導世界管理風潮的大師彼得・杜拉克(Peter F.Drucker)，在新
書 "The New Realities" 中，也曾提出新時代的策略分析：❼

　　大多數人聽到「超國界企業」這個名詞時，想到的都是企業界巨人，但是，將來會有越來越多的中小企業營運範圍不局限在一、兩個國家，而及於世界各地。事實上，由於中小企業在政治上幾乎毫不起眼，反而更容易採取無國界的營運方式。❽

　　因此，綜合而言，「道通爲一」的莊子思想，非但對提昇企業文化的精神靈魂極具啓發，對今後最新的「超國界企業」，也深具重大意義。莊子曾經指出「通於一，而萬事畢」，的確深値管理界共同深思與弘揚。

第二節　為何要管理？

　　若問莊子，爲什麼要管理？根據莊子的哲學精神，天下之人通常容易「各爲其所欲焉，以自爲方」（天下篇），所以，見小不見大、見樹不見林，未能識大體，「不能相通」；因此就需要正確而通達的管理。從莊子看來，唯有從根本提昇層次，提高境界，提昇精神，才能明大體、識大義，發揮整體力量。

　　換句話說，莊子指出，很多人沒有看到整體，只看到「自我中心」，「譬如耳目口鼻，皆有所明，不能相通」，（天下篇）以致無法瞭解整體利益，以及全盤需要，因此這就需要管理。否則，如果領導人對於整體目標以及大體方向模糊不清，員工就只能各行其是，一旦各行其是，力量就會分散，公司當然無法成功。

　　此所以西方管理學者邁可韓默(Michael Hammer)曾經指出，

現在很多公司問題在於：「每個人都有分，但沒有人從頭到尾負全責。」韓默認為，功能式組織最大缺點就是「每個人都習慣對內、對上，卻沒有人習慣對外。」❾因而必須能從外超然的回顧，才能體認整體的利益與問題。這與莊子精神便完全相通。

另外，《改造企業》（Reengineering Corporation）一書的作者，邁可·韓默也指出：

> 1776年，古典經濟學家亞當·史密斯為提升工廠生產線的效率，提倡組織分工，他將製造產品的過程分解為一連串簡單動作，最後再由生產線組裝完成。為確保這些人的工作表現，企業創造出層層上報的金字塔形組織，以管理日益龐大的官僚體系。至今，這種「過時的」管理方式仍然緊緊控制美國企業界，而這正種下當今企業效率低落的禍根。❿

因此，很多重要的管理大師，如今均紛紛對傳統的「分工論」提出質疑。正如同國際最新的學術界對分科系太細開始質疑，進而強調「科際整合」（Inter-disciplinary）的重要，管理界也同樣有此覺醒。

此所以競爭策略大師，哈佛大學麥可·波特（Michael Porter）也曾強調：

> 企業界不需要片段的東西，他們要的是整體的觀點（holistic view），所以在國際管理發展學院，我們不區分科系，大家都是共同師資，讓學生搭配運用各家所長，我認為，我們的方法比這些學校更前瞻、更適應企業未來需

求。**⑪**

　凡此種種最新的省思，正與莊子思想完全吻合。

　根據莊子思想，其現代啓發應用在企業界，代表公司員工如果缺乏「整體觀點」，只知片段的東西，只知局部，不知整體，則「大道闇而不明，鬱而不發」，會形成「道術爲天下裂」（天下篇），只能以一種割裂短視的眼光經營，自然無法成功。

　此所以彼得·聖吉在《第五項修練》中，也曾提醒管理界：

> 我們從小學習區分，把世界予以『片斷化』，讓複雜的事務方便處理，然而也因爲這樣，我們不復擁有整體觀照的能力，即使我們努力想要放眼看全局，看的也只像是破鏡中殘缺不全的景象。**⑫**

　因此，這種「放眼看全局」的精神，對提昇競爭力變得極爲重要，這也正是莊子的同樣精神，深値管理界共同注重。根據現代管理名家的研究，唯有經過這種「放眼看全局」所訂的公司目標，才能稱爲「高瞻遠矚」的公司，而其基本信仰與理念，即構成激勵人心、提昇精神的重要指標。此即史丹福大學教授柯林斯（James Collins）與薄樂斯（Jerry Porras）在《企業長青》（Built to Last）中列舉多家成功公司的經營動力。

　根據柯林斯等人，分析百年企業的成功習性，他們得到結論：

> 我們的結論是，關鍵問題不在於公司是否有「正確的」核心意識形態，或者是否有「讓人喜愛的」核心意識形態，而在於是否有一種核心意識形態指引和激勵公司裡面的人。**⑬**

　　換句話說，正因這些公司的基本信仰與理念（亦即「核心意識型態」）境界夠高，眼光夠遠，胸襟夠大，所以才能成功永存。這與莊子精神可說完全相通。

　　柯林斯在「高瞻遠矚公司的核心意識形態」中，即曾列舉多項重要的公司爲例，以証明「高瞻遠矚」的精神對公司成功的重要性。❹

　　例如，美國運通公司即強調：「英雄式的顧客服務」、「世界性的服務可靠性」與「鼓勵個人主動精神」。

　　波音公司則是倡言：「領導航太工業；甘爲先驅」、「應付重大挑戰與風險」、「產品安全與品質」、「正直與合乎倫理的業務」、「吃飯、呼吸、睡覺念念不忘航太天地」。

　　花旗銀行則更明言其基本信念爲：「擴張主義」：仕規模、服務種類、地點方面採取擴張主義，以求「遙遙領先」：以「最大、最好、最能創新、獲利最高」爲目標，且透過「自主與企業精神」，透過分權以「實力主義」，而「積極進取與自信」。

　　除此之外，福特汽車則指出：人員是我們的力量來源，產品是我們努力的末端成果（我們以汽車爲業），利潤是必要的手段與衡量我們的成就的指標，「以誠實及正直爲基礎」。

　　另外惠普公司則強調：「貢獻技術給我們從事的領域（我們公司存在的目的是要做出貢獻）」，「對我們營運的社區奉獻與負責」，「提供顧客負擔得起的品質」，「利潤與成長是使所有其他價值觀與目標可能實現的手段」。

　　至於馬立亞連鎖飯店則係指出：要有「友善的服務與絕高的價值」（顧客是貴賓）；「務使離家在外的人覺得處身朋友之間，並且覺得眞正受歡迎」，而且強調「人員第一，好好對待他們，寄予高

度期望，其餘一切會隨之而來」，並且期勉員工「繼續自我提升」，而且能「克服逆境，建立格調」。

默克公司更稱：「我們做的是保存和改善生命的事業，我們所有的行動都必須以達成這個目標的成就來衡量」，並且強調「在公司的所有層面，明確追求完美」，雖然「追求利潤」，但「利潤需來自有益人群的工作」，而且明言「以科學為基礎，力求創新，不事模仿」，並且力求「企業社會責任」、「誠實與正直」。

另外，摩托羅拉公司也指出：「公司存在的目的是以合宜價格，提供品質優異的產品和服務，光榮的服務社會」，並且要「自我追求日新又新」，以發掘「我們內部潛藏的創造力」，而且「不斷改造公司的一切作為：構想、品質與顧客滿意度，在業務的所有層面追求誠實、正直、合於倫理」。

諾思壯公司則強調：「服務顧客最優先」、「努力工作、講求生產力」、「不斷改進，永不滿意」、「追求完美名聲，成為特殊事物的一部分」。

至於寶鹼公司，則係提出：「產品完美」的最高要求。因而很注重「不斷自我提升」，以「誠實與公平，尊重與關心個人」。

在新力公司，則指：「體驗以科技進步、應用與創新造福大眾帶來的真正快樂，提升日本文化與國家地位」，尤其「甘為先驅：不追隨別人，但是要做不可能的事情」，而且「尊重及鼓勵每一個人的能力和創造力」。

另如，威名百貨則稱：「我們存在的目的是提供顧客擁有所值的東西」：用比較低的價格和比較多的選擇，改善他們的生活，其他一切都屬次要，而且「力爭上游、對抗凡俗之見」，並要「和員

工成爲夥伴」、「熱情、熱心、認眞工作」、「永遠追求更高的目標」。

迪士尼公司更強調：不容有犬儒主義式的嘲笑態度，要狂熱的注意一貫性與細節，並以創造力、夢想與想像力不斷追求進步，狂熱的控制與保存迪士尼的「魔力」形象，「帶給千百萬人快樂」，並且歌頌、培育、傳播健全的美國

由上述的種種例証，充份可以看出，任何公司若要成功，並且可大可久，基業長青，必需要能夠「放眼看全局」，亦即認清整體最高信仰與基本理念。此即柯林斯所說的認清「核心價值觀＋目的」，對公司的成功，是多麼的重要。由此也可看出，莊子尊崇大道的根本精神以及曠觀人道的整體眼光，仕此可說完全相迪。

因此柯林斯曾經列出公式，表達此中關係：

核心意識形態＝核心價值觀＋目的。

核心價值觀＝組織持久不墜的根本信條，少數幾條一般的指導原則；不能與特定的文化或作業方法混爲一談；也不能爲了財務利益或短期權宜性而自毀立場。

目的＝組織在賺錢之外的存在根本原因，地平線上恒久的指引明星，不能和特定目標或業務策略混爲一談。❺

從上述公式，充份可見，持久的「根本信條」、少數幾條、簡單明瞭的「指導原則」，以及恒久的「指引目標」，均爲公司能夠永續成功的主因。這些均需高峰高遠屬的精神，正是莊子的精神特色。任何公司必須要能有此精神，管理才能成功。由此充份可見，莊子對現代企業的重大啟發。

此所以莊子曾經引述堯舜的對話，指出眞正成功的領導人，其用心不只憂心人民疾苦而已，更要效法天地開闊之大美，能從精神高空綜覽全局。此其在〈天道〉篇中所稱內容。

> 昔者舜問於堯曰：「天王之用心何如？」堯曰：「吾不敖無告，不廢窮民，苦死者，嘉孺子而哀婦人。此吾所以用心已。」舜曰：「美則美矣，而未大也。」堯曰：「然則何如？」舜曰：「天德而出寧，日月照而四時行，若晝夜之有經，雲行而雨施矣。」堯曰：「膠膠擾擾乎！子，天之合也；我，人之合也。」夫天地者，古之所大也，而黃帝堯舜之所共美也。故古之王天下者，奚爲哉？天地而已矣。

另外，根據莊子精神，爲了避免自我中心、自以爲是的管理，所以領導人還需要效法天地，順乎萬物自然的本性，他並曾以世俗稱讚「伯樂善治馬」爲例，指出其實乃是「治天下之過」，並不足爲訓。他強調：

> 陶者曰：「我善治埴，圓者中規，方者中矩。」匠人曰：「我善治木，曲者中鉤，直者應繩。」夫埴木之性，豈欲中規矩鉤繩哉？然且世世稱之曰「伯樂善治馬而陶匠善治埴木」，此亦治天下者之過也。（馬蹄）

所以根據莊子精神啓發，眞正善於管理之道，必需尊重人心的本然「常性」。對於大自然而言，即應尊重大地萬物的本性。唯有如此，對鳥獸均可和諧並處，「同與禽獸居，族與萬物並」，才算符合大道。應用在管理上，即能以通達開明、兼容並蓄的心胸待人

處事，才能算是高明的管理。此即莊子所謂：

> 吾意善治天下者不然。彼民有常性，織而衣，耕而食，是謂
> 同德；一而不黨，命曰天放。故至德之世，其行塡塡，其視
> 顚顚。當是時也，山無蹊隧，澤無舟梁；萬物群生，連屬其
> 鄉；禽獸成群，草木遂長。是故禽獸可係羈而遊，鳥鵲之巢
> 可攀援而闚。夫至德之世，同與禽獸居，族與萬物並，惡乎
> 知君子小人哉！同乎無知，其德不離；同乎無欲，是謂素樸；
> 素樸而民性得矣。（馬蹄）

由此充份可見，莊子智慧的重要啓示，在於提醒世人，要能效
法天地尊重萬物本性的特色，要能善用眾人之智，不要自命不凡，
不要自命眞理，更不要將己意強加於人。凡此種種，對今日各種管理
界，無論行政管理、人事管理或企業管理，均深具重要的啓發意義。

第三節　何時要管理？

若問莊子，什麼時候應該管理？根據莊子哲學，如果公司有爭
執，或有是非，即是應該管理的時候，應從恢宏胸襟加以管理。

莊子曾經分析，何以會有爭執？「道」為什麼隱晦而出現眞僞？
眞理被什麼隱蔽而有是非？

根據莊子看法，「道」是被成見隱蔽了，眞理是被巧言粉飾了。
因此才有各種偏頗立場的相互攻訐。

此即莊子在〈齊物論〉所說：

> 道惡乎隱而有真僞？言惡乎隱而有是非？道惡乎往而不存？
> 言惡乎存而不可？道隱於小成，言隱於榮華。故有儒墨之是
> 非，以是其所非，而非其所是。

換句話說，根據莊子哲學精神，應用在管理上，代表如果公司
裏有人堅持自以爲是，並用其「是」斷然的來批判別人爲「非」，
則別人也會涇渭分明的反擊，如此一來，是是非非，風風雨雨，必
定會影響公司整體的團結！因此，這時就需要用高明的智慧化解與
管理。

根據莊子，應該如何處理這種情形？此即莊子所說，「欲是其
所非而非其所是，莫若以明」。所謂「以明」，代表高明的智慧，
也相當於哈佛大學高曼教授（Daniel Goleman）在《EQ》
(Emotional Intelligence)中所說的「同理心」，「同理心要以
自覺爲基礎」，[16]「同理心簡單的說，就是了解別人的感受」[17]。
唯有如此，將心比心，設身處地，對他人能有同情的理解，才能產
生自制力與成熟度，也才能克制本身成見，儘量體諒他人，從而產
生整合的團結力量。因此莊子在〈齊物論〉也說：「物無非彼，物
無非是。自彼則不見，自知則知之。故曰彼出於是，是亦因彼」。
根據莊子，萬物均有彼是相因的相對關係，因而，若只從「彼」面
本位主義看，就看不到「此」面，同樣，若只從「此」面自我中心
去看，也看不到「彼」面，必須「彼」「此」互換角色，彼此二者
互換立場，才能豁然開朗，也才能化解成見，這就叫「以明」。對
於化解任何紛爭，均具有莫大啓發。

高曼在《EQ》一書中，也曾經特別用三種標準，做爲「同理心」

的情緒判讀能力：❸ 1.較能從別人的觀點看事情。 2.較能設身處地為人著想。 3.較懂得傾聽。

事實上，任何公司成員若能有這種「同理心」的精神，就能產生彼此的和諧與互信，也才能化阻力為助力，更加增進公司的溝通與團結，這與莊子「以明」可說完全相通。如此才能化衝突對立為互諒合作，將破壞性的阻力化為建設性的助力，深值中外的管理界共同重視與力行。

另外，彼得‧杜拉克也曾經指出：

> 在一昧附和聲中主管所下的決策不會收到最好的效果，唯有在對立的觀點衝擊下，才可能做出最好的決策。

此所以柏拉圖哲學均出之以「對話」（dialogue）方式，用正反俱呈的衝擊，來突顯腦力的激盪，以及相互切磋的啟發。這些方法均與莊子在此所說「以明」完全相通。

除此之外，莊子在〈齊物論〉中還強調：

> 毛嬙麗姬，人之所美也；魚見之深入，鳥見之高飛，麋鹿見之決驟。四者孰知天下之正色哉？自我觀之，仁義之端，是非之塗，樊然殽亂，吾惡能知其辯！

根據莊子精神，世人們所推崇的美女，魚兒見到卻會游走，鳥兒見了會高飛，鹿群見了也會立刻散開。這提醒世人，不要自命真理，自以為是，而應跳出自己成見，避免任何片面的邊見。就整體公司言，即必需以超然精神，求取眾人的最大公約數，這才能凝聚共同信念，也才是管理成功之道。

這種共同信念，即激發公司成員潛力才能的動力，也正是促使公司整合與進步的動因。

所以，IBM前執行長小湯瑪斯·華森（Thomas J. Watson，Jr.）曾經稱此種核心價值觀爲「基本信念」，他在1963年寫的小冊子《企業及其信念》（A Business and Its Beliefs）中說：

> 我相信一家公司成敗之間眞正的差別，經常可以歸因於公司激發員工多次偉大精力和才能，在幫這些人找到彼此共同的宗旨方面，公司做了什麼？……公司在經歷代代相傳期間發生的許多變化時，如何維繫這種共同的宗旨和方向感？……（我認爲答案在於）我們稱之爲信念的力量，以及這些信念對員工的吸引力。

另外，他並曾進一步強調：

> 我堅決相信任何組織想繼續生存和獲致成功，一定要有健全的信念，做爲所有政策和行動的前提。其次，我相信企業成功最重要的單一因素，是忠實的遵循這些理念…信念必須始終放在政策、做法和目標之前，如果後面這些東西似乎違反根本信念（強調我們的），總是必須改變。⑲

事實上，大部分成功的公司，彼此所認同的「共同宗旨」，均可以摘要成爲簡單明瞭的信念，成爲公司的重要信條。這正如同「國家認同」一樣，「公司認同」所賴以維繫的信念，應是任何公司首先檢視的管理內容。否則，一旦這種基本認同有所動搖或分裂，便需首先穩定與改進。

　　例如威頓在說明威名百貨的「第一條價值觀」時，便曾指出：「（我們把）顧客放在前面…如果你不爲顧客服務，或不支持爲顧客服務的人，那麼我們不需要你。」這種理念，爲該公司所有員工所奉行，因而促進了公司的整體進步。

　　另外，詹姆斯·儉勃也曾經簡潔陳述，寶鹼公司的核心價值觀在於特重品質與誠實，他說：「如果不能製造足斤足兩的純綷產品，去做別的正事吧，即使是去敲石頭也好。」

　　再如，惠普公司前執行長楊格，也曾經簡明分析惠普風範的簡單性質：「惠普風範的根本意義是尊重和關心個人；也就是說：『己所欲施於人。』其全部的意義盡在於此。」

　　柯林斯對此說得很好：「核心價值觀可以用不同的方法陳述，但始終是簡單、清楚、直接而有力的。」[20]因爲，它經過公司內部各人「彼」與「此」的共同認同，眞正形成莊子所說「以明」，所以才能可大可久。萬一這種共識分裂，彼此不能相通，便會形成最大問題，這也是必須立刻拯救的危機。

　　例如，華特·迪士尼公司的共同信念，便是：「只要世界上還有想像力存在，迪士尼樂園永遠不會完工。」[21]

　　對迪士尼而言，如果說「我們存在，是爲了替小孩製作卡通」，必然是個差勁的目的宣言，既不引人入勝，也沒有足可延續百年的彈性；但是，「用我們的想像力，帶給千百萬人快樂」，卻是個讓人動容的目的，很容易就能延續百年。所以對高瞻遠矚的公司而言，其方法可以而且經常演變，進入令人驚喜的新事業，但基本理念卻從未更改，所有動力都仍然受核心目的指引[22]。

　　另如，「保羅·蓋文敦促我們繼續前進，爲了動而動……他敦

促我們日新又新……自我求變很重要,但是,事情本身純粹的自我變化會受到限制。不錯,日新又新是變化,是要求用不同的方式做事,是願意更動和重做,但是也要珍惜已經證明的基本原則。」㉓

　　換句話說,對任何公司的員工,均應先重溝通,經由討論,追求進步,以求新求變,然而對於公司整體的基本信念與理想,卻屬「已經証明的基本原則」,應該形成共識,共同珍惜。否則這如同對國家認同的問題,如果終日質疑,經常爭議,便會虛擲精神,相互抵銷,或終日奮戰,卻不知為何而戰,浪費鉅大的社會成本。

　　此亦莊子所謂:「終生役役,不見其功」(齊物論),如果成天忙來忙去,却又不見績效,主要就因為不知道整體的目的與理想,也不知道整體的信念與使命。這也充份証明,整體共識的重要性,一旦共識破裂,就應及早重新溝通,這就是最需管理的時候。

　　所以莊子強調,「道」為開放性的,「未始有封」。真正成功的管理,便應從培養這種「開放心靈」開始,不能輕易抹煞不同意見,淪為封閉性團體。此中啟發,即使在現代社會,仍然深值重視。

第四節　從何處管理?

　　若問莊子,管理應從何處下手?根據其哲學精神,最重要的,應從去除分裂與消除對立開始,以形成「萬物一體」、「公司一家」的融洽與和諧。唯有如此,才能真正的達到團結,並且激發無窮的的競爭力。

　　如前所述,在〈齊物論〉之中,莊子強調,要能體認「彼是相因」的重要性,所謂「彼出於是,是亦因彼」,若能凡事從對方立

場著想，即可能化除彼此的對立，並能深體「是亦彼也，彼亦是也」的至理。因此，莊子進一步強調「彼是莫得其偶，謂之道樞」。換句話說，要能消除彼此的尖銳對立，此即所謂「道樞」，能夠掌握這種中心，就好像掌握宇宙間的關鍵，可以因應無窮的問題。此即其所謂「樞始得其環中，以應無窮」。

事實上，無論行政管理、企業管理、或人事管理，均會碰到人際關係緊張分裂或對立的問題，根據莊子，只要能掌握此中至理，就能因應無窮。此中的管理妙方——以是爲彼，以彼爲是，換成對方心理看問題，很類似高曼教授在《EQ》中所說的「同理心」，只要能多從同理心理解對方，就能化解很多分裂與對立的問題，並且化緊張爲和諧。此中展現的成熟度，能夠爲人設想、設身處地、將心比心，正是「情緒智商」（Emotional Intelligence）的關鍵，也是管理成功的關鍵，與莊子精神完全相通，深值共同重視。

高曼教授在《EQ》一書中還曾強調：衝突的發生，「通常始於溝通不良，錯誤的假定，遽下斷言，不友善的表達方式，讓人很難接受到你的眞正訊息。」❷❹

因此，他指出，「同理心是很重要的社會能力，亦即要了解與尊重別人的感受與觀點」。❷❺

這種「同理心」，用他人的觀點與理論重新思考，經常就能化解對立的僵局，這正是莊子〈齊物論〉所說，超越是非的「兩行」——此亦行，彼亦行。所謂「聖人和之以是非而休乎天鈞，是謂兩行」，就是要能用同情心與同理心，相互瞭解與體諒，如此自能化除無謂的阻力，形成團結的力量。這對今天各種的管理界，均深具啓發意義。

　　莊子這種「兩行」的精神，可以和之以是非，相當於「双贏」的精神，因爲高瞻遠矚，而能「休乎天鈞」，在現代西方管理學家也很注重，可稱不謀而合。此所以柯林斯分析成功的公司——他稱之爲「高瞻遠矚公司」，主要的成功因素即在於能跳脫出「非此即彼」的對立框架，達成相輔相成、兼容並蓄的境地：

> 我們會持續運用中國二元哲學裡的陰陽太極圖。我們特意選擇這個象徵，代表高瞻遠矚公司的一個關鍵要素，他們不用我們所謂的「非此即彼」來框限自己，這是一種不能輕易接受矛盾的理性觀點，認定兩種表面衝突的力量或理念不能同時並存。㉖

　　柯林頓並根據企業管理的實例，進一步的說明：

> 這種非此即彼的二分法，使大家相信事情非黑即白，因而有下述種說法：
> 改變和穩定不能並存。
> 保守和勇猛不能並存。
> 低成本和高品質不能並存。
> 創新的自主性和一貫性及嚴格控制不能並存。
> 爲未來投資和短期優異表現不能並存。
> 靠有秩序的規劃追求進步和機會主義式的摸索不能並存。
> 爲股東創造財富和造福人群不能並存。
> 理想主義（價值觀導向）和務實主義（利潤導向）不能並存。
> 高瞻遠矚公司不受二分法的限制，而是用兼容並蓄的方法，

讓自己脫出這種困局，使他們能夠同時擁抱若干層面的兩個
極端。他們不在非黑即白之間選擇，而是想出方法，兼容黑
白。」㉗

另外，柯林斯又曾強調：

此處我們不只是談論平衡。『平衡』意味著中庸路線、彼此
各半。高瞻遠矚公司不在短期和長期之間尋求平衡，追求的
是短期和長期都有優異表現；高瞻遠矚公司不光是在理想主
義和獲利能力之間追求平衡，還追求高度的理想主義和高度
的利潤；高瞻遠矚公司不光是在保持嚴謹的核心意識形態，
與刺激勇猛的改變和行動之間追求平衡，而是兩方面都做得
淋漓盡致。

簡單的說，高度高瞻遠矚公司不希望把陰和陽混合成灰色，
成爲既非至陰、又非至陽、不清不楚的圓圈，而是同時和隨
時時以陰陽分明目標。可是正如史考特‧費茲傑羅（F.
Scott Fitzgerald）點明的：「第一流人才的考驗是同時
在心裡堅執兩個相反的理想，卻仍然能夠運作。」這正是高
瞻遠矚公司做到的事情。」㉘

這種精神，正是莊子所說「彼是莫得其端，謂之道樞」的精神，
同時在心裏緊抓兩個相反的理想，卻仍然能夠運作。根據莊子，唯
有充份把握這「道樞」，才能因應無窮，「是亦一無窮，非亦一無
窮也，故曰莫若以明」。這種「以明」的智慧，才足以因應各種變
局。這對今天快速變化的多元社會，深具重大啓發意義。尤其這種

「道樞」，足以將對立的衝突，化成合作的動力，其神奇功能，甚至可看成點石成金的「煉金術」。此所以彼得·聖吉稱：

> 煉金術在中古時期因爲能點鉛爲金，成爲化平凡爲珍奇的象徵。學習型團體所展現的就是一種奇特的煉金術，透過遠景、反省與檢視的技術、透過對話，把可能造成分立的衝突與自衛轉化成學習動力。㉙

因此，根據莊子精神，眞正成功管理的契機，應避免自我中心，偏執己見，並自以爲無所不知，這樣便會排斥其他意見，產生無數對立。在莊子看來，自命「好知」，正是天下大亂的罪源：

> 故天下每每大亂，罪在於好知。故天下皆知求其所不知，而不知求其所已知者，皆知非其所不善，而不知非其所已善者，是以大亂。故上悖日月之明，下爍山川之精，中墮四時之施；惴耎之蟲，肖翹之物，莫不失其性。甚矣夫好知之亂天下也！
>
> （胠篋）

同樣情形，「工作」與「家庭」中，如何能夠成功管理，取得平衡，也有賴去除偏執，相互尊重。

此所以惠普(HP)公司總裁普烈特(Lewis Platt)說到：

> 員工常爲了工作和家庭生活兩者如何平衡而掙扎，特別是女性，爲了提供女性更大的就業機會，我們必須幫助女性找出平衡家庭與工作責任的方法。有趣的是，剛開始我們稱它是『工作/家庭』方案，有一天突然有個人在開會時抗議說：

問題不在這裏，因爲即使是沒有家庭負擔的員工，也要面對
工作與生活的平衡問題，應該改稱『工作/生活』方案才對。
這也促使我們開始研究、實驗許多方法，希望能提供員工更
好的平衡。❸

　　換句話說，「工作」與「生活」的對立，也形成很多公司的普
遍問題。因此，如何兼顧二者，並將二者對立的關係，化解成爲相
輔相成的建設性動力，也是企業成功的重要關鍵。莊子智慧在此便
可提供重大貢獻。

　　換句話說，如何去除對立？根據莊子，任何公司若有對立問題，
就表示管理方法出了問題，此時領導人就需超然於對立之上，要先
求其同，並存其異，以尋求共同目標。此所以莊子講：「自其異者
觀之，肝膽猶楚越也。」如果雙方彼此，只從相異的眼光去看，就
很難整合。若本身偏向其中任何一方，也很難整合，但若「自其同
者觀之，萬物皆一也」，如果能夠從超然眼光，尋求二者共同相同
之處，就能尋得平衡點，而加以整合。

　　例如，「工作」與「生活」，如果從「異者」觀之，則必相互
抱怨，但若從「同者」觀之，則知工作目的也在提昇生活，而生活
目的也在以工作服務他人，如此便有共同目標，自可達到平衡雙贏。

　　另如，不同公司的對立，雖然有利益衝突之處，但只要有互信，
仍可「自其同者觀之」，從更高遠的眼光看出相通之處，進而互助
合作。此即「虛擬企業」(The Virtual Corporation)作者大衛
道(W.H.Davidow)所說：

　　事實上，『互信』是虛擬企業中相當重要的特質，特別是指

企業和供應商而言。㉛

大衛道並進一步說明：

> 在虛擬企業的運作中，組織是因應機會與顧客需求，不斷地
> 組合、解散，不但企業和供應商之間的界面可以滲透、打破，
> 形成『命運共同體』，顧客也可以被拉進來。即使是競爭對
> 手，都可能因爲策略聯盟而結合在一起打拚，包括Apple和
> IBM合作生產個人電腦中的中央處理器、AT&T委託松下生產
> 筆記型電腦的計劃，都證實了這種可能性。」㉜

因此，根據莊子精神，只要能「從同者觀之」取其最共通處，
則任何公司及其對手，均可化解彼此敵對關係，形成和解互利。此
中特色對政黨的對立，甚至世界局勢的對立緊張，也都很有啓發。
因而深值企業領導人深思，以擴大胸襟。

此所以麻省理工學院(MIT)教授史谷特·摩頓在《九〇年代企
業》（The Corporation the of 1990s），中也曾強調：

> 進展神速的資訊技術爲「競爭」這個名詞多加了一次元——
> 相互關係（interrelatedness）。分析顯示，企業與其競
> 爭對手的關係，會隨著傳統經濟力或資訊技術的改變而改
> 變。㉝

尤其，莊子在〈齊物論〉也曾深入分析：「彼出於是，是亦因
彼。」這就是彼是相因之理，「彼」之所以存在，乃由於有「是」；
而「是」的存在，也是因爲有「彼」，所以「彼是」中間是「相依

相存」的關係。如果沒有了「彼」，就沒有了「是」。反之亦然。應用在管理上，這就提醒任何公司，在勞資雙方，甚至競爭雙方，都應該要相互尊重。

所以莊子才會強調：「非彼無我，非我無所取。」❸如果從老闆的眼光來看，沒有工人，就沒有老闆；當然，沒有老闆，工人也沒有辦法生存，此間正這是「齒唇相依」的關係。能夠明瞭這道理，彼此就能發展出相互尊重的平等關係，任何公司的經營者，若能有此認知，才能開闊胸襟，邁向成功的管理。

因此，莊子在〈天運篇〉中，曾以孔子見老子的寓言指出，魚兒若在陸地彼此相濡以沫，苟延殘喘，還不如相忘於江湖，海闊天空。

> 孔子見老聃而語仁義。老聃曰：「夫播穅眯目，則天地四方易位矣；蚊虻嘈膚，則通昔不寐矣。夫仁義憯然乃憤吾心，亂莫大焉。吾子使天下無失其朴，吾子亦放風而動，總德而立矣，又奚傑然若負建鼓而求亡子者邪？夫鵠不日浴而白，烏不日黔而黑。黑白之朴，不足以為辯；名譽之觀，不足以為廣。泉涸，魚相處於陸，相呴以濕，相濡以沫，不若相忘於江湖！（天運）

換句話說，莊子強調，要能將精神超拔乎人間世之上，循著天道自然共同運行，才能胸襟豁然開通，並且超越惡性競爭，進入雙贏局面。

除此之外，莊子在〈天運篇〉也曾引述孔子與老子的對談，強調與造化共同感通的重要性：

孔子感歎：

> 丘治詩書禮樂易春秋六經，自以爲久矣，孰知其故矣；以奸
> 者七十二君，論先王之道而明周召之跡，一君無所鉤用。甚
> 矣夫！人之難說也，道之難明邪？

老子則回答：

> 「幸矣子之不遇治世之君也！夫六經，先王之陳迹也，豈其
> 所以迹哉！今子之所言，猶迹也。夫迹，履之所出，而迹豈
> 履哉！夫白鶂之相視，眸子不運而風化；蟲，雄鳴於上風，
> 雌應於下風而化；類自爲雌雄，故風化。性不可易，命不可
> 變，時不可止，道不可壅。苟得於道，無自而不可；失焉者，
> 無自而可。」後來，孔子不出三月，再次見到老子，進而說
> 明「丘得之矣。烏鵲孺，魚傅沫，細要者化，有弟而兄啼。
> 久矣夫丘不與化爲人！不與化爲人，安能化人！」老子曰：
> 「可。丘得之矣！」（天運）

根據莊子精神，人生必須要能層層提昇精神，「與化爲人」，
然後才能「化人」。很多人間的管理者，因受空間限制，眼光短淺，
如同井底之蛙；又受時間限制，意境狹小，有如夏日之虫；所以均
形成「一曲之士」，意境有限，格局太小，因而會困在惡性對立與
抗爭的情境。此時便需向上提昇，超越時空限制，成爲各時代的通
人，然後才算掌握眞正成功。此即莊子在〈秋水篇〉所說：

> 北海若曰：「井蛙不可以語於海者，拘於虛也；夏蟲不可以

語於冰者，篤於時也；曲士不可以語於道者，束於教也。…
…吾在於天地之閒，猶小石小木之在大山也，方存乎見少，
又奚以自多！計四海之在天地之閒也，不似礨空之在大乎？
計中國之在海內，不似稊米之在太倉乎？」

　　所以莊子提醒世人，四海雖大，在天地之間只彷彿一水溝，中
國雖然很大，但在宇宙之間，也只彷彿滄海中一粟。因此，要能培
養「以道觀之」的精神胸襟，才能真正邁向成功的管理：

北海若曰：「以道觀之，物無貴賤；以物觀之，自貴而相賤；
以俗觀之，貴賤不在己。以差觀之，因其所大而大之，則萬
物莫不大；因其所小而小之，則萬物莫不小；知天地之為稊
米也，知豪末之為丘山也，則差數睹矣」（秋水）

　　另外，莊子在〈田子方〉中，也藉老子之口，強調要能到這種
境界的管理者，才可稱之至人：

老聃曰：「夫得是，至美至樂也，得至美而游乎至樂，謂之
至人。」孔子曰：「願聞其方。」曰：「草食之獸不疾易藪，
水生之蟲不疾易水，行小變而不失其大常也，喜怒哀樂不入
於胸次。夫天下也者，萬物之所一也。得其所一而同焉，則
四支百體將為塵垢，而死生終始將為晝夜而莫之能滑，而況
得喪禍福之所介乎！（田子方）

　　同樣情形，莊子〈田子方〉中，也借叔敖之口，指出應如何看
破得失，超乎其上：

肩吾問於孫叔敖曰：「子三爲令尹而不榮華，三去之而無憂色。吾始也疑子，今視子之鼻閒栩栩然，子之用心獨奈何？」
孫叔敖曰：「吾何以過人哉！吾以其來不可卻也，其去不可止也，吾以爲得失之非我也，而無憂色而已矣。我何以過人哉！且不知其在彼乎，其在我乎？其在彼邪？亡乎我；在我邪？亡乎彼。方將躊躇，方將四顧，何暇至乎人貴人賤哉死生亦大矣，而無變乎己，況爵祿乎！若然者，其神經乎大山而無介，入乎淵泉而不濡，處卑細而不憊，充滿天地，既以與人，己愈有。」（田子方）

這種心靈的提昇，足以看破名利，進而雍容大度，去除私心，並且兼容並蓄各種人才，對競爭力的提昇非常重要。此所以彼得，聖吉說到：

美國的文化一向認爲基本的改變要由人的内心發出。沒有内在的改變，外在改變是不可能發生的，就算外在可以改變，也無法持久。所謂學習，其中很重要的一部份是自我内心的調整。……因此，我們眞正該做的，是去了解人自發學習的意願，要如何去啓動個人拓展自我基本能力、技能的動機，這就是『第五項修練』一書的要點。簡單的結論是，除非人自己想改變，否則什麼也改變不了。❸❺

他接著說到：

恐懼固然可以激發個人的某些本能與欲望，但並不是引發學習動機的最理想工具。……人對自我期許的潛能幾乎是無限

的，只要你能達到原先的期盼，你馬上又會向更高的目標邁進。…有人說過：學習的第一法則是，學習者要學他們想學的東西。㊱

另外，哈佛大學麥可·波特也說到：

> 一個公司的競爭優勢事實上不是來自公司，而是來自各個部門、個人的表現。㊲

換句話說，根據近代管理學家的研究，任何公司的競爭力優劣，歸根結柢，端視各部門各個人的心靈能否提昇，去除偏執，凝聚團體動力。任何公司若能體認莊子此中啓發，自能整合分裂，超越對立，進而精神超昇，到達前瞻遠矚的境界，此中特性的確深值重視。

名管理大師彼德·杜拉克（Peter Drucker）也曾明確指出，這種精神素養，在現代企業經常被忽略：

> 那些家喻戶曉的名企業創辦人，都有非常清楚的概念，有一套經營管理理論，作爲行動和決策的依據。他們的成功並不是憑著直覺，而是憑著一套簡單、明瞭又管用的經營理論。他們不僅發了大財，更創辦了在他們身後仍能繼續存在並發揚光大的企業。㊳

杜拉克把這種概念稱之爲「經營理論」。巴斯卡和艾索斯（Richard T.Pascale & Anthony G. Athos）在其所著的《日本管理藝術》（The Art of Japanese Management）一書中，則將其稱爲「最高目標」。IBM的創辦人湯姆斯·瓦特森

（Thomas Watson ），將之稱爲「基本哲學和信念」，並努力把
這些信念灌入IBM的生命中。他的兒子認爲IBM的成就主要源之於這
些信念。他說：

> 我堅定不移地相信，任何一個公司要求生存、圖發展，必須
> 有一套健全的信念。其次，我認爲，企業成功之道在於信守
> 這些信念。❸

根據莊子精神，這種崇高的信念，或稱「最高目標」，或稱
「基本哲學和信念」，即近似其所說的「道」，足以超乎一切有限，
進入無窮，所以最具激勵性的動力。此中啓發，深値今天管理界共
同重視。

第五節　何人能管理？

若問莊子，怎麼樣的人才能成爲成功的經營者？其答案可歸納
如後。

(一)　無私無我，不爭功名的人

莊子曾經指出：「至人無己，神人無功，聖人無名」，莊子以
此提醒世人，眞正成功的經營者，要能忘掉小我，並且無私無欲、
不爭功、不爭名。唯有如此，才能統合衆人力量，減少阻力，減少
嫉妒，並以服務代替領導，以低姿態凝聚團隊，共同創造成功。雖
然，這並非所有人性所能做到，然而，卻也是應嚮往努力的目標。

根據莊子思想，唯有如此，從根本精神能先超拔功名利祿之上、

去除私欲，去除貪念，才能眞正賦以重任。否則，即使再有個人魅力，也可能因權力慾太重或私心太強，而產生很多禍害。

那麼，經營者應如何去除私心、不爭功、不爭名呢？根據莊子看法，首需看破功名、看破俗慾。此所以他在〈大宗師〉曾講：「死生命也，其有旦夕之常，天也。人之有所不得與，皆物之情也。」

根據莊子，要能從天運命理的觀點，視一切爲自然，會屬於自己的，即使不爭也跑不掉；不屬於自己的，即使再爭也不會有。唯有如此，看通「小功名靠打拼；大功名靠天命」，便能無忮無求，以平常心相待，從而以淡然不爭的心情盡力工作。

另外，莊子在〈逍遙遊〉中也強調：「舉世譽之而不加歡，舉世非之而不加沮。」正因其心靈能超拔於世俗功名之上，從精神空高看破功名的起伏無常，所以能夠冥同大道，與道相通，進而超乎世俗的毀譽，甚至能夠通達的看透生死。

尤其，經營企業者通常容易患得患失，並且對名對利容易計較，這固然屬於人之常情，但仍應多多吸收莊子飄逸超越的智慧，盡人事之後，則聽天命。過程中盡心盡力，結果則交給上帝；面對經營風險，若能以「得之，我幸；不得，我命」的平常心相待，自能減輕精神壓力，進而提昇人生境界。

(二)　能夠去除機心、捨棄權謀的人

莊子在〈天地篇〉中，曾引用子貢見爲圃者的故事，借國爲圃者的話，強調反對機心：「吾聞之吾師，有機械者必有機事，有機事者必有機心，機心存於胸中，則純白不備。純白不備，則神生不定；神生不定者，道之所不載也。」

換句話說，雖然很多人認爲競爭應該用機心、甚至用權謀，才能成功，但莊子卻用更宏觀的境界認爲，若用機心管理，勾心鬥角，爾虞我詐，必定傷害純眞性情。非但自己傷身，並且看似一時奏效，其實不能長久成功。因此，他寧可強調用至情至性，以德服人，才能眞正成功，此即所謂「不精不誠，不能感人」。《紅樓夢》中曾惋惜王熙鳳平日重心機、好算計的風格，評之爲「平日機關算盡，傷了卿卿生命」，與莊子精神很能相通，並深具警世的寓意。

另外，莊子也曾強調「能體純素」的重要性：

> 精神四達并流，無所不極，上際於天，下蟠於地，化育萬物，不可爲象，其名爲同帝。純素之道，唯神是守；守而勿失，與神爲一；一之精通，合於天倫。野語有之曰：「眾人重利，廉士重名，賢士尚志，聖人貴精。」故素也者，謂其無所與雜也；純也者，謂其不虧其神也。能體純素，謂之眞人。
>
> （刻意）

在美國政壇，雖然也有很多重機心的情形，在華盛頓特區並有名言：提醒「小心你的背後」（watch your back），但從整體與長期而言，民心仍然肯定：「誠實才是最好政策」（Honesty is the best policy）。充份可見，在充滿機心的政界或商界，以權術管理看似一時得逞，但終究仍會失敗。唯有揚棄機心，用眞性情待人，才能長久成功；此中至理，深具現代意義與啓發。

除此之外，莊子也曾在〈應帝王〉中，以「渾沌」被鑿七竅，反而因此死亡的寓言，說明純樸眞誠的重要性：

南海之帝爲儵，北海之帝爲忽，中央之帝爲渾沌。儵與忽時相與遇於渾沌之地，渾沌待之甚善。儵與忽謀報渾沌之德，曰：「人皆有七竅以視聽食息，此獨無有，嘗試鑿之。」日鑿一竅，七日而渾沌死。（應帝王）

換句話說，根據莊子，「渾沌」看似愚憨，但其生命力卻正是來自憨厚眞誠，如果用世俗觀點鑿以七竅，看似生出了分別心，却反而失去原先樸拙厚重之美。莊子以此寓言提醒世人，應該摒棄小格局與小機心，將精神提昇爲大格局與大道心，進而冥同天心，順應天運，此中的大智慧，確實深值重視。

(三) 能夠以「心齋」自省的人

哈佛教授高曼在《EQ》一書中，曾經很生動的形容「旁觀的自我」❹，就是「在情緒紛擾中仍可保持中立自省的能力」，這也正是莊子所說「心齋」的境界，在情緒很容易煩躁的工作中，特別值得經營者重視。高曼教授並曾引述作家威廉・史泰龍（William Styron）自述其嚴重抑鬱時的心境：

> 我感覺似乎有另一個我相隨——一個幽魂般的旁觀者，心智清明如常，無動於哀而帶著一絲好奇地旁觀我的痛苦掙扎。❹

這種情形，正如莊子所說「心齋」的效果，「虛者，心齋也」（人間世），心齋代表「無己」，心靈能先跳出自我，再看自我，因此反能持平客觀，以旁觀者的心境，超乎自我中心之上。這種「跳出自己看自己」的精神，能夠促使心情沉着，開朗達觀，並且看透

萬物萬象。因此不會再有任何動氣，非但情緒上能夠心平氣和，判斷上也能持平中肯。此即高曼教授所說：

> 有些人在自我觀察時，確實對激昂或紛擾的情緒沉著瞭然，從自身的經驗退開一步，平行並存著另一層超然的意識流，仿如另一個我浮升半空冷靜旁觀。㊷

這也正如同莊子夢蝴蝶一樣，看似在夢中見蝴蝶，但同時又可化成「平行並存」的蝴蝶，以此「另一層超然的意識流」，俯視熟睡的本身，「因而仿如另一個我浮升半空冷靜旁觀」，此時真「不知周之夢為蝴蝶歟？蝴蝶之夢為周歟？」這正是莊子在〈齊物論〉中所說：「方其夢也，不知其夢也。夢之中又占其夢焉，覺而後知其夢也。且有大覺，而後知此其大夢也。」

因此，真正有反省心的經營者，只要能「從自身經驗退開一步」，以「觀夢的心情旁觀自我」，自能將原先的情緒化冷卻，並用冷靜的旁觀心理去除動氣動怒；進而可以用此「心齋」功夫，去除成見與偏見。高曼稱此正是「發揮自制力或其他EQ的首要基礎」㊸，對於經常繁忙、心情緊繃、很容易情緒化的經營者來說，這也正是成功待人接物的「首要基礎」，深值共同警惕與力行。

(四) 能夠以「坐忘」自修的人

莊子曾經在〈大宗師〉篇中提及「坐忘」的功夫，能夠「離形去知」，同於大道，亦即跳脫自我、達到「無我」。因而才能夠超越個人得失，在寧靜中以大格局思考，以大智慧做出重要的決策，如此才能成就真正的偉業。

所以莊子曾〈大宗師〉中，以寓言故事說明「坐忘」的特色。

> 顏回曰：「回益矣。」仲尼曰：「何謂也？」曰：「回忘仁
> 義矣。」曰：「可矣，猶未也。」它日，復見，曰：「回益
> 矣。」曰：「何謂也？」曰：「回忘禮樂矣。」曰：「可矣，
> 猶未也。」它日，復見，曰：「回益矣。」曰：「何謂也？」
> 曰：「回坐忘矣。」仲尼蹴然曰：「何謂坐忘？」顏回曰：
> 「墮枝體，黜聰明，離形去知，同於大通，此謂坐忘。」仲
> 尼曰：「同則無好也，化則無常也。而果其賢乎！丘也請從
> 而後也。」（大宗師）

事實上，這種境界也正如同偉大的藝術表演，均需先自我超越
得失心，到達「忘我」境界，然後才能真正自然感人。此即高曼教
授在《EQ》中，引述一位作曲家形容他表現最好時的感覺，並稱之
為「神馳」❹：

> 那是一種狂喜到近乎忘我的境界，我個人常有這種經驗，這
> 時我的手彷彿已非我所有，完全與我無關似地自我揮灑。我
> 只能睜大眼睛，驚愕地旁觀。簡直如行雲流水般的自然。

這種「神馳」境界，正是莊子所稱「坐忘」的心境，應用在管
理上，代表工作認真到忘我的地步，也代表專心投注時足以忘我，
更代表只以工作興趣為重，或以使命感為動力，而將私利、功名與
權位均拋於腦後。能有這種忘我精神的人，自然才是公司最需要的
經營人才。

此所以莊子在〈天地篇〉中也曾強調，「坐忘」最高的功夫，

「忘己之人，是之謂入於天」：

> 有治在人，忘乎物，忘乎天，其名爲忘己。忘己之人，是之
> 謂入於天。

根據莊子精神，「心齋」與「坐忘」，均與「神馳」相通，這對經營者的成功，同樣很有啓發性。芝加哥大學心理學教授米海利・齊琛朱哈力（Mihaly Csikszentmihaly）曾投入二十年時間，蒐集各種人士巔峰狀況的敘述，特別以「神馳」（flow）❹❺一詞形容，可說與莊子不謀而合。

齊琛朱哈力並提到，運動界也有類似的說法。當一位選手全神貫注時，會忘記觀衆及競爭對手的存在，而不費吹灰之力，做出最佳表現。如1994年冬季奧運滑雪金牌得主黛安・洛菲─史丹羅塔（Diane Roffe-Steinrotter），便曾形容當時已渾然忘我，「彷彿已化身爲一匹瀑布」❹❻。因而，高曼特別強調，「這可以說是EQ發揮到極致的表現，能夠自如地駕御情感，充份發揮潛力」。此時所謂「駕御」，「並不是克制或圍堵，而是因應情勢做積極地增強」。他並稱，「每個人都或多或少有過神馳的經驗，尤其是做出最佳表現或超越自己之時刻。」❹❼

這種「神馳」精神，能夠超越自己限制，縱橫馳騁無礙，破有限而進無窮，其本質正是莊子的「逍遙遊」精神，足以御風而行，「乘天地之正，而御六氣之辯，以遊無窮」。所以其功能足以超脫偏狹的情緒憂慮，進入渾然忘我境地，並且可以無私無我地專注努力。此亦高曼所說：

神馳是一種忘我的狀態，這時憂思是無由存在的，那種專注的程度使人暫時拋開日常生活一切俗慮，這也可以說是無私的狀態。然而，個人對所做的事又表現出自如的掌控能力，且能因應挑戰做最佳反應。同時此人，並未孜孜求取表現，成敗根本不曾縈心，動力完全來自行為本身的樂趣。❹

這種精神應用在管理上，即能不虛榮、不虛矯，集中精神專注工作，也能忘卻得失，忘卻煩惱。名利非其目的，私欲更非其所求，唯有如此的經營者，才能超越各種情緒化，迸發積極的奮鬥力與專注力，這對提昇整體競爭力，是極大的關鍵，深值企業經營者共同重視。

(五)　能有「真人、神人、至人、聖人」修養的人

根據莊子精神，他曾強調「真人、神人、至人、聖人」的特色（天下篇），同樣深具現代啓發意義。

首先，就「真人」而言，亦即真誠之人，莊子說：「不離於宗，謂之真人」，代表要能夠以「真誠」來經營，以真性情與大家相處，如此才能把握原來的理想性，對其本質初衷不會失去，所以講「不離於宗」。

另外，就「神人」而，「不離於經，謂之神人」，代表能夠非常專心、認真、全神投注的人，能夠一心一意，盡心盡力奉獻犧牲，因為深具宗教般的精神，所以稱之為「神人」。

其次，就「至人」而言，「不離於真，謂之至人」，代表能有同情心的人，能夠設身處地、為人著想，能夠深具「同其情」的民

主素養，能用最廣大的同情理解他人，所以稱之爲「至」人。能有這種廣大的同情心與同理心，就不會任意排斥別人的異議，才是成功的經營者。

除此之外，就是「聖人」，莊子強調：「以天爲宗，以德爲本，以道爲門，兆於變化，謂之聖人」。代表能夠務本的人，「以德爲本」，能夠以德服人，並且腳踏實地，然後「以天爲宗」，代表能以弘揚天理公道爲宗旨，並以進入大道之門自勉，且能因應各種變化，從容自如，進退有據，就才是成功的要件。

另外，莊子在〈逍遙遊〉中，明確指出神人精神，「物莫之傷」，即使大水成災，淹到他也不溺，即使大旱成災，金石爲之流，土山爲之焦，其鎮靜沉着仍不變：

> 「藐姑射之山，有神人居焉，冗膚若冰雪，淖約若處子。不食五穀，吸風飲露。乘雲氣，御飛龍，而遊乎四海之外。其神凝，使物不疵癘而年穀熟。吾以是狂而不信也。……之人也，之德也，將旁礴萬物以爲一世蘄乎亂，孰弊弊焉以天下爲事！之人也，物莫之傷，大浸稽天而不溺，大旱金石流土山焦而不熱。是其塵垢秕糠，將猶陶鑄堯舜者也，孰肯以物爲事！」（逍遙遊）

另外，莊子也明白指出，眞正精神逍遙的神人，是以超越的精神獨往來，因而可以不受利誘、不受勢劫，永遠保持精神人格的獨立性：

此即莊子所稱：「出入六合，遊乎九州，獨往獨來，是謂獨有。獨有之人，是之謂至貴。」（在宥）

根據莊子，能有上述這種「至」爲寶「貴」的精神素養，便能夠有肩膀、有擔當，而且無私心、無貪欲，足以贏得員工人心，並能深受顧客信賴，且能完成高尚理想。凡此種種精神素養，的確深值管理界共同重視。

第六節　如何管理？

(一)　藏天下於天下

根據莊子精神，若問如何管理，首先他肯定會強調，「藏天下於天下」，亦即由全體員工共同管理。這是很徹底的民主思想，將整個天下命脈寄託於全民參與之中。以國家而言，不能夠只靠國防軍事力量，也不能只靠經濟上的力量，而一定要靠人心的力量。否則如果失去了民心，無形中亡國了，還不知爲何亡。如同「夜半有力者負之而行，昧者不知也」。

此即莊子在〈大宗師〉中所說：

> 夫藏舟於壑，藏山於澤，謂之固矣。然而夜半有力者負之而走，昧者不知也。藏小大有宜，猶有所遯。若夫藏天下於天下而不得所遯，是恆物之大情也。

因此，對管理界而言，根據莊子看法，眞正永恒成功的管理，是將公司開放給全體員工，共同參與關心，共同參與決策，進而共同參與負責。如此能由全體員工共同經營，「藏天下於天下」，就能作到充份民主化與透明化，這才是眞正「恒物」之情，也才是眞

正可大可久之道。

此所以米勒曾經指出：「工人開始想要分擔責任，參與企業經營遊戲，成為參與比賽的球員，並獲得勝利。現在，也該是讓他們成為經理的時候了。」❹

成功的經營者，應能充份體認員工這種心理與需要，而真正視此為公司進步的動力，絕不能視此為奪權的阻力。唯有如此，才能增進員工的向心力，從而增加公司的競爭力，造成老闆與員工的「雙贏」，此中至理，深值共同體認與力行。

㈡ 深厚的思考力

莊子曾強調，深厚的思考力非常重要，他曾比喻，大鵬鳥若振翼直飛九萬里，首先需要「培風」。風若不厚，則無法負大翼，水若不深，則無法載大舟，此其所稱：

> 且夫水之積也不厚，則負大舟也無力。覆杯水於坳堂之上，則芥為之舟；置杯焉則膠，水淺而舟大也。風之積也不厚，則其負大翼也無力。（逍遙遊）

因此，唯有經常深思熟慮，並從整體全盤思考，才能造就高瞻遠矚的公司，完成規模抝宏的大業。也唯有訓練深厚的思考力，才能經常檢討反省，從而形成日新又新的原動力。

所以，羅伯·蓋文曾用「日新又新」（Renewal）這名詞，來描述摩托羅拉內部追求進步的衝刺動力：

> 日新又新是這家公司向前衝刺的力量，實際上，家父自從

1928年創立公司，生產B型電池代用器時，就開始尋找新的產品，因為可以預見代用器在1930年就會過時，在日新又新方面，他從來沒有停頓過，我們也沒有停頓過。日新又新這種理想不易捉摸，可以使創造性溝想擴散…只有受過這種理想薰陶，並且毫不吝惜的奉獻，致力追求全新構想所含有的風險和希望的人，才能欣欣向榮。❺⓪

此中日新又新的衝刺精神，誠如米勒所說

卓越並不是一項成就，而是支配個人或公司生命和靈魂的精神力量，是從永無止盡的學習過程中求得滿足的境界。❺①

這種永無止境的學習過程，正是永不止息的思考力與反省力。唯有如此，不斷求新求進，才能真正完成「卓越」

除此之外，波音公司總裁也曾強調：

誰都不應用「做不到」的說法排斥新穎的構想，我們的工作是持續不斷的研究和實驗，一旦實驗室研究的成果變成可行，就應用到生產上，我們不能錯過飛行和飛行設備新的進展。

另外，他也曾進一步強調，就像亨利・福特所說的：「我們永遠可以做得更好，永遠可以進步，永遠可以發現新的可能性，你必須不斷的向前做下去。」❺②

美國密西根大學教授普赫業與倫敦管理學院漢默，在〈哈佛企管評論〉中，也曾指出：

向其他企業外借資源，是另一個累積資源的方法。外借的哲

學，從一位日本主管的話裏，最能看得出來：「你們（西方人）砍樹，我們（日本人）蓋房子。」也就是說，你們去做吃力的發明工作，我們再利用這些發明來創造新的市場。科技愈來愈無國界。它以科學報告、外國贊助的大學研究、國際授權、跨國性高科技事業以及國際學術會議等方式，遊走各國疆界。向全球市場借取科技，也逐漸成為資源活用的重要方式之一。❺

　　因此，如何善於外借資源，正如同如何善於站在前人肩膀上，同樣是深值殫精竭智的創新方法，也同樣是培養「學習型組織」的重要方法。彼得·聖吉《第五項修練》中即說：

　　因為學習是人類的本性。在運動、表演或商場上，許多人都有屬於團隊一員的經驗，大家相輔相成，締造優秀成績，這種團隊就是學習型組織，它經由學習創出佳績。全球商業社會都在學習「共同學習」，逐漸成為學習型社會。❺

　　另外彼得·聖吉又曾說到：「兒童若缺乏學習能力是很糟糕，但若是組織不會學習就有致命的危險。沒有幾個企業能活過一般人壽命的一半，大多數只活到四十歲就告夭折。」有人問他：「你如何定義學習型組織？」他回答：「首先我必須指出，學習型組織的真諦在於能有一個富有前瞻性的遠景。」別人再問到：「學習的真義又是什麼？」他回答：「學習就是提升創新的能力，也需要有遠景。」❺

　　要有這種「提升創新的能力」，以及洞燭「遠景」的能力，均

先要有深厚的思考力。由此充份可知，莊子智慧在此的重大啓發。

(三)　通達的一體感

莊子曾經強調：

> 天地雖大，其化均也；萬物雖多，其治一也；人卒雖眾，其
> 主君也。君原於德而成於天，故曰，玄古之君天下，無爲也，
> 天德而已矣。（天地）

根據此中精神，應用在管理上，代表要有整合各方、融爲一體
的本領，然後才能達成「萬物雖多，其治一也」的境地。

那麼，如何創造一體感呢？

米勒在此說得很中肯：

> 首先必須有精簡的組織，把不必要的管理階層簡化，儘量把
> 責任交下去。許多大公司都在進行這種組織精簡工作，福特
> 汽車公司就是其中之一。其次，重新擬定薪資福利，強調一
> 體、利害與共的感覺，而不要強調勞資差距。所有員工，其
> 薪資應視其能力和表現而定。第三，加強各階層的參與程度
> 和共同磋商、一致同意的決策模式。第四、也是最重要的，
> 管理階層必須身體力行，證明他們信任員工，與員工是一體
> 不可分的。❺

另外，莊子曾經強調：

> 通於天地者，德也；行於萬物者，道也；上治人者，事也，

能有所藝者技也。

技兼於事,事兼於義,義兼於德,德兼於道,道兼於天。故曰,古之畜天下者,無欲而天下足,無爲而萬物化,淵靜而百姓定。記曰:「通於一而萬事畢,無心得而鬼神服。」

(天地)

換句話說,根據莊子精神,唯有公司上下一心,將技能性與事務性的工作,均能兼通意義感,並且上通使命感,然後才能徹上徹下「通於一」而萬事畢。歸根結柢,就是需要道通爲一體的精神。這對現代管理同樣深具啓發性。

另外,莊子所稱「萬物雖多,其治一也」的精神,應用在管理上,同樣代表應選擇性的經營特色,以集中精神與心力。

競爭力研究大師波特曾針對我國情形指出:如何提昇生產力,必須注意「選擇合適的產業,並且專精化」他說:「主要的不是非要選擇什麼樣的產業,而是真的選擇如何可以做得更好的產業。」

波特並在演講中,反覆提到義大利的皮鞋工業以及荷蘭的花卉工業,說明任何行業只要做到夠專、夠精,都可以是「一個國家致富的產業」。

另外,波特也強調,提昇競爭力,並不一定要「拋棄過去擅長的產業,而應該促使這些產業升級。」❺凡此種種,正是「專一」的重要性,深值各界重視。

例如,米勒也曾經列舉一些傑出公司領導人的特性,提出其深入的觀察:

歐曼(O.A.Ohmann)把這種較高層次的價直觀稱之爲「天

鉤」（Skyhooks），他說：『我對一些表現傑出的總裁做過
研究，發現他們具有一種神祕、無法以常理來解釋的動機。
這些人有一些隱藏不露、不屬於公司業務的祕密任務在背後
支撐著。這些使命感往往在他童年時就已產生，形成的動機
無法理解，往往是出於情感上、直覺上的動機，不是為了自
己，卻能終生奉行到底』。

我認識許多總裁，他們的內心深處似乎有股特別的力量在支
持他們，給他們信心。這股力量無法理解，純屬個人情感，
卻永久不滅。簡單地說，是一把深深鉤住他們內心的天鉤，
當他們獨立蒼茫時，給他們信心、而能寧靜致遠地，把他們
高高地掛在天際，俯視人世，盡其在我。」

這種「天鉤」使得經理人願意冒險犯難，做一些長遠正確的
事情，而不是短程的權宜措施。這種堅定不拔的信念使得他
們能夠忍受一時困厄，為了更美好的未來而犧牲眼前私利。[58]

　　這種所謂「天鉤」，正是一種天人感應的使命感，莊嚴而又深
沉；代表人心能上通天心的管道，正如莊子所說上通於天、並「通
於一」的使命感，足以令人胸襟恢宏，高瞻遠矚而且愈挫愈勇、不
屈不撓，深值共同重視。

(四)　尊重個別材能

　　莊子在〈齊物論〉中，有段很精闢的分析，呼籲人們要能跳出
自我中心，從超然的立場同情萬物，並理解其他萬物的個別材能。
這對管理同樣深具啟發。他說：

> 民溼寢則腰疾偏死，鰍然乎哉？木處則惴慄恂懼，猿猴然乎
> 哉？三者孰知正處？民良芻豢，麋鹿食薦，蝍且甘帶，鴟鴉
> 耆鼠，四者孰知正味？

換句話說，根據莊子精神，人們若居濕氣重的地方，就會風濕
腰痛，然而，泥鰍卻偏好住在濕地。人們若爬到樹端，就會戰慄恐
懼，然而，猴子卻偏好爬到樹端。因此，如果只用人類做自我中心，
怎能分出那裡是正確的住所呢？再如人類喜歡吃家禽，但蜈蚣却愛
吃蛇腦，烏鴉愛吃死老鼠，又怎能說那個才是真正可口美味？

莊子提醒世人，由此充份可見，千萬勿以自我中心，自以為是，
或以本位主義任意評論他人或他事。唯有心中除去成見，虛以待物，
尊重各種異類或異議的獨特材能，才能容納各種異議，真正兼容並
蓄，達到通達的智慧。此中深意，對企業管理極具啟發性。

這種精神應用在管理上，同樣深具妙用。

此所以麥可·波特曾經說到：

> 政府的任務在激勵那種專精出現，而不在逼著所有大學的課
> 程都一樣。政府要去了解不同產業群的需要，進而造就出那
> 樣需求的基礎環境，而不是去培養一成不變的環境。❺

另外他又說到：

> 如果我們用更大的視野看全球其他的國家，發現只有專精才
> 能帶來真正的繁榮，必須有獨特的形象、技能、創新能力。
> 如果我們看全球也會發現：少數專事出口的產業群，可以佔

掉一個國家很大的出口額，通常一國5％的產業就可以佔75
％的出口額。因此，東亞經濟進一步發展的關鍵在發展出各
自的特色。**⑩**

因此根據莊子精神，各種不同材能的個體，若能經由對話的風
範，相互尊重，相互理解，就能形成整體力量。彼得·聖吉即曾強
調：這種「修練」需由培養「對話」能力開始，讓團體成員停止虛
構的假設，而進入眞正的「共同思考」。希臘文中，dialogos代表，
藉著一群人來達到意義的自由流動，而群體也能由此發掘出個人無
法獲得的洞見。**⑪**這種精神既能達成一體性，也能尊重個體性，與
莊了很相通，深具現代意義，也深值共同的重視。

㈤　法天貴真

根據莊子精神，在對話過程中，最重要的即爲眞誠，要能相互
開誠布公，無話不談，才能去除私心，透過眞性情的交往，進而共
同開創光明。此即莊子所稱「法天貴眞」的精神。

莊子這種精神，透過「虛心待物」，很能改善定見，去除成見，
達到重新整合的效果，對企業界也同樣很有啓發性。

例如，彼得·聖吉在《第五項修煉》舉例，荷蘭皇家殼牌是最
早認識加快組織學習種種好處的大型企業之一，因爲他們很早就發
覺，潛藏的心理定見影響力太驚人。殼牌在70、80年代歷經全球石
油業的巨變，仍能一枝獨秀，相當大程度，是由於他們學到，如何
去浮現並挑戰管理人的內心定見。他曾強調：

改善定見，首先要把鏡子照向自己，學習把內在想法攤出來，

接受嚴格審視，同時還要能以富學習性的談話方式，讓大家
有效發表想法，再讓想法與想法相互影響。❻

彼得‧聖吉在此所說「改善定見」（mental models），與其
所述，「自我超越」（personal mastery），均與莊子的超越哲
學極爲相通；至於他另外強調的「系統思考」（system thinking）、
「建立共同遠景」（building shared vision）、以及「團體學
習」（team learning），❻也均與莊子「道通爲一」、「萬物一
府」的開闊通達精神，不謀合。綜合而論，這五項「修煉」，正可
以代表莊子精神的五項特色，所以深值企業界共同重視

另外，莊子在〈山木篇〉中也曾強調：

> 夫以利合者，迫窮禍患害相棄也；以天屬者，迫窮禍患害相
> 收也。夫相收之與相棄亦遠矣。

因此，任何公司如果只是純然以「利」相結合，碰到困難，必
定迫於形勢而相棄。唯有以天性眞誠相感召，才能眞正共患難，也
才能眞正得人心。公司若碰到不景氣，「相收」與「相棄」之間，
差別影響當然很大。由此充份可知「以利相合」的毛病，以及「以
天相屬」的重要，此中精神，對企業界也深具啓發性。

除此之外，柯林斯也曾說：通用公司的主要建築師史高隆
（Alfred P. Sloan）有明顯而強烈的造鐘導向，但是史隆製造
的時鐘，沒有靈魂，他只製造出冷酷、不講人情、沒有人道精神、
純粹在商言商、完全務實取向的時鐘。因此，彼得‧杜拉克
（Peter Drucker）細心研究過通用和史隆後，寫出鉅作《公司的

觀念》，他在這本書裡，簡要的說明了這種情形：他認為「公司」這個機構若失敗，大部分是一種可以稱為「科技官僚」的態度造成的。❻因此，針對這種很多西方公司容易造成的通病，莊子所說「法天貴真」，便是極重要的藥方，深值重視與警惕。

(六)　薪火相傳，目標明確

莊子在〈養生主〉中，有句名言：「指窮於為薪，火傳也，不知其盡也。」代表「燭薪」有燒完的時候，但火種卻能永遠傳承，沒有窮盡。

這種「薪火相傳」的精神啟發，主要在提醒領導人，選擇繼承人時，必定要以能夠「善繼目標」為第一要義。唯有如此，才能成功的傳承，否則就會中途衰竭斷絕。非但經營國家應有此警覺，經營企業同樣應有此重大原則。

例如50年代，梅維爾公司發生的例子便是很好證明。當時華德・梅維爾（Ward Melville）發現自己還沒有適當的安排好繼承人，但因為他「非常想退休」，所以急切的想把公司交給別人。結果公司急遽的衰落，後來梅維爾評論說：「我震驚的發現，人選不當居然能讓業績惡化得這麼快速。」接著梅維爾展開一年之久的尋找，希望找到一位外人當執行長，來挽救公司。幸運的是，梅維爾最後明智的放棄找外人，改為培養公司內部一位有前途、後來證明非常能幹的執行長。❻

此中重要原因，便是新任領導人，能遵循公司本有的理念、目標、與根本的價值觀，因而不致產生斷層。

除此之外，迪士尼公司即使在選擇外人時，也會刻意盡最大力

量，保持意識形態的一貫性。負責指導尋找外界人才的雷·華森
（Ray Watson）找上艾斯納，不僅是因為他在業界有輝煌的紀錄，
也因為艾斯納對迪士尼的價值觀，能夠充份了解和欣賞，而且真正
毫不保留的擁護。此所以一位迪士尼人扼要的說明：「艾斯納變得
比華特·迪士尼還華特·迪士尼。」**⑥⑥**

廉托羅拉公司重經理人羅伯蓋文，也曾以親身經歷強調：

> 我們認為最重要的責任，是確保高級經理幹才的連續性。我
> 們總是追求擁有能力已經得到證明的後備人選，追求利用調
> 職訓練的計劃，以便讓主要人選做最好的準備。而且我們對
> 繼承人的規劃一直保持得很公開…我們相信延續性具有極高
> 的價值。**⑥⑦**

另如深懂「美國企業精神」的米勒，也曾明白指出

> 領導人與經理人之差別，可以『目標』二字來總結。領導人
> 對目標有至高無上的遠見，並能把目標灌輸給別人，從而產
> 生無比的力量。**⑥⑧**

凡此種種，均充份證明，莊子以「火」象徵光明目標，並以「
薪火相傳」提醒世人，如果所傳非人，缺乏共同目標，其後果將非
常可怕。這種警惕，無論對經營國家，或經營公司，均深具重大啓
發性，極值共同重視。

註　解：

❶ 《替你讀經典》，台北市天下雜誌發行，民83，pp.105

❷ Lawkance M.Miller： "American Spirit Visions Of A New Corporate Culture"，中譯本，《美國企業精神》，台北市卓越公司出版，民73，pp.11

❸ 同上，pp.13

❹ 同上，pp.14

❺ 《策略大師》，台北市天下雜誌發行，民84，p.154

❻ 同上，pp.162

❼ 《面對大師》，台北市天下雜誌發行，民83，p.37

❽ 同上，p.39

❾ 《替你讀經典》，台北市天下雜誌發行，民83，p.30

❿ 同上，p.27

⓫ 《軍略大師》，台北市天下雜誌發行，民84，p.225

⓬ 《替你讀經典》，台北市天下雜誌發行，民83，p.96

⓭ James Collino & Jerry Porras "Built to Last"，中譯本《基業長青》，台北市智庫文化公司，民85，p.99

⓮ 同上，pp.99－103

⓯ 同上，p.106

⓰ Daniel Goleman, "E Q: Emotional Intelligence"，中譯本《E.Q》，台北市時報文化公司，p.115

⓱ 同上，p.116

⓲ 同上，p.312

⓳ 中譯本《基業長青》，台北市智庫文化公司，民85，pp.106-107

⓴ 同上，p.107

㉑ 同上，p.112

㉒ 同上，p.113

㉓ 同上，p.117

㉔ 高曼，《E.Q》，前揭書，p. 116

㉕ 同上

㉖ 《基業長青》，前揭書，pp.64-66

㉗ 同上，pp.64－65

㉘ 同上，pp.65－66

㉙ 《替你讀經典》，前揭書，p.110

㉚ 《策略大師》，前揭書，p.9

㉛ 《替你讀經典》，前揭書，p.150

㉜ 同上

㉝ 同上，pp.165

㉞ 莊子，〈齊物論〉

㉟ 《策略大師》，前揭書，pp.165-166

㊱ 同上，p.166-167

㊲ 《面對大師》，前揭書，pp.13

㊳ 《美國企業精神》，前揭書，pp.44

㊴ 同上，pp.44

㊵ 高曼，《E.Q》，pp.63

㊶ 同上，p.63

㊷ 同上，p.63

㊸ 同上，p.63

㊹ 同上，p.109

㊺ 同上，p.109

㊻ 同上，pp109－110

㊼ 同上，p.110

㊽ 同上，p.110

㊾ 《美國企業精神》，前揭書，p.83

㊿ 《基業長青》，P.121

51 《美國企業精神》，前揭書，p.69

52 《基業長青》，p.122

53 《替你讀經典》，前揭書，p.69

54 同上，p.97

55 同上，p.113-114

56 《美國企業精神》，前揭書，p.96

㊆　民86、4、8，中國時報專訪內容

㊈　《美國企業精神》，前揭書，pp.152-153

㊉　《策略大師》，前揭書，p.207

⑥　同上，pp.211

⑥　《替你談經典》，前揭書，p.103

⑥　同上，p.101

⑥　同上，pp.99-103

⑥　《基業長青》，pp.78-79

⑥　同上，p.268

⑥　同上，p.270

⑥　同上，p.251

⑥　《美國企業精神》，p.41

第五章　管子管理哲學 及其現代應用

前　　言

　　從事功而言，中國哲學史中，最有事功的一位哲學家，就是管子。因為，管子是中國唯一當過宰相的哲學家，而且是一位很成功的宰相，能夠「九合諸侯，一匡天下」的宰相。

　　管子的主要特色，在於能夠結合哲學思想與實際政經問題，促使哲學不攻蹈空，同時政治經濟建設又含有人文理想，不致淪為權力政治。所以研究管子的管理哲學，具有很重大的意義。

　　尤其，從管子的管理哲學來看，管子也可說是中國歷代哲學家中，最關心財經問題、也最瞭解財經問題的一位。基本上，他能夠將政治、經濟、哲學融為一體，形成當今國際思潮強調「PPE」（Philosophical Political-Economy）的主流，所以益發值得重視。

　　特別是，管仲的功績，深得後世景仰，孔子曾經稱讚管仲為「仁者」，對子路說；「桓公九合諸侯，不以兵車，管仲之力也。如其仁，如其仁。」又對子貢說：「管仲相桓公，霸諸侯，一匡天下，民到于今受其賜。微管仲，吾其被髮左衽矣！」（《論語・憲問》）因此，研究管仲成功之道，對現代管理深具啓發性。

　　另外，司馬遷也曾說：「九合諸侯，一匡天下，管仲之謀也。」「管

仲卒，齊國遵其政，常彊於諸侯。」（〈管晏列傳〉）就連諸葛亮隱
居隆中時，也曾「每自比於管仲」（《三國志·諸葛亮傳》）充份可見
管仲的成功偉業，深受後代欽佩。

綜合而言，管子能將人文精神融入法家制度，並將王道原則融
入霸業發展，形成重要特色，對今天管理界也深具重大的現代意義，
所以值得特別研究與弘揚。

第一節　何謂管理的本質？

根據管子哲學，管理的本質，一言以蔽之，就是「富國強民」。

管子在〈形勢解〉曾經說：「主之所以爲功者，富強也；故國
富民強，諸侯服其政，鄰敵畏其威。」因此「富強」，就形成管子
哲學中，管理的根本目標，也形成其管理的本質。

在管子的時代，所謂「國富民強」的效果，就是諸侯都能信服，
鄰敵都能敬佩。在今天來講，就是國家威望遠播，國際地位崇隆。
應用在管理界，就是企業形象良好，競爭力能夠名列前矛。

那麼，如何才能做到呢？如何才能貫徹這管理本質呢？

管子特別強調，最重要的就是要能「得人」。能夠得人，就能
勝利成功，否則必定衰弱失敗。此所以管子〈五輔篇〉中說：

> 古之聖王，所以取明名廣譽，厚功大業，顯於天下，不忘於
> 後世，非得人者，未之嘗聞。暴王之所以失國家，危社稷，
> 覆宗廟，滅於天下，非失人者，未之嘗聞。今有土之君，皆
> 處欲安，動欲威，戰欲勝，守欲固；大者欲王天下，小者欲

> 霸諸侯；而不務得人。是以小者兵挫而地削，大者身死而國
> 亡。故曰：人，不可不務也，此天下之極也！

根據管子，「人不可不務也，此天下之極也」，代表「務本」
之道，就在「務人」，這是天下最根本的管理之道。唯有如此，才
能「明名廣譽，厚功大業，顯於天下，不忘於後世」。對現今管理
界，同樣深具啟發性。

那麼具體而言，什麼才是「本」呢？如何才算正本與務本呢？

在〈霸形〉中，管子就說：

> 齊國百姓，公之本也。人甚憂飢，而稅斂重；人甚懼死，而
> 刑政險；人甚傷勞，而上舉事不時。公輕其稅斂，則人不憂
> 飢；緩其刑政，則人不懼死；舉事以時，則人不傷勞。

在〈五輔〉中，管子更明確的強調：「夫霸王之所物也，以人
為本。」

另外，管子在〈霸言〉中，也曾經明確指出：

> 夫爭天下者，必先爭人。明大數者，得人；審小計者，失人。
> 得天下之眾者王，得其半者霸。

換句話說，管子在此很能充份瞭解人心，所以提醒齊桓公，務
本之道，就是經營民心，爭取百姓。凡人民不喜歡的，千萬別做，
人民有需要的，必需快做。此中精神啟發，非但對經營國家很有幫
助，對經營企業同樣很有助益。

那麼，如何才算「爭人」、「得人」呢？

　　根據管子，大道之行應該扶持萬物，滋養萬物，使得萬物生育成長，並能充份發揮潛能。此中既包含「人」，也包含人的周遭萬類。此即管子〈形勢解〉中所說：

> 道者，扶持萬物，使得萬物生育，而各終其性命者也。故或以治鄉，或以治國，或以治天下，故曰『道之所言者一也，而用諸異』。

　　然而，領導人在「扶持萬物」之中，又應如何做法，才能真正符合大道？

　　此即管子在〈法法篇〉中強調，政者，「正也」，「過與不及皆非正也」。因此管理的本質，也應由此正本清源做起。管子曾經說：

> 政者，正也。正也者，所以正定萬物之命也。是故聖人精德立中以生正，明正以治國。故正者，所以止過而遂不及也。過與不及也，皆非正也。

　　管子此中精神，強調「聖人精德立中以生正，明正以治國」，代表先從內在心靈立德，並以此大德生正，從而推廣治國，據以務本得人心，那使在管理界，也深具啓發性。

　　尤其，現代管理思潮，多半將經營國家的理念，同樣運用在經管企業。因此管子在此能成就霸業的秘訣，便深值現代企業界重視。

　　例如，哈佛大學競爭策略大師波特·邁可，其重要特色就是將經營國家，視同經營企業一般，因此非常注重競爭力策略。他就曾經比較各國競爭力情形，特別強調：

日本競爭力的培養，政府就出了很多力。除了不斷鼓勵企業
創造很難被取代的本地特色之外，也與企業攜手建立「聚群」，
並刺激「聚群」成長、擴散。……若要學習日本的成功模式，
世界各國的企業與政府都應不斷要求自己，在自己的家鄉，
培養持續且獨特的競爭優勢。❶

　　波特在此特別強調「本地的特色」，並且指出，各國政府與企
業，應先「在自己的家鄉，培養持續且獨特的競爭優勢」，基本上
也與管子這「種務」本的精神，完全相通。

　　另外，波特認為政府功能，除了創造「本地特色」的企業外，
即在與企業界攜手建立「聚群」，並刺激「聚群」成長擴張，若能
充份達到國際化，即能成就現代的企業霸業。波特在此所說，應用
在管理上，也與管子所說「扶持萬物，使得萬物生育」完全吻合。
管子在哲學上所稱「萬物」，即相當於波特在企管上所稱「聚群」。
由此充份可證，管子精神即使在現化仍深具重大意義。

　　換句話說，根據管子精神，政府治國之道，在於整合各種民間
力量，扶持他們共同生產發展，並且鼓勵企業界建立「聚群」，刺
激他們充份成長擴散，以期各自能完成理想，邁向成功。如此藏富
於民，藏競爭力於民，自然就能「國強民富」，整體國家的競爭自
然也能大幅提界。此中精神，與波特的主張完全相通，所以深值共
同重視。

　　另外，根據日本管理大師大前研一看法，當今企業家必需具備
「主動出擊優勢」的精神，才能造就富強霸業，這與管子的精神也
可稱完相通。大前研一曾經以松下幸之助為例說明：

筆者認爲松下幸之助天生就具備通曉主動出擊者優勢的本
能。『在風雲際會的變動中，仍使用古老生產設備、抱持意
識是不行的』、『有非常的破壞，才有非常的建設』、『少
修正，要懂得捨』、『不要怕多花錢，結果還是勝算』，松
下幸之助的這些思想，正是主動出擊者的優勢思維方式。❷

上述這些「主動出擊」的思維方式，其背後的根本精神，也正
是管子追求「國強民富」的主動精神，更是管子完成霸業的根本。
所以深値重視。

管子的生長年代，正是列國紛爭的時期。當時舊秩序解體，但
新情勢未明，風雲際會之中，充滿了混亂，但也充滿了機會。管仲
能在窮困之中，力爭上游，歷經戰亂，終於脫穎而出，究其根本精
神，即在能於混亂中抓住「得人心」的要領，勇於配合人心，創造
新勢，絕不拘泥於舊教條，而能勇於推動新政策，一切以民心爲依
歸。這種精神氣魄，足以除舊佈新，普得民心，正是大前研一所說「
主動出擊優勢」的精神，對於爭取現代「專業霸業」非常重要，深
値企業共同重視。

大前研一便曾強調，舊秩序的解體確實帶來新的機會，但是最
後眞正脫穎而出的，並不是舊財閥體系的人馬，而是那些不拘泥現
況的脫韁之馬。也就是那些沒有高學歷、不怕「有所失」的人。他
並指出，將「不拘泥，樸實心」奉爲信條的松下幸之助，即爲典型
例子。松下幸之助把「廢舊建新」（scrap and build）作爲終生
的座右銘，這正是「主動出擊者優勢」的精髓所在，也與管子精神
完全相通。

　　另外，大前研一又曾指出，真正的成功者，不必拘泥小節，甚至不必拘泥學歷，重要的還是積極主動的企圖心。他說：

> 松下電器的松下幸之助、夏普（Sharp）的創業者早川德次、以及一手創立三洋電機的井植歲男都沒有讀過大學。……
>
> 令人覺得不可思議的是，這些人所創立的公司群，都是高科技企業，三洋、松下、京都陶瓷、歐姆龍皆是。這些冠蓋全球的戰後高科技企業，竟然不是那些帝國大學或研究所出身的人所創立，反而是由一群小學畢業，頂多是專科學校出身的人所創建。❸

　　同樣情形，台灣的《經營之神》王永慶，並非出身台大或研究所，而是從低學歷中刻苦勤奮，加上過人的企圖心與高明的判斷力，才成就了台塑王國。如果說，「台塑」也屬現代「專業霸權」，則其成功的動力，同樣與管子不謀而合：亦即「務本」、「得人」，能注重管理的紮根工作。

　　此所王永慶曾比喻，以一棵樹為例，「人們注意的，往往只是茂盛的枝葉，而忽略了看不見的根部」❹。

　　因此，台塑管理的第一大特色，就是「只求根本，不求結果的求本精神。而其落實方法，則是「大處著眼，小處著手」。

　　這也正是王永慶所說：「我做的不是大政策，我忙的都是點點滴滴的管理」。❺

　　此中精神，與管子成就霸業的特色可說完全相通——從大處著眼，「以國強民富」為根本，但又能從小處著手，所以經常關心人民點點滴滴的切身福利，俾能切實贏得人心，通過「務人心」而做

到「務根本」。

另外，王永慶又曾說明，其「追根究柢」與「求本精神」，主要來自中國古代經典《大學》所說的「止於至善」。他說：「我這一生中深深感覺，中國的哲學，一句可以終生利用的話，也就受益無窮。」然後他進一步指出，「要追求止，即是根源」❻。事實上，《大學》在此所說，與管子強調的務本功夫，完全不謀而合。充份證明，管子思想至今仍極具重要的現代意義。

此所以管子也曾強調，「心安，是國安」，「心治，是國治」的道理。他說：

> 聖人裁物，不爲物使。心安，是國安也；心治，是國治也。
> 治也者，心也；安也者，心也。（心術篇）

換句話說，管子認爲務本之道，即在「治心」之道，能使人民心安，才能使國家安定。這與《大學》所稱「知止而後能定，定而後能靜，靜而後能安」，可說完全相通，說明管理本質應先從「心安」的務本與務人做起，即在今天，仍深具重大的啓發。

事實上，這也正是管子在〈君臣篇〉所說：

> 明君順人心，安情性，而發於眾心之所聚。是以令出而不稽，
> 刑設而不用。先王善與民爲一體。與民爲一體，則是以國守
> 國，以民守民也。然則民不便爲非矣。

換句話說，根據管子精神，如果領導者能「順人心，安情性」，做到「務本」與「務人」的紮根工作，便能深得人心，進而「善與民一體」。能夠與民一體，打成一片，自然就能充份發揮競爭力，

做到國強民富的霸業。經營國家需要如此，經營企業同樣需要如此，所以的確深值管理界共同重視。

第二節　為何要管理？

若問管子，為什麼要管理？其答案可歸納如後

(一) 四維不張，國乃滅亡

管子在〈牧民篇〉曾說：

> 國有四維，一維絕則傾，二維絕危，三維絕則覆，四維絕則滅。傾可正也，危可安也，覆可起也，滅不可復錯也。何謂四維？一曰禮，二曰義，三曰廉，四曰恥。禮不踰節，義不自進，廉不蔽惡，恥不從枉。故不踰節，則上位安，不自進，則民無巧詐，不蔽惡，則行自全，不從枉，則邪事不生。

因此，根據管子，必需善用「禮義廉恥」等四維，做為管理的基礎，否則國家會便危險，甚至會傾覆。

但「禮義廉恥」這四維，仍為道德範圍的管理，仍然缺乏外在約束力，所以管子更進一步，強調「法法」的重要性。

他在〈法法篇〉中，就曾指出法治的必要：

> 不法法則事毋常，法不法則令不行。令而不行，則令不法也；法而不行，則修令者不審也；審而不行，則賞罰輕也；重而不行，則賞罰不信也；信而不行，則不以身先之也。故曰：

禁勝於身，則令行於民矣。

換句話說，根據管子，如果不能遵行法治，不能建立制度，則事無常規，法令不行，賞罰不信，如此必定會走向衰敗。

美國寶鹼公司在慶祝150周年時，其前任執行長約翰·史梅爾（John G.Smale）曾經強調：

> 我們必須以維繫公司的活力為己任，以公司的實踐成長和發揚光大這種制度為己任，以便這家公司，這種制度，再延續另一個一百五十年，以便它延續千秋萬載。❼

寶鹼公司這種精神，注重「制度」，而不是炫耀「個人」，便是管子「法法」的重要觀念。因為人的生命有限，無法延續一百五十年，但制度生命却可無窮，可以「千秋萬載」，有數不盡的一百五十年。由此充份可知，管子注重「法治」甚於「人治」的精神，至今仍深具啟發。而其二千多年前，即能有此遠見，的確令人欽佩。尤其管子能同時提倡「四維」與「法治」，對於現代管理，仍然深具現代意義，亟值共同重視。

(二) 民情人性，需要導正

根據管子精神，人性的特色在「趨利避害」，因此如何「因勢利導」，化人性弱點為積極的力量，就需要高明的管理導正。

管子在〈禁藏篇〉曾說到：「凡人之情，見利莫能勿就，見害莫能勿避。」因此，管子很務實的結合人性常情，因勢利導，如此既能合理的滿足人性需要，也可技巧的化為經營動力。

此所以，管子在〈五輔篇〉中說：

> 然則得人之道，莫如利之；利之之道，莫如教之以政。故善
> 為政者，田疇墾而國邑實，朝廷閒而官府治，公法行而私曲
> 止，倉廩實而囹圄空，賢人進而奸民退。

根據管子，民之所好好之，才是成功的管理。所以民既好利，領導人就應儘量幫忙其得利。他認為，善為政者，必定是從民生福利開始經營，務使倉稟充實，而監獄空虛，這才是真正能得人心的管理。

另外，管子在〈形勢篇〉中又說：

> 人主之所以令則行、禁則止者，必令於民之所好，而禁於民
> 之所惡也。民之情莫不欲生而惡死，莫不欲利而惡害。故上
> 令於生、利人，則令行；禁於殺、害人，則禁止。令之所以
> 行者，必民樂其政也，而令乃行。故曰：「貴有以行令也。」

換句話說，管子深知民情與人性，因而能夠根據人性好惡，扣緊民情形成政策。正因「民之情莫不欲生而惡死，莫不欲利而惡害」，所以經營者若「令於生、利人、則令行。」經營國家固然應如此，合乎民意，經營公司亦然。這種精神便深值重視與力行。

日本知名社會觀察家堺屋太一曾在1993年出版《組織之盛衰》，堺屋以為，日本歷史中，快速成長最大的組識，首推豐臣秀吉所成立的「豐臣家」，他即曾以「豐臣家」的成敗為例，說明領導人能否結合人性重要，實為成敗的重要關鍵。

豐臣秀吉在三十五歲時，由一介平民指揮幾個人起家，不到三

十年間，成為全國霸王。其成功的關鍵，先是憑著個人指揮監督能力，帶著一群人性中強烈追求成長與擴充的武士，充份滿足他們需要，因而得以統一日本全國。

然而，豐臣家猶如一般成長導向的企業，一旦全國霸業完成，組織不再成長，便產生了「人事壓力併發症」。過去因應成長導向而膨脹的人士，眼見升官無望，因此士氣低落、紀律鬆弛、倫理頹廢。❽此時若無法因應人性中的需要，便會逐漸斷走向衰徵。

由此充份證明，成也人性，敗也人性，唯有結合人性，因勢利導，才能永續經營。管子在此特色，便深具重大啟發性。

(三) 教訓成俗，形罰省數

管子在〈權修篇〉說到：「凡牧民者，使士無邪行，女無淫事；士無邪行，教也，女無淫事，訓也。教訓成俗，而刑罰省數也」。

根據管子，凡牧民的君主，要能透過教訓成俗，形成社會制約力量，使士無邪行，女無淫事。如此才能防患未然，轉變人性，也才能真正減少刑罰。

換句話說，這與現代管理觀念──多蓋教堂、多蓋音樂廳，就能少蓋監獄，可說有同工異曲之妙。而其共同原因，都在肯定人性需要教育與訓誡，才能納入社會正道。

當然，管子因為時代限制，只單方面強調要使「女無淫事」，而未對男性做同樣約束，明顯難脫男性中心的色彩，在現代男女平權的時代，自應在管理方面，對男女皆平等對待才行。

尤其，任何單位之中，如果因為外在環境轉變，而使內在成員可能受到影響，容易突顯人性的負面因素，進而產生紛亂，此時就

尤需上位者以身作則，強調教養人格，以促進人性內斂的風格，然後才能在安定中再求發展。

此所以日本堺屋，曾以豐臣秀吉的失敗例證，以及德川家康的成功例證，對照分析，引以為訓。豐臣秀吉出兵朝鮮不利之後，內部組織人心浮動，人性種種負面因素出現，導致組織紛亂、崩壞。後來，德川家康則記取豐臣秀吉的教訓，在全國霸業統一後，便改「成長導向」為「安定導向」，並推出「修養人格、追求勤勉」的理念，讓武士能內斂修養。❾，果然因此而穩定社會，能夠長治久安。

這種教訓對企業界很有啟發，因為「成長導向」的公司如果太膨脹，便會疏於內部管理；一旦成長太快，無法消化，更會產生亂因。所以此時必需先穩住人心，改成「安定導向」的管理，才能穩健的繼續前進。

尤其，如果在上位者，因為私心太重，而背離法治，偏離正道，將更為成為亂源。此時人臣若也上行下效，失去常道，只知逢迎，則必定加速敗亡。所以管子在〈君臣篇〉中特別警惕世人：

> 為人君者，倍道棄法，而好行私，謂之亂。為人臣者，變故易常，而巧官以諂上，謂之騰。

另外，管子在〈任法篇〉中說：

> 夫私者，壅蔽失位之道也。上舍公法而聽私說，故群臣百姓，皆設私立方以教於國，群黨比周以立其私，請謁任舉以亂公法，人用其心以幸於上。上無度量以禁之，是以私說日益，

　　而公法日損，國之不治，從此產矣。

　　換句話說，根據管子精神，國家敗亡根源，最重要的就是「私」心。「私」字，既會壅塞眞相，矇蔽智慧，更會導致權位喪失。所以這時必需上下共同警覺，加強管理，改進風俗才行。

(四) 順從民心，才能成功

　　管子在〈牧民篇〉中曾強調：「政之所行，在順民心。民惡貧賤，我富貴之；民惡危墜，我存安之；民惡滅絕，我生產之」。因爲順從民心，才能成功。應用在管理界，「民心」即指顧客心裡，亦即消費者的心理。對當今管理界，也具有極大的啓發性。

　　此地所稱的「消費者」，正是管子所說「得人之道，莫如利之」，如果要抓住消費者的心，最好的方法，莫如扣緊消費者的喜好，而不是投專家之喜好。

　　例如，楊雪蘭曾任職美國葛瑞（Gery）行銷策略公司三十年，並任通用汽車(GM)副總裁，她就曾說到：

　　　　所謂高品質產品是顧客心目中認定的高品質，而不是客觀的科學家定義的高品質。❿

　　她並曾舉例強調，雖然美國客觀的咖啡品嘗專家認爲，好咖啡是濃郁有勁的黑咖啡，但是，美國消費者習慣喝立即沖泡的淡咖啡。專家認爲，消費者喜歡的口味是很差勁的咖啡，但是，對消費者來說，這就是他們喜歡的口味。所以，她結論是「我們必須要注意的是消費者的喜好，不是專家所認定的標準。」這就是管子所說「順

民心」的精神。

尤其，根據楊雪蘭的經驗，顧客心理除了要求品質優良，還要求更多「附加價值」，謀求其最大利益，這就需更深入瞭解，充份配合，才能真正邁向成功企業。

楊雪蘭並曾舉更多例證，說明「配合顧客心理」的重要性：

> 康百克電腦運用顧客認定的產品品質，和IBM在市場上一爭長短。康百克的技術比不上IBM，但是康百克知道顧客需要——或是說顧客定義的品質，是不佔空間的可攜帶式電腦。他們並沒有了不起的科技突破，不過就是了解顧客需求。現在康百克進一步把電腦、傳真機、電話都放在一部機器上。對於科學家來說，這或許沒有什麼大不了的技術，因為速度可能慢一點，可使用的記憶容量可能小一點，但不佔空間的三合一電腦產品，就是顧客定義的附加價值所在。⓫

除此之外，她又說到：

> 出色的品牌形象（quality image）反映出顧客對品牌品質的嚮往，這是第二個增加附加價值的方法。品質形象是人對自己外表形象的期望，會隨時間改變。美國現在流行一種所謂的邋遢（grunge）裝，他們穿上肥大的布袋褲，舊舊的夾克，穿起來像是街頭無家可歸的流浪漢。以前是穿新衣服，現在則花錢把衣服弄得舊舊的，這就是顧客定義的高品質，也是他們希望自己呈現出來的樣子。他們不希望自己穿得光鮮亮麗，反而喜歡看到自己穿著輕鬆自在、隨便的樣子。⓬

另外，她又緊接著指出：

> 第三個用以增加產品附加價值的方式是，整體美好的消費經
> 驗（quality experience）。這個意思是，不論消費者購
> 買這個產品，擁有這個產品，還是使用這個產品，囊括一切
> 的完整經驗就是品質。難道麥當勞只因為賣漢堡才成功嗎？
> 當然不是。漢堡還不錯，但是這只是消費者吃的部份，麥當
> 勞成功在提供價廉物美的完整經驗。麥當勞乾淨、友善、方
> 便、有效率、使用簡單、好玩，這些完整的經驗就是附加價
> 值，使得麥當勞之所以為麥當勞。別人可以開一家好吃的漢
> 堡店，卻很難成為麥當勞，因為他們大概不能提供所有的經
> 驗。這就是麥當勞神奇的地方，他們了解顧客買的不只是漢
> 堡。❸

另外，楊女士更深一層強調，忠誠品牌關係的重要性：

> 增加產品附加價值的最後一個方法，是維持品牌品質和顧客
> 終身忠誠的品牌關係（quality brand relationship）。
> 可口可樂是一個負面例子。可口可樂一直和顧客長相左右，
> 突然之間可口可樂改變了配方。通常消費者會覺得不錯，但
> 是，因為這個產品的品牌資產分量太重了，消費者覺得可口
> 可樂這個老朋友永遠不會改變，突然改變它，就像是把媽媽
> 變了一個人似的，顧客非常生氣，這個產品也就一敗塗地。
> 所以，可口可樂又把它改回來，現在的廣告口號是：『永遠
> 的可口可樂』，這一次，他們總算抓住了重點。❹

最後，楊女士有段精彩的總結：「品質資產就像一個銀行戶頭，儲存著你在顧客心中建立起來的價值。大家願意花大錢買品牌，是因為品牌代表一種資產。產品來來去去，品牌才是需要持續不斷建立的。」⓯

換句話說，公司一定能抓住顧客心理，才算「抓住重點」，楊雪蘭的這些例證非常明確生動，提醒管理界，綜合上述產品附加價值，就形成顧客心目中最重要的品牌價值。唯有充份結合顧客的心理需要，才能算真成功。這可說將管子「順民心」的精神，發揮得淋漓盡緻，深值共同重視。

第三節　何時需要管理？

根據管子精神，什麼時候需要管理？其答案可以歸納如後。

㈠　組織效果不彰的時候

管子曾經強調，「法而不行，則修令者不省也，省而不行，則賞罰輕也。」對於管理界，同樣深值重視。

換句話說，如果組織中有「法」，卻不能行，必定有其原因，此時就必需詳加分析，檢討法令是否過時，是否不切實際、或缺乏可行性，然後立刻修法改進，才能真正成功。

日本管理專家堺屋太一便曾經指出：

> 在歷史上，創造大組織的巨人有漢朝的劉邦、蒙古帝國的成吉思汗、明朝的朱元璋。其中最令人佩服的是劉邦、漢朝統

治中國前後長達四百年，是歷史上著名的長期統一政權。劉邦依賴的不是個人的能力，而是組織統治的成功。**⑯**

此中所說，「組織統治的成功」，正是管理霸業的關鍵。如果組織法令效果不彰時，明顯需就要重新檢討了。

所以管子在〈任法篇〉中也曾強調：

> 故曰：有生法，有守法，有法於法。夫生法者，君也；守法者，臣也；法於法者，民也。君臣上下貴賤皆從法，此謂為大治。

此中精神，強調「君臣上下貴賤皆從法」，絕無特權，絕無例外，共同遵守，才是組織能夠健全運作的主因。如果任何時候，組織運作失常，效果不彰，便應切實從中加強管理。

此即管子在〈任法篇〉中所說，如果「法不平，令不全」，也是「奪柄失位」的失敗之因。

> 故明王之所操者六：生之，殺之，富之，貧之，貴之，賤之。此六柄者，主之所操也。主之所處者四：一曰文，二曰武，三曰威，四曰德。此四位者，主之所處也。籍人以其所操，命曰奪柄；籍人以其所處，命曰失位。奪柄失位，而求令之行，不可得也。法不平，令不全，是亦奪柄失位之道也。

堺屋太一在《組織的盛宴》中，也曾特別強調，如果因為組織龐大，各部門只見局部，未見整體，此時就有賴領導人儘快整合調適。

組織一旦巨大，各部門滋生，往往只看到局部的目標，久缺全體視野，因此領導人必須綜合調整，尤其是做好調整焦距的工作。

另外，堺屋太一也提及幾個有關組織目的的問題，深值重視：「一、原本成立組織的目的與日後組織成員自己所想的目的，未必相同。二、原本只是為達成全體目標的手段，卻成為部門的目的，反過來妨害了全體的目的。三、組織的目的與組織成員的目的不同。」凡此種種，均有賴領導人重新檢討法制規定的精神，儘早明快改進，否則就會失敗失位。

除此之外，麥凱（Harvey Mackay）在《攻心為上》（Swim With the Sharks)中，也曾經指出：

> 企業家總是未雨綢繆，敢於在事物未損壞之前便先行修理——因為他們天生就喜歡尋找新的挑戰。❼

換句話講，任何組織的成立，必需有靈敏的反應，勇於防患未然，未雨綢繆，如果一旦失去這種功能，對因應問題的效果不彰，便需立刻檢討管理之道。

㈡　組織缺乏主動出擊精神的時候

管子非常注重主動出擊的精神，應用在管理上，就是非常注重主動解決問題的管理方式。此其所以在〈形勢解〉中，曾經指出：

> 民之從有道也，如飢之先食也，如寒之先衣也，如暑之先陰也。故有道則民歸之，無道別則民去之。

　　管子在此所說「有道」，即今天所說「抓住民心」，並能「主動結合」，應用在管理上，即能抓住顧客的心，並能主動配合，甚具重大啓發性。

　　此所以日本企管大師大前研一曾指出，《今日美國》的小型報刊，因爲簡單明瞭，在工商界忙碌的美國社會中，反而能抓住民心，所以深獲歡迎。

> 　　《今日美國》的報導風格以簡單易懂爲宗旨，不像《紐約時報》抱著「我們是最偉大」的權威心態。《今日美國》每天一定會介紹幾項統計圖表並附上說明短文，以平易近人的方式讓讀者獲取有用的資訊。雖然對於看慣《華爾街日報》的人來說，內容可能略嫌不足，不過至少在全美發生了什麼事情？世界發生了什麼事情？人們應該知道的是什麼事情的報導上，《今日美國》確實是略勝一籌。⓭

　　另外，大前研一再以美國電視爲例，說明有線新聞網(CNN)成功的主因，目標同爲深具主動出擊的精神特色。

> 　　長期以來，美國的電視都由美國廣播公司（ABC，American Broadcosting Company）、哥倫比亞廣播公司（CBS，Columbia Broadcosting Station）、全國廣播公司（NBC，National Broadcosting Co.）這三大傳播網所支配。這三家電視公司總部都設在紐約最繁華的商店街，這種情形一直持續到十年前，亞特蘭大的泰德·透納（Ted Turner）開始突破三大電視網的藩籬。透納所設立的美國有線電視新聞

網（CNN，Cable News Network）其新聞中心設立的地點，
既不是華盛頓，也不是紐約，而是位於美國南方的亞特蘭大。
節目方面，CNN授權給節目製作人，由他們自行設計內容，
因此，每個節目都各具特色。

目前，全球已有二百一十個國家與領土可以看得到CNN的節
目。聯合國的會員國也不過一百八十九個國家，由此可見
CNN的影響力確實非比尋常。⑲

因此，大前研一分析：為什麼贏家總是主動出擊者，而輸家總
是原有的主流企業呢？

這是因為獲利的大企業絕對不會有預測未來、挑起戰端，並提
出克敵致勝的方案。經營者的態度向來都是抱著「這個看法很不錯，
但是，可不能損及現在的收益喔！」「然而，如果遇到更強的敵手，
可是沒完沒了啦！」這種嚴重矛盾的論調豈有不衰退的道理。

大前研一在此所稱「異端者」，其實正是勇於出新點子，勇於
主動出擊的人，能有這種精神，充滿靈敏銳氣，才能掃除暮氣，邁
向成功的此中精神特色，深值共同重視！

凡此種種，均與管子的稱霸因素極為相通。因為管子非常強調
領導人的敏銳度，有了敏銳度，就能隨時主動出擊，解決問題，此
其所謂：

> 民之從有道也，如飢之先食也，如寒之先衣也，如暑之先陰
> 也。故有道則民歸之，無道則民去之。（形篇解篇）

因此，大前研一在結論中指出：

　　總之，非主流取代主流的時代已經來臨。如果以傳統主流企業的角度來看，這個即將來臨的新時代可稱爲『異端者的時代』吧！而當時代潮流大幅變動的時候，以傳統邏輯思考事務的主流企業，將顯得格格不入。反而是那些身在傳統潮流外的人，才更清楚看見事業機會之窗。另外，有決心且不患得患失的人，也比較容易貫徹到底。從昭和時代的舊秩序眼光來看，這些非主流的人或許是『異端者』；但若以平成時代的新秩序或世界潮流的角度來看，也許過不了多久，這些人反而會被許多人奉爲『眞正的地球人』呢！

　　除此之外，大前研一也曾舉日本爲例，指出一場「專類新霸權」與「舊霸權之爭」已經展開，而勝負關鍵，端視能否有主動出擊的精神：

　　　　日本企業今日所面臨的危機，已非管理技術所能克服的。在舊秩序已解體的情形下，有些企業仍在舊有傳統秩序中，做困獸之鬥；有些企業則完全拋棄傳統包袱，大步邁向前，開啓事業機會之窗。一場專類新霸權與舊霸之爭，已經展開。」❷⓪

　　因此，大前研一認爲，這一刻最需要的就是回歸「主動出擊者優勢」（attacker's advantage）」的原則。❷①這也正是成功的企業新霸主，所最需要的精神特色。事實上；也同樣是管子能成功稱霸的重要特質，所以深值共同重視。

(三)　組織反應僵化的時候

管子在〈七法篇〉曾強調：

> 言是而不能立，言非而不能廢，有功而不能賞，有罪而不能
> 誅，若是而能治民者，未之有也。

這就提醒今天管理界，任何組織，如果因為規模龐大而僵化，
或因為適應緩慢而退化，或因自滿自大而同質化，均會導致失敗。
在這些時候，均應儘早加強管理。

此所以，日本管理專家堺屋太一也曾經指出，組織滅亡的三大
原因，歸根結柢，均因僵化引起。他說：

> 組織若滅亡，也有三大原因：第一是機能體的共同體化。軍
> 隊、政府、企業等機能體一旦共同體化，危機便因應而生。
> 機能組織成為共同體的根本原因，是組織倫理的頹廢。譬如
> 大藏省（財政部）主計局只考慮財政均衡，卻未考慮國民經
> 濟的均衡；銀行局為考慮保護金融機關，卻未能考慮到存款
> 者的利益……。共同體化的最終弊害是提早衰退。共同體化
> 的極致是使組織成為命運共同體，最濃密的表現是共同的死。
> 共同體化的組織只追求內部公平，不顧組織外在危機，即使
> 業績衰退，薪水比外人低，也會共享這種經濟受難快感。❷

換句話說，「共同體化」固然可以凝聚內部共識，但如果不顧
外在危機，缺乏靈敏反應，這種「命運共同體」，不能相互惕勵，
只會相互陷溺，當然不足為訓。

另外，堺屋又說：

> 組織滅亡的第二大原因——對環境過度適應，如恐龍的滅亡。
> 在地球上繁殖六千萬年的恐龍，爲何突然在短期間滅亡？恐
> 龍爲了適應遠古時代地球濕潤的環境，所以長成巨大動物，
> 一旦地球環境變化成乾燥、寒冷，恐龍未能及早進化成較適
> 合新環境、體積小的哺乳動物，於是在短期間立即消滅。組
> 織也容易產生同樣現象。近代的機能組織分工愈來愈細、愈
> 專門化，然而愈是專門化人才，反而不能適應變遷中的社會
> 技術。㉓

這也就是說，任何組織如果未能及早適應社會變遷，掌握社會
脈動，則可能因反應緩慢而消滅。這也是深值現代管理界警惕的重
點。

除此之外，堺屋又指出：

> 組織滅亡的第三大原因——埋沒在成功的經驗。組織比個人
> 更容易沈溺在成功的經驗中。有些戰法一旦成功，這些功勞
> 者自然成爲主流派，擁有較強的權威與權力，因此不斷吸收
> 同樣想法的人，勢力愈來愈大，使日後判斷的觀點，有所偏
> 失。㉔

換句話說，任何組織如果同質性太高，容易排斥不同意見，並
且導致判斷錯誤。另外，也可能排斥不同性質的人材，如此一來，
組織生命與格局便會萎縮，發展也會有限。此時便需擴大胸襟，容
納異己，並提昇管理的格局才行。

（四）　組織缺乏預防能力的時候

管子很早就指出，一個國家必須預防多種危機，然後才能加強警惕。此中道理對經營公司同樣深具啓發。他曾經列舉六項人主應該預防的問題，非常中肯：

> 人主好佚欲，亡其身失其國者，殆；其德不足以懷其民者，殆；明其刑而賤其士者，殆；諸侯假之威，久而不知極已者，殆；自彌老不知敬其適子者，殆；蓄藏積，陳朽腐，不以與人者，殆。（樞言）

所以管理大師杜拉克（Peter Trucker）也曾有段名言發人深省：

> 今日的管理，必須提高其預防問題及發掘機會的能力，不論是對個人、企業或國家，這種新能力都是創造未來優勢的主要來源。

換句話說：「預防勝於治療」，非但是身體健康之道，也是公司健全之道。任何公司如果本身很有預防問題的能力，即代表深具預警的制度，以及自我反省的作風。這也代表深具推陳出新的創造能力，所以深值共同重視。

所以管子又曾強調：

> 不爲重寶虧其令，故曰：不爲愛親危其社稷，故曰：社稷戚於親。不爲愛人枉其法，故曰：法愛於人。不爲重祿爵分其威，故曰：威重於爵祿。不通此四者，則反於無有。

　　換句話說，任何公司領導人，如果因為金寶而歸其令，如果因為私心愛親而，危其社稷，因為私心愛人而枉其法訓，如果因為重祿爵而分其成則會「反於無有」，公司一切會歸於泡影。管子在此提醒領導人，有四項應該警惕的毛病：「不為重寶虧其令，不為愛親危其社稷，不為愛人枉其法，不為重祿分其威。」這「四不」的精神，同樣代表應該預防問題、防患未然、不要自己製造問題，對於管理界同樣深具啟發性。

　　另外，《管子》第二十四篇，通篇題名為「問」。問，即今日所稱「調查」，可說是我國古代的一份內容豐富、保存完好，價值珍貴的「社會調查提綱」。全篇圍繞「立朝廷、治國家」的中心，提出了極為具體的調查條目，廣泛地涉及到社會生活的各層面。諸如民生、吏治、刑獄、軍備以及地方官吏的政績考核等等，都列入了專題調查的範圍。

　　而且，管子在要求調查時，既要有對事物數量的統計，又要有對事物性質的分析。調查綱要設計者，政治經驗之豐富，思慮問題之縝密，實為中外古籍的記載所罕見。全文計有六十五項調查綱目，用二十四個「問」字加以統括，文法累變而不窮。因此大陸郭沫若譽為「可與《楚辭、天問》並美」，趙用賢贊為「真天下之奇文」。❷更重要的，則是透過這問題調查，充份能預防管理上的錯誤，這正是杜拉克所稱「創造優勢的主要來源」，至今仍深具啟發意義。

　　除此之外，管子第二十六篇，題名為「戒」，同樣代表防患未然的精神。全篇所敘，都是管仲勸戒桓公的重點。管仲諄諄勸戒桓公，游樂不可忘懷百姓疾苦，不可釀成荒亡之行；治民不可役使無時，苛刑重斂；治政不可不善處各國關係，不可不識忠奸賢愚，親

小人而遠賢臣。這些都可謂執政的「寶法」。❷同樣也可稱爲「管理」寶法，深值共同重視。

此即管子在〈戒篇〉所說：

> 先王之游也，春出，原農事之不本者，謂之游；秋出，補人
> 之不足者，謂之夕。夫師行而糧食其民者，謂之亡；從樂而
> 不反者，謂之荒。先王有游夕之業於人，無荒亡之行於身。」
> 桓公退再拜命曰：「寶法也。

換句話說，根據管子所提的這些戒律，以及各種預防未然的問題，看似只是消極的防弊，其實本身即含有積極的興利在內。因爲，關掉所有失敗之門，本身正是開創成功之鑰，杜拉克稱此爲「新能力」，的確爲創造新契機的關鍵，深值現代管理界參考。

(五)　組織不能同心的時候

管子曾經在〈法禁篇〉中，以武王伐紂爲例，說明上下「同人心」的重要性。對於管理界深具啓發性。

> 昔者聖王之治人也，不貴其人博學也，欲其人之和同以聽令
> 也。〈泰誓〉曰；「紂有臣億萬人，亦有億萬之心。武王有
> 臣三千而一心。」故紂以億萬之心亡，武王以一心存。故有
> 國之君，苟不能同人心，一國威，齊士義，通上之治以爲下
> 法，則雖有廣地眾民，猶不能以爲安也。

換句話說，縱然紂王看似版圖很大，擁有億萬人，但卻離心離德，形成億萬心。但武王以三千人，卻能做到「一心」，所以最後

仍能成功。這對管理界具有重大意義，對於能否「犧牲小我，完成大我」的訓練也很重要。另外，根據管子精神，評選真正的人才，並不在乎其是否博學，而應看其能否「和同以聽令」。同樣深值重視。

除此之外，管子在〈中匡〉也強調，亡國的原因，主要在未能爭取人心，再次指出了「上下同心」的重要性。此即管子在〈中匡〉所說：

> 公又問曰：「古之亡國其何失？」對曰：「計得地與寶，而不計失諸侯；計得財委，而不計失百姓；計見親而不計見棄。三者之屬，一足以削，遍而有者亡矣。古之隳國家、隕社稷者，非故且為之也，必少有樂焉，不知其陷於惡也。」

那麼，如何才能上下同心呢？

管仲在〈戒篇〉中說得很具體，充份展現了務實的精神，曰：

> 昔先王之理人也，蓋人有患勞，而上使之以時，則人不患勞也；人患飢，而上薄斂焉，則人不患飢矣；人患死，而上寬刑焉，則人不患死矣。如此而近有德，而遠有色，則四封之內，視君其猶父母邪。四方之外，歸君其猶流水乎！

另外，管子在〈子匡〉中，對於如何愛民，也有很精細的分析：

> 公修公族，家修家族，使相連以事，相及以祿，則民相親矣。放舊罪，修舊宗，立無後，則民殖矣。省刑罰，薄賦斂，則民富矣。鄉建賢士，使教於國，則民有禮矣。出令不改，則

民正矣。此愛民之道也。

除此之外，管子〈心術篇〉，更明確指出「私者，亂天下者也」，更可說一針見血，指出失敗者的病根：

> 是故聖人若天然，無私覆也；若地然，無私載也。私者，亂天下者也。

換句話，任何組織如領導人有私心，必定影響向心力，進而破壞同心，所以「私」之爲害，實爲一切敗亡的亂源。經營國家固應有此戒心，經營任何公司也應有此警覺。管子在此所稱內容，的確深値管理界共同警惕！

第四節　從何處管理？

若問管子，應從何處管理？其答案可歸納如後：

首先，根據管子精神，「恩威並重」，應是最重要的入手管理之處。此即管子在〈形勢篇〉所說：「且懷且感，則君道備矣。」

因爲，管子非常注重「順民心」，也就是臨之以恩，然而，管子同時也很重視立威勢，也就是立之以威。此所以管子在〈明法篇〉中強調，「人主之所以治臣下者，威勢也。」如此恩威並重，正是管子認爲應首先注重的管理關鍵。

就順民心而言，管子根據人性通色，認爲「凡人之情，見利莫能勿就，見害莫能勿避」（禁藏），所以他主張應先滿足人性這種需要，才能真正獲得民心。

因此，在〈牧民篇〉中，管子針對民心需要，強調要能以民之所「利」利之，才是管理重點，他說：

> 凡有地牧民者，務在四時，守在倉廩。國多財，則遠者來，
> 地辟舉，則民留處；倉廩實，則知禮節，衣食足，則知榮辱。

因此，管子可說是中國歷代哲學家中，最為重商的一位。因為他很瞭解，「民生第一」的道理，以及為民謀利的重要。所以《史記·齊太公世家》也講到：「太公治國修正，因其俗，儉其禮，通商工之業，便魚鹽之利，人民歸齊焉。」正因為管仲能在宰相任內「通商工之業，漁魚鹽之利」，深得人心，所以「人民歸齊」。這種重商謀利的精神，在管理界即代表「在商在商」的特性，也很具有啓發。

例如彼得·杜拉克便曾說到：

> 成功的企業家之所以會成功，因為他們的價值觀和心態都是
> 商業，如果讓他們去做商業以外的事，大多數企業家恐怕都
> 不行。所以，談責任是沒有意義的，關切（concern）會是
> 比較恰當的說法。㉗

另外，大前研一也曾指出，以利潤導向的重要性：

> 筆者在二十幾年就認為，能將世界最好、最便宜的商品，在
> 最短的距離內，用最快的時間交到顧客手上的企，將是勝利
> 者，今天總算看到具體的例證。
> 唯有藉世界其他最適切的生產基地，以最短距離結合最有魅
> 力的顧客市場，才能把成本壓到最低。這樣的作法，就是管

理上所謂「零基體制」（zero-based organization ）❷⑧

　　除此之外，大前研一並曾以「玩具反斗城」的總裁拉薩魯斯（Charles　Lazarus）爲例，他和日本麥當勞藤田社長這兩位主動出擊者，目前已經開始攜手合作，展開新事業。玩具反斗城直接從玩具製造廠進貨，在其連銷店內銷售，整個過程完全電腦化。由於大量採購，所以價格會比其他玩具店便宜二至三成。即使老遠開車到反斗城買玩具也還划算。而玩具反斗城就以這套系統起家，並在全美擴展版圖，建立據點。玩具反斗城可說將美國玩具界，徹底變革爲「顧客導向。」❷⑨這也證明了管子「以民之所利爲利」的精神，的確至今仍深具啓發性。

　　事實上，這也正是邁克・韓默所說：

　　　　總體來看，任何企業都逃不開兩個衡量標竿：一個是獲利，
　　　　一個是客戶滿意。這兩樣東西永遠是最重要的。❸⑩

　　除此之外，麥凱在《攻心爲上》一書，也曾指出：

　　　　十之八九的訴訟案會在法官判決之前自行解決，原因是：即
　　　　使再大的仇敵，只要有利可圖，雙方都會面對面坐下來好商
　　　　量，這總比爭吵來得強罷。只要能讓你的對手相信交易對他
　　　　們有利，你就沒有什麼生意做不成。❸①

　　這種特色與管子在〈禁藏篇〉中，所說：「利之所在，雖千仞之中，無所不上，深源之下，無所不入焉。」可說精神完全相通。

　　另外，大前研一又說明，西北航空公司是將環境變化轉變爲事

業機會最成功的例子。西北航空採取了「飛機只是交通工具、只提供乘客方便與低廉票價」的策略,例如,餐飲等附加服務全面停止供應,相對地,票價便大幅降低。爲了對抗大型航空公司根據供應面經濟理論所設計的大都市樞紐幅射路線,西北航空開闢了許多將直接目的地連結起來的短距離路線,同時增加飛行班次。結果,西北航空是法律管制撤除後,唯一每年仍保持盈餘的航空公司。❷歸根結柢,仍證明管子「重視利益」的看法正確。

除此之外,湯姆·畢德士(Tom Peters)在《解放管理》(Liberation Management)中,也建議企業主管:

> 時時提醒自己,辦企業應該像辦嘉年華會——減到最低的總部員工、在個別攤位上拉生意的小販、自由上門的顧客以及設備完善的場地。重點就在掌握那股迸發的動力,引導決策運轉。CNN就是這樣。從泰德特納在1978年想出二十四小時全天性新聞的瘋狂構想開始,對CNN來說,資訊變成了流行、企業宛如嘉年華會。畢德士從它的亞特蘭大總部實地觀察,CNN每一天、每小時都在創新自己。爲了維持新聞隨要隨有、現場採訪播出的特色,總部與各個分部之間,隨時連繫會商,發展出毫不拘泥、當機立斷的快速決策模式,而難得的是,在最前線的採訪者依舊能夠掌握充分的自主。❸

凡此種種成功例證,均可證明,管子強調應重視工商業的利潤,並多重視人民利益,要能以此觀念經營,才能眞正銳意革新與成功。

另外,日本名管理學家大前研一也曾指出:

當前美國流通業者有一流行的術語叫「專類霸權」（category killer）。意指在某種專類別中，撲殺其他業者的企業。例如日本西服業的青出商事、酒類、化妝品業的河內屋酒販，滑雪用品的勝利公司，照相機、電器產品的澱橋照相機公司等，皆可稱之。而青出西服選定男士西服這個專門類別，以一套三萬日圓到五萬日圓、且屬於購買頻率低的耐久消費財爲對象，獨霸產業界，這種做法正是美國流通革命的核心。❸❹

事實上，這種「獨霸產業界」的雄心與做法，與管子能稱霸「九合諸侯」，在精神上也完全能相通。

那麼，青山商事爲什麼能夠以這麼低的價格銷售呢？大前研一認爲，答案就在於跨業界的事業種建。他並說：「其實，與其說是事業重建，本質上實是全面流程變革，而麥肯錫企管顧問公司的用語則是「核心程序重設計」。它眞正的意義不只是公司內部的事業重建，並含蓋公司以外、上下游各部分，甚至業界整體的重建。❸❺

這種整體重建的工程，事實上，也正是管仲輔佐齊桓公，得以一刷舊政、整體重建的工作，同時也正是其能夠一匡天下，創立霸業的原因。歸根究柢，也因能夠對內收攬民心，對外威鎮諸侯，均以「恩威並濟」爲重點，所以深值共同重視。

尤其，針對「勢」的重要，管子在〈法法篇〉中強調：

> 凡人君之所以爲君者，勢也。故人君失勢，則臣制之矣。勢在下，則君制於臣矣，勢在上，則臣制於君矣。故君臣之易位，勢在下也。

另外，管子在〈明法篇〉也說過：

> 群臣不敢欺主者，非愛主也，以畏主之威權也；百姓之徵用
> 也，非以愛主也，以畏主之法令也。

根據管子看法，群臣與君主非親非故，彼等所以不敢欺上，並不因爲眞愛君主，而是因爲恐懼威權。同樣情形，百姓因爲畏懼法令，才願被徵用。因此，某種程度的威權管理非常必要。這種看法顯示管子做爲法家的一面性格。在現代管理界，也有一定的啓發。

換句話說，管子認爲，領導人除了對人民要能導之以利外，也要擁有權勢，立之以威，如此恩威並重，才能眞正成就霸業。這對現代管理也很有重大的啓發。

其次，根據管子精神，「確立中心理念」，也是重要的管理入手關鍵。

「中心理念」可說即管子哲學的「道」，亦即西方管理學者所稱「核心意識型態」，或者基本的價值觀。

此所以管子在〈重令〉篇中說：「有道之君，行法修制，其民服也。」同樣情形，任何公司若要令「民服」，增進員工的向心力，必須領導者有堅定的中心思想，並落實於法規制度。

管子在〈權修篇〉說到：「申之以憲令，勸之以慶賞，振之以刑法，故百姓皆悅爲善，則暴亂之行無由至矣。」此中精神，對今天管理界也有極重要的啓發。

所以美國名管理學家史丹福大學教授柯林斯，即曾以迪士尼公司的成功爲例，說明「確立中心思想」的重要性：

只要是迪士尼的員工，不管是什麼階級和職位，公司要求每個人都要參加迪士尼大學的新生訓練（也叫做迪士尼傳統）課程，這所大學是公司內部的社會化和訓練組織，迪士尼設計這個課程，目的是要向迪士尼團隊的新人，介紹其傳統、哲學、組織和做生意的方式。❸❻

柯林斯曾深入分析，迪士尼很注重其創辦理念，甚至稱之為「神聖的意識型態」，並以此判定是否「忠誠」。他說：

事實上，迪士尼像教派一樣的文化，可以追溯到創辦人華特‧迪士尼，他把自己和員工的關係看成好比父親和子女，期望員工全心全意的奉獻，要求員工對公司和公司的價值觀，無虧無愧的忠誠，熱心、而且，最要緊的是，忠心的迪士尼人可以犯誠實的錯誤，得到第二次（通常還有第三、第四和第五次）機會；但是，違反公司神聖的意識形態或表現出不忠誠……，這就是罪惡了，要受到立即而無禮開除的懲罰。　❸❼

另外的著名例證，便是IBM。IBM在二十世紀上半葉聲譽鵲起，IBM前執行長小華森談到這段歷程，描述IBM早期的環境時，說是像「教派一樣的氣氛」。這種氣氛的起源，可以追溯到1914年，他父親老華森接任時，開始刻意創造一個由堅貞之士組成的組織。老華森在牆上貼了一些口號，像是「失去的時間永遠找不回來」「停滯不動絕不可能」「我們絕對不能自滿」「我們賣的是服務」「員工代表公司的形象」等等，❸❽做為激勵人心的標語。

到30年代，IBM已經完全制定好教導、灌輸的過程，創造一個

完整的學校，用來培養和訓練未來的公司職員。小華森在「父子同心締造IBM」（Father, Son and Co.）這本書裡寫道：「這所學校的每一樣東西都意在激發忠心、熱誠和崇高的理想，IBM認為這些是成功之道。前門有（IBM無所不在）的座右銘『思考』（THINK），每一個字母都有兩呎高，一走進去，是花崗岩的樓梯間，意在讓學生踏上樓梯去上每天的課程時，產生奮發向上的心態。」❸

老資格的員工穿著「中規中矩的IBM服裝」，負責授課，並且強調IBM的價值觀，每天早上，學生在四周貼滿公司各種座右銘的標語和口號的環境下，要站起來，選唱《IBM歌本》（Songs of the IBM）裡的歌，歌本裡包括美國國歌條旗進行曲，封面內頁是IBM的公司歌「永遠奮進」（Ever Onward）。❹

另外，柯林斯並引述1985年版《美國最適宜就業的百大公司》。這本書裡，描述IBM這家公司「把自己的信念像教會一樣制化……結果形成一家充滿虔誠信徒的公司（你不虔誠的話，可能不會舒服）……有人把加入IBM比做參加教團或從軍……如果你了解陸戰隊，你就會了解IBM……你必須樂於放棄部分自己的個人意識，以便生存下去。」

1982年，《華爾街日報》有篇文章指出，IBM的文化極為深入，以致有一位任職九年後離開的人說：「離開這家公司就像移民一樣。」凡此種種，均充份證明，「中心理念」對成功經營的重要性。

柯林斯便指出：

的確如此，IBM在整個歷史中（至少到本書寫作時為止），都實施員工必須嚴格符合公司的意識形態的政策，IBM前行銷副總

裁巴克·羅傑斯（Buck Rodgers）在他的著作《IBM風範》
（The IBM Way）裡說：「IBM早在雇用員工之前，就是在
第一次面談時，就開始把公司的哲學灌輸給他們，對某些人
來說，『灌輸』意味著『洗腦』，但是我倒認爲其中……沒
有什麼不好的。

基本上，IBM告訴任何想進來公司工作的人說：『注意，這
就是我們做生意的方式……我們對於做生意代表什麼意義，
擁有很特別的看法，如果你替我們工作，我們會教導你怎麼
對待顧客，如果我們對顧客和服務的看法跟你不合，我們就
分手吧，而且越早分手越好。』❹

　此地所說「公司的哲學」，即「公司的中心理念」，對凝聚向
心力至爲重要。IBM的例證，對管理界提供極爲典型的參考。此所
以柯林斯所說的評論極爲中肯，深値重視：

IBM獲致最大成就，展現最能適應世界變化的傑出能力時，
正是IBM教派一樣的文化，表現得最強烈的時候。❷

　另外，柯林斯也曾分析十八對公司中，對「中心理念」堅持的
情形。證據顯示，有十三家高瞻遠矚公司在整個歷史中，表現出比
對照公司更強烈的配合情形，通常員工不是極爲符合公司及其和意
識形態的要求，就是一點都不符合（不相信就滾蛋）。

　除此之外，柯林斯教授也曾分析：

總括三個層面（灌輸信仰、嚴密契合、菁英主義）而言，十八對公司裡，
證據顯示有十四家高瞻遠矚公司在整個歷史中，比對照公司表現

出更強烈的教派主義，有四對沒有明顯的差異。❸

由此充份可見，「中心理念」對成就一家高瞻遠矚的公司，確實具有絕對的影響。

柯林斯教授甚至強調：

> 我們發現，高瞻遠矚不表示柔弱和沒有紀律，正好相反，因為高瞻遠矚公司對於自我認知、事業目的和想要達成的目標，都說得極為明確，不願意或不符合公司嚴格標準的人，在公司裡通常沒有多少生存的空間。❹

換句話說，「堅定中心理念」，在此代表「神聖的意識型態」，如果對此違反或不忠，不願意或不符合標準的人即會成為「罪惡」，「在公司裡通常沒有多少生存空間」，這也正如同管子所說的「不牧之民」「繩之外，誅」，甚至要加以開除，兩者在此看法可說相通。

總之，這種中心理念，在國家層次，即為國家認同；在公司層次，則為公司認同，乃是凝聚公司向心力的最重要根據，所以深值共同重視與力行。

第五節　何人能管理？

若問管子，什麼人才可以管理成功？其答案可歸納如後：

首先，根據管子精神，要能尊重制度的人，才能經營成功。

此所以，管子曾經強調：

法者，天下之儀也，覺儀而明是非矣。

另外管子在〈任法〉中也說：

> 聖君任法而不任智，任數而不任說，任公而不任私，任大道
> 而不任小物，然後身佚而天下治。失君則不然，舍法而任智，
> 故民舍事而好譽；舍數而任說，故民舍實而好言；舍公而任
> 私，故民離法而妄行；舍大道而任小物，故上勞煩，百姓迷
> 惑，而國家不治。

換句話說，管子強調，真正成功的領導人，依法行事，絕不仗
恃權謀，並且必行大道，絕不鑽營旁門左道；最重要的，根據制度
運作，而絕不自命高明，形成強人領導。這對管理界也極具啟發。

此所以西方管理學家麥凱曾經強調：

> 任何一個人，若是深感自己是不可或缺的高手，都應該好好
> 稱稱自己的份量，其實你沒那麼重要的。❹

這段話的重點，也在強調，真正成功的經營者，應注重建立制
度，以法治為準，而不應太注重人的因素，以免成為人治。此即管
子所說「以法擇人」的重要道理。

另外，管子曾講：「法者，天下之程式也，萬物之儀表也。」
這句話強調，法律是天下運轉的程式，是萬物運行的儀表，所以必
須要根據法制，眾人才有所遵循，這就是說明了法制的重要性。

像王永慶就非常重視建立法制。他曾說：「企業規模愈大，管
理愈困難，如果沒有嚴密的組織和分層負責的態度，作為規範一切

人、事、財、物運用的準繩，據以徹底執行，其前途是非常危險的」。
法制化的反面就是人治化，而人治最大的毛病就是會私心作祟。一
旦私心太重，就會壅蔽失位根據管子精神，大家若均營私，「國之
不治，從此產矣」。

事實上，不只國家的領導人應有此警惕，任何企業的領導人也
應有此警惕。必需及早建立法制，才是可大可久之道。

另外，管子也曾在〈明法解篇〉中，再次強調，「治國使眾莫
如法」的重要性：

> 凡人主，莫不欲其民之用也。使民用者，必法立而令行也。
> 故治國使眾莫如法，禁淫止亂莫如刑。故貧者非不欲奪富者
> 財也，然而不敢者，法不使也；強者非不能暴弱也，然而不
> 敢者，畏法誅也。故百官之事，案之以法，則姦不生；暴慢
> 之人，誅之以刑，則禍不起；群臣竝進，筴之以數，則私無
> 所立。故〈明法〉曰：「動無非法者，所以禁過而外私也。」

換句話說，根據管子精神，法制若能眞正建立，「則私無所立」，而
且唯有「動無非法」，才足以嚇阻很多非份私心邪欲。

此即管子在〈明法解篇〉所說：

> 明法者，上之所以一民使下也；私術者，下之所以侵法亂主
> 也。

管子在此精神，強調私心足以腐蝕公司法則，混淆領導人的判
斷，所以領導人必需建立法制化的管理，才能公平服眾。這種睿智，

即在今日都深具重大的啓發性。

其次，根據管子精神，眞正成功的領導人，「永遠的知道應該在什麼時候，什麼地方控制大局」，也就是深知本身責任所在，能夠做出正確決定。

所以，彼得·杜拉克曾經說到：

> 領導人的唯一定義，就是有追隨者的人。我在二次大戰期間，曾經爲馬歇爾將軍工作，他是我很尊敬的一位偉大領導者。……他永遠知道應該在什麼時候、什麼地方控制大局。**⑯**

另如，日本堺屋太一也曾以劉邦爲例，結合其對管理的啓發，指出其成功之道，主要在深懂領導人的責任：

> 劉邦不只懂得知人、用人、泰然安居高位，也深懂領導人的責任，即：一、明確宣示組織體的理念，不誤傳組織目的。立國之前，劉邦的目的是打勝戰，一旦確立霸權，劉邦轉身成爲秩序的形成者，首先明白確立漢朝的機能。二、決定好基本方針，並傳達之。劉邦明示漢朝的基本方針是追求有秩序的安定性，否定追求成長。三、綜合調整部門之間的矛盾。**⑰**

除此之外，西屋（Westinghouse）公司總裁喬登(Michael M. Jordan)，也曾說到領導人應備的三要件，非常中肯：

> 我常說，有效的領導者必須具備幾個層面的要件，第一、能夠說到做到，獲得成果；第二、能夠描繪企業遠景——市場

狀況如何、競爭者在做什麼、我們該怎麼做、如何超前等等；
第三、是對人的管理與激勵，最屬害的領導者不必自己來，
他會設下遠景、目標和指令，然後讓屬下以自己的詮釋與想
法去發揮，產生出十倍於此的價值來。❽

事實上，管子在〈立政篇〉有段名言，同樣提出領導者應警惕
的三要務，其中精神完全相通：

> 君之所審者三：一曰德不當其位，二曰功不當其祿，三曰能
> 不當其官。此三本者，治亂之原也。故國有德義未明於朝者，
> 則不可加於尊位；功力未見於國者，則不可授以重祿；臨事
> 不信於民者，則不可使任大官。……三本者審，則下不敢求。
> 三本者不審，則邪臣上通，而便辟制威。如此則明塞於上，
> 而治壅於下；正道捐棄，而邪事日長。

換句話說，根據管子精神，領導人必需審慎注意用人的三項重
要原則：第一，品德是否與其權位不稱；第二，功績是否與其薪祿
不配；第三，能力是否與其官位不稱。其根本精神，即在審查用人
是否放錯了「位」，是否適才適所。易經說：「聖人之大寶曰位。」
管子可說深諳其中精義，對管理界也深具啟發。

另外，管子也曾列舉領導人應慎重的關鍵，同樣很有現代意義。

> 君之所慎者四：一曰大德不至仁，不可以授國柄；二曰見賢
> 不能讓，不可與尊位；三曰罰避親貴，不可使主兵；四曰不
> 好本事，不務地利，而輕賦斂，不可與都邑。此四固者，安
> 危之本也。

此即堺屋太一所指：

> 德川家族相當懂得對人技術。德川將權、德、祿分開。德川
> 把權限給有權有能力的人，有實績的人則予高收入（祿），有
> 人望的人則給予高地位供奉。❹

事實上，德川這種精神，與管子明顯的極為相通，深值共同重
視。

再其次，根據管子精神，能夠「任人之長，容人之短」，才能
真正成功的領導。

所以管子在〈形勢解篇〉曾說：

> 明主之官物也，任其所長，不任其所短，故事無不成而功無
> 不立。亂主不知物之各有所長所短也，而責必備管子並曾舉
> 例說明，「夫慮事定物，辯明禮義，人之所長而蝝蝝之所短
> 也」，然而，緣高出險，蝝蝝之所長而人之所短也。以蝝蝝
> 之所長責人，故其令廢而責不塞。

換句話說，明禮義為人之所長，但爬高處却是猴之所長，如果
以猴之所長要求人，非但有危險，而且不公平。用人亦復如此。

真正英明的領導人，必需用人之長，包人之短，然後才能形成
整體的智慧，與團隊的精神。

此即管子在〈形勢解篇〉中所說：

> 海不辭水，故能成其大；山不辭土石，故能成其高；明主不
> 厭人，故能成其眾；士不厭學，故能成其聖。

　　麥凱在《攻心為上》中，也曾舉了很生動的例證，說明這項精神的重要。

　　BG公司反映了二種不同才能的人：葛蘭漢（Billy　Graham）本人及他的夥伴魏爾森（George　Wilson）。葛蘭漢是個典型的「對外先生」（Mr.　Outside）。他具體把他公司的形象展現給外人及內部職員。他的個性、領導風格、公眾魅力，雖然看不見，卻是公司旺盛士氣的泉源。

　　如果說葛蘭漢激勵了士氣，魏爾森則維持了公司內部的沉穩：他是「對內先生」（Mr.　Inside）：不愛出鋒頭、低沉的調子、永不疲倦、有一雙識人及明察秋毫的眼睛，隨和、溫暖，能與人一對一的溝通，並且對葛蘭漢絕對忠誠，用高效率、現代化的方式經營公司。

　　大多數公司，尤其是工廠，都需要這兩種人才：業務員帶回生意，經理人負責執行。但是你一定很驚訝有多少公司不瞭解，一個人很難同時擁有這兩種才能，甚至許多公司因為「對內型」和「對外型」的嚴重衝突，搞得四分五裂。❺⓪

　　「紐約時報雜誌」（New　York　Times　Magazine）寫過一篇文章，介紹華爾街一家投資銀行─雷門投資公司（Lehman　Brothers）─閱牆之爭的內幕。粗略地說，該公司的「對內先生」趕走了「對外先生」，結果不到一年，這家名聲響亮、有百年歷史的公司就被另一家喜而森公司（Shearson）吞併了。「對內型」的人認為自己足以應付公司的一切，他們終於嘗到了苦頭。

　　所以，只有把對內與對外的角色分開，才會真正大展鴻圖。❺❶此中啟發，即「任其所長，不任其所短」的特色，也正是管子所說：

「明主不厭人，故能成其衆」的精神。

　　因此，日本大前研一也曾指出：

> 最高決策者不需要事必躬親，而是找到適合這個事業的人才，
> 並創造一個自己不會防礙員工工作的企業環境。由伊藤榮堂
> 成功建立的7-Eleven創立之初，由於自己只了解其本業——
> 大型超市（GMS，Generl Merchandising Store），因此
> 決定把7-Eleven這個全新概念的事業全權託鈴木敏夫（現伊
> 藤榮堂社長）經營。並約束自己決不干涉鈴木的任何決定。

　　事實上，這也正是管子所說，能夠「用衆人之力，而不自預焉，
明主之舉事也，任聖人之慮，故事成而福生；亂主自智也，而不應
聖人之慮，精奮置功，而不因衆人之力，專用己而不聽正見，故事
敗而禍生。」

　　眞正成功的領導人，最重要的，是能夠用衆人之力，而不自命
高明，任意干預，更不剛愎自用，所以才能「事成而福生」，否則
就會「事敗而禍生」。管子在此所說重點，與現代管理成功之道，
可說完全相通。

　　此所以麥凱也曾經指出：

> 你該如何經營企業？你必須瞭解每一位員工的優點和缺點，
> 使他們個人建立對公司的強烈忠誠度，並且使每一個人都扮
> 好他的角色。❷

　　換句話說，成功的領導人「必須瞭解每一位員工的優點和缺點」，
「並且使每一個人都扮好他的角色」。此中管理精神，與管子非常

吻合,深值共同重視。

再其次,根據管子精神,需要「明智能斷」,才能夠成功管理。

齊桓公在〈小匡〉中曾問管子,他有三大毛病:「好田、好酒、與好色」,還能成功治國嗎?管子答,這些雖然是壞處,但並非最嚴重。作爲領導人,最嚴重的就是優柔寡斷與昏庸不敏。此即其所說:「人君唯優與不敏爲不可。」

因爲,「優則亡衆,不敏不及事。」由此可見,成功的領導人必需「明智能斷」,亦即要同時具備智慧與魄力——或稱判斷力與意志力,這項特色深值共同重視。

例如西屋總裁喬高便曾說過一段名言,與管子完全相通:

> 信心是管理技能很重要的一部份。最糟糕的管理者常是那種思考過度、卻始終定不下方向的人。就像許多人常說,相信你的直覺,其實直覺不只是感覺,它還要有相當的經驗和分析的能力。對自己思考問題、釐定方向、果斷決策的能力有信心,我個人認爲非常重要。而遠景綜合了常識與直覺在內。
> ❸

換句話說,領導人對正確的決策,應用魄力全力貫徹,前者是「明智」,後者是「能斷」,缺一而不可;不能雖然明智,但卻思考過度,優柔寡斷,也不能雖有決斷,但卻是錯誤的決定。

根據管子這種精神,應用在管理上,若要有明智的判斷,則領導人必需有完備的資訊,以供其從整體研判;另外,若要有果斷的決策,則領導人必需有親身投入的熱誠,讓員工感受其成敗與共的毅力。

此即邁克·韓默所說：

> 領導者的角色很特別，他必須親身投入，積極參與，視改造
> 這件事如自己的血肉。改造的執掌不是可以授權給他人或組
> 織的，必須由組織的最頂端親自參與。從另一角度看，改造
> 也必須要給員工工作上極大的獨立與自主。❺

換句話說，領導人若從事改革工作，必需以身作則，並且親身
投入；然後才能讓員工親炙其決心與風範，並能從第一綫得知完備
的訊息，做出正確的決定。

麥凱也曾強調：

> 一個「能幹的」經理人可藉由在工廠內四處走動，而比任何
> 人更早知道好消息。然而一個「傑出的」經理會最先得到壞
> 消息。沒有人願意承受壞消息，惹禍者也總是企圖遮掩。如
> 果你是領導階層人士，你必須鼓勵壞消息的流動，因爲不這
> 樣做的話，情形還會更糟。❺

另外，他又說：

> 眞正的經營專家要找到最好的企業情報，絕不可能得自一篇
> 報告或其他二手情報中，而是來自你與顧客及職員面對面、
> 經常、迅速、直接接觸的回饋。❺

由此充份可見，管子心目中成功領導人，既能在第一綫與員工
同甘共苦，瞭解人心所需，也能從高處綜覽全局，明智能斷；這在
今日管理界也極具啓發意義。

第六節　如何管理？

若問管子，如何管理才是成功之道？其回答可歸納如後。

根據管子精神，任何管理經營，均有六種應該振興的事情，此即所謂「德有六興」：「六者既布，則民之所欲，無不得矣」。那六興呢？管子在〈五輔篇〉說到：「厚其生」，「輸之以財」，「遺之以利」，「寬其政」，「匡其急」，「振其窮」。

換句話說，管子此中論點，應用在現代管理上，就是要讓員工的生活富裕，也要對員工經常獎勵，最實用的就是發放獎金；而且，既然人性通常是利益取向，就應朝其有利的方向配合，以公司來講，就是寬其稅務；若員工有什麼緊急的需要，更要能夠及時幫助；對於貧窮的員工，也應該特別地照顧。

簡單的說，管子在此強調的重點，就在知民苦、知民心，進而用具體行動加以支持與改進。

其次，根據管子精神，公司講話一定要有信用，有了公信力，才有公權力，這樣的公權力，才能使民眾心服。

此所以管子在〈樞言篇〉中強調：

> 先王貴誠信。誠信者，天下之結也。賢大夫不恃宗，至士不恃外權。坦坦之利不以功，坦坦之備不為用。故存國家，定社稷，在卒謀之間耳。

另外，管子在〈立政篇〉中也說：

> 憲既布，有不行憲者，謂之不從令，罪死不赦。考憲而有不

合於太府之籍者，侈曰專制，不足曰虧令，罪死不赦。首憲
既布，然後可以行憲。

這些都代表，管子非常注重公信力與公權力，既然法令已經頒
佈，便必需貫徹力行，也就是除了重視「立法」，同時也應重視「
執法」，並且要求「守法」，否則必定法辦。這種切實的法治精神，
無論對經營國家，或經營公司，均同樣重要。

再其次，根據管子精神，管理必需要走「正道」，要講「常道」，不
能經常「標新立異」，也不能經常任意變動，否則員工將會無所適
從。

此所以管子在〈法法篇〉中說：

規矩者，方圓之正也。雖有巧目利手，不如拙規矩之正方圓
也。故巧者能生規矩，不能廢規矩而正方圓。雖聖人能生法，
不能廢法而治國。故雖有明智高行，背法而治，是廢規矩而
正方圓也。

換句話說，任何領導人如果自命強人，「明智高行」，但却
「背法而治」，背離常道正道，則如同廢規矩而想正方圓，必定會
失去標準，縱然暫時得逞，結果仍會失敗！

所以，管子也在〈法法篇〉中，進一步指出：

明君公國一民以聽於世，忠臣直進以論其能。明君不以祿爵
所私愛，忠臣不誣能以干爵祿。君不私國，臣不誣能，行此
道者，雖未大治，正民之經也。

　　根據管子，「君不私國，臣不誣能，只要領導人不會公器私用，幹部不會濫竽充數，均能各守其分，各盡其心，有此常道，則雖非大治，也不遠矣。

　　再其次，管子也曾強調：「無私」的重要性，他說：「不知親疏、遠近、貴賤、善惡，以度量斷之。」這種客觀的標準，即使在現代也深具重大意義。

　　所以管子在〈任法〉中強調：

> 故主有三術：夫愛人不私賞也，惡人不私罰也，置儀設法，
> 以度量斷者，上主也。愛人而私賞之，惡人而私罰之，倍大
> 臣，離左右，專以其心斷者，中主也。臣有所愛而為私賞之，
> 有所惡而為私罰之，倍其公法，損其正心，專聽其大臣者，
> 危主也。故為人主者，不重愛人，不重惡人。重愛曰失德，
> 重惡曰失威。威德皆失，則主危也。

　　換句話說，管子將領導人分成三等；上等的沒私心，均以客觀法制為準；中等的以私心、好惡為準；最壞的「危主」，則是根本背離公法，拋棄正心。如此領導必定導致敗亡，無論對國家或對公司，均深具啟發性。

　　除此之外，管子之所以能夠有非凡成就，主要領導成功的因素，就在其有「明確的目標」——亦即要輔助齊國稱霸。正因他的目標鮮明動人，所以很能激發各種潛力與活力，能夠號召眾人，勇往直前，凝聚成驚人的動力。這對管理界至今仍具重大意義。

　　此所以柯林斯曾指出：

像登月任務一樣，真正膽大包天的目標都明確、動人，是眾
地成城的重心，經常創造出驚人的團隊精神。這種目標有一
個明確的終點線，達成目標時，組織上下都會知道；大家都
喜歡有一條終點線可以衝刺。膽大包天的目標可以促使大家
團結，這種目標光芒四射、動人心弦，是有形而高度集中的
東西，能夠激發所有人的力量，只需略加解釋，或者是根本
不需要解釋，大家立刻就能了解。❺

另外，麥凱在《攻心爲上》也說：

我的一位好友告訴我她對「目標」下的定義，這是我所聽過
最棒的：「目標就是在期限內必須達成的夢想。」寫下你自
己對目標的定義—因爲只有這樣，你才會把它當一回事、強
迫自己去實現它。❺

事實上，這也正是管子特色：先立定稱霸目標，再全力以赴。
綜觀中外成功公司，任何偉大成就，可說均根源於此精神，亦即透
過明確目標，形成「核心意識型態」。此即柯林斯所說：

有一個核心意識形態，是高瞻遠矚公司歷史發展中的首要因
素。就像偉大的國家、教會、學校或任何持久不墜機構的基
本理想一樣，高瞻遠矚公司的核心意識形態是一組基本的準
則，像基石一樣穩固的埋在土地裡，表明「這就是我們的指
導方針（我們認定這些眞理是不言自明的……），也像八十七年後
在蓋茨堡演說裡回響的指導方針（一個以自由立國的國家，衷心擁
護人類生而平等的主張）對一家機構而言，核心意識形態是至爲

根本的東西，很少改變。❺

另外，柯林斯也曾根據調查指出：

> 詳細的配對分析顯示，在十八對公司中，有十七家高瞻遠矚
> 公司較常受意識形態驅策，較不純粹受利潤目標驅策。我們
> 發現，這是高瞻遠矚公司和對照公司最清楚的差異之一。我
> 們當然不是說，高瞻遠矚公司對利潤或股東的長期財富沒有
> 興趣。不錯，他們追求利潤，可是他們同樣的也追求更廣泛、
> 更有意義的理想，盡量擴大利潤的目標並沒有主宰一切，但
> 是高瞻遠矚公司是在能夠獲利的情況下追求目標，他們同時
> 達成兩種目標。❻

另外，柯林斯也曾引證新力公司，進一步指出其成功之道，也
因其目標明確，並具有鮮明的意識型態：

> 尼克·李昂斯（Nick Lyons）1976年在《新力之夢》（The
> Sony Vision）這本書裡，指出這份說明書裡具體表現的理
> 想「過去三十年來，一直是新力的指導力量，即使在新力以
> 極為少見的驚人速度成長時，也只有少許的修正。」井深大
> 寫下這份說明書四十年後，新力執行長盛田昭夫用簡潔優美
> 的聲明，重新闡述公司的意識形態，稱之為「新力的先驅精
> 神」：「新力是先驅，絕對無意追隨別人，新力希望藉著進
> 步造福全世界，新力始終是未知事物的探索者……新力擁有
> 尊敬和鼓勵個人能力的原則……總是設法引導出一個人最好
> 的東西，這是新力公司的活力。❻

一家公司即使擁有世界最珍貴、最有意義的核心意識形態，
如果只是無所事事，或是拒絕改變，世界還是會拋棄它。就
像威頓所說的：「你不能只是繼續做以前行得通的事情，因
為你四周的每一樣事情都在變化，想要成功，你必須站在變
化的前面。」同樣的，小華森在他的小冊子《企業及其信念》
裡，深刻的記下一個驚人的警告：「一個企業組織如果要應
付世事不斷變化的挑戰，除了基本的信念之外，企業在向前
進時，必須準備改變本身的一切……組織中唯一神聖不可侵
犯的東西應該是它營業的基本哲學。⑫

此中所稱「組織中唯一神聖不可侵犯的東西，應該是它營業的
基本哲學」，正是管子所稱最根本的「道」。

因此，柯林斯所說：「成功＝決心＋設定目標＋專心」，可說
正是所有管理界深值重視的關鍵，也正是管子精神最核心的特色，
深值共同弘揚與力行。

註 解：

❶　《替你讀經典》天下雜誌公司，台北民85年出版，p22

❷　上述引均見大前研一，《異端者的時代》，天下文化出版，劉天祥中譯，
　　台北，民85年，pp42

❸　同上，P43

❹　《王永慶的管理鐵槌》，遠流公司，台北，民85年二版，p24

❺　同上，p32

❻　同上，p34

❼　《基業長青》，p3

❽　《替你讀經典》，pp124-125

❾　《攻心爲上》，天下文化出版，曾陽晴中譯，台北，民85年，p187

❿　《策略大師》，天下雜誌公司，台北，民84年，pp79-81

⓫　同上，pp80-81

⓬　同上，pp81-82

⓭　同上，pp82-83

⓮　同上，pp86-84

⓯　同上，p87

⓰　《替你讀經典》，p132

⓱　《攻心爲上》，p157

⓲　《異論者的時代》，p65

⓳　同上，p66

⓴　《異端者的時代》，p18

㉑　同上，p21

㉒　本段引文均見《替你讀經典》，pp138-141

㉓　同上

㉔　同上

㉕　《新譯管子》，民84年，台北三民書局，p483

㉖　同上，p499

㉗　《策略大師》，p134

㉘　《異端者的時代》，pp25-26

㉙　同上，p32

㉚　《策略大師》，p191

㉛　《攻心為上》，p100

㉜　《異端者的時代》，p62

㉝　《替你讀經典》，pp157-158

㉞　《異端者的時代》，p22

㉟　同上，p22

㊱　James Collins & Jerry Pokras "Built to Last" 《基業長青》，智庫文化出版，真如中譯，台北，民85年，p189

㊲　同上，p194

㊳　同上，pp184-185

㊴　同上，p185

㊵　同上，p186

㊶　同上，pp186-187

㊷　同上，p188

㊸　同上，pp183-184

㊹　同上，p181

㊺　《攻心為上》，p150

㊻　《策略大師》，pp138-139

㊼　《替你讀經典》，p133

㊽　《策略大師》，pp49

㊾　《替你讀經典》，p145

㊿　《攻心為上》，p123

51　同上，p124

52　同上，p125-126

53　《策略大師》，p54

54　同上，p191

55　《攻心為上》，p115

56　同上，p117

57　《基業長青》，p138
58　《攻心爲上》，p51
59　《基業長青》，p79
60　同上，p80
61　同上，p74
62　《基業長青》，p118

第六章　孫子管理哲學
及其現代應用

前　言

　　《孫子兵法》在中國公認是「兵學聖典」，早在漢代便確定爲兵學教範，南北朝以後尊崇爲「兵經」，唐代又稱爲「武經」，宋朝並欽命以武經正式頒布，作爲考試武學的依據，明清兩代相沿不改。另外，在世界各國也受到廣泛重視，被公認爲「東方兵學鼻祖」、「世界古代第一兵書」❶，其中很多重要原則，至今仍深具現代意義，而且應用在管理上，更有許多特殊的啓發，因而深値企管界共同研究與弘揚。

　　例如法國拿破崙在戎馬倥傯的戰陣中，仍經常攜帶法譯本《孫子兵法》，做爲用兵參考❷。日本從德川時代就已出現日譯本，名將武田信彥的軍旗上還繡有「風林火山」，即取自孫子〈軍爭篇〉。在日本，孫子被譽爲「兵聖」，其書被譽爲「武經之冠冕」、「韜略之神髓」、「世界第一兵家名書」❸。英國戰略學家利德爾・哈特於1963年英譯「孫子」，成爲英文權威本，並已列入聯合國教科文組織所編《中國代表作叢書》。日本海軍東鄉元帥更以《孫子兵法》中的陣式，擊敗俄國海軍❹。另如美國雷根總統也曾經以孫子所說：「不戰而屈人之兵，善之善者也」，勉勵西點軍校畢業生❺，充分可見其超時代、超國界的啓發性。

日本昭和天皇在戰爭結束後，就曾對親信說：太平洋戰爭失敗的原因有四，其中第一基本因素，即「兵法的研究不徹底，無法瞭解《孫子》所說的：知敵知己百戰不殆的根本原理。」充份可見即使在今日，孫子也深具重要的現代意義。

美國學者約翰·柯林斯著有《大戰略》一書，他即認爲：「孫子古代第一個形成戰略思想的偉大人物……他的大部份觀點在我們的當前環境中，仍然具有和當時同樣重大的意義」。甚至在近年的波灣戰爭中，美國凱利將軍發給部屬人手一冊的，正是《孫子兵法》。❻由此也清楚可見孫子兵法的啓發，即在今日也具有極大的重要性。

孫子哲學應用在管理上，更有很多特殊啓發。例如日本商界向來注重《孫子兵法》，有位企業家大橋武夫還出了本《兵法經營全書》，篇幅長達十卷，並在日本成立了「兵法經營管理學派」。很多日本企業家並公認，爲了生存發展，應該同時使用兩種支柱——在生產景氣時，即用美國現代管理這支柱，在生產不景氣時，即用中國古代思想，特別是孫子這個支柱。此中寓意，也深值重視。

近年波灣戰爭的型態，雖然攻守雙方均用尖端科技，但進攻的一方「動于九天之上」，防守的一方「藏于九地之下」，仍然符合孫子用兵原則。凡此種種，均令人不能不重視這本兵學寶典。尤其「商場」之道與「戰場」很相通，商場中的詭譎多變、錯綜複雜，並不亞於戰場。因此，如何深入歸納孫子兵法之精神，靈活應用於企業管理，對現代成功的管理而言，同樣極爲重要。

第一節　何謂管理的本質？

根據孫子哲學，他很清楚戰爭的慘酷與恐怖。因此，他明確指出：「兵貴勝，不貴久。」，由此可見，在他心目中，「求勝」才是兵家最重要的本質。同樣情形，引申而論，因為「商場如戰場」、「競爭如戰爭」，所以管理的本質也是「求勝」。

這正如同麥克阿瑟將軍在美國國會說的名言：「戰爭最重要的目標就是求勝，不是拖延不決。在戰爭中，任何東西都不能取代求勝」。（War's very object is victory, not prolonged indecision. In war, there is no substitute for victory.）

另外，孫子又曾強調：

> 兵者，詭道也，故能而飾之不能，用而飾之不用，近而飾之遠，力而誘之，亂而取之，時而背之，強而避之……此兵家之勝，不可傳也。

換句話說，兵家強調，為了求勝，可以「兵不厭詐」，掩藏實力，以多方欺敵，在管理上也有同樣情形。為了競爭得勝，公司明明有能力，但是卻要掩藏，對於投資開發，也要多方保密，對於潛在的對象或假想的敵人，卻要多方刺探真相；一言以蔽之，就是要在種種「詭道」之中求勝。

因此，孫子在〈軍爭篇〉中說：

> 故兵以詐立，以利動，以分合為變者也。故其疾如風，其徐如林，侵掠如火，不動如山，難知如陰，動如雷霆。掠鄉分

眾，廓地分利，懸權而動，先知迂直之計者勝，此軍爭之法
也。

根據孫子兵法精神，正因用兵對付敵人，必需使用詐術，又要
注重利害，所以要能虛實莫測，善於「迂直之計」。應用在管理上，
即專家所稱：經營者要能捕捉有利的時機，在產品未推出前，要
「其徐如林」，一方面能安靜的研究發展，另方面也為了保密。等
產品已發展完成，則要『其疾如風』的大力行銷，以在市場上造成
「雷霆」之勢。❽

除此之外，孫子又說：

> 夫兵形象水，水之行，避高而趨下；兵之勝，避實而擊虛：
> 水因地而制行，兵因敵而制勝。故兵無成勢，無恆形；能因
> 敵變化而取勝，謂之神。故五行無常勝，四時無常位，日有
> 短長，月有死生。（虛實篇）

換句話說，孫子認為，兵力的形勢和水的特性類似，水由上往
下流，兵力也要避開堅實，而攻擊虛處。水順地形而流，用兵也需
因敵情而有不同的戰法。所謂「用兵如神」，就是指良將要能依敵
軍的變化，採取出神入化的戰法，才能戰勝敵人。因此，引申在管
理學上，即商場的變化也和水的特性一樣，並無常態，所以經營者
要依商場變化而臨機應變，作出最佳決策，才算最大贏家。

因此，孫子又說：

> 夫地形者，兵之助也。料敵制勝，計險易、遠近，上將之道
> 也。知此而用戰者必勝；不知此而用戰者必敗。故戰道必勝，

主曰無戰，必戰可也；戰道不勝，主曰必戰，無戰可也。故
進不求名，退不避罪，唯民是保，而利合於主，國之寶也。

（地形篇）

換句話說，地形對用兵是項助力，因此料敵制勝，要能善用地
形，應用在管理上，即要能善用市場形勢，「知此而用戰者，必勝」，
否則即必敗。

引申而論，此即《商用孫子兵法》中，所比喻的情形：如總經
理評估某項產品的市場狀況不佳，但董事會還是要求生產，此時總
經理即應舉出具體事實力爭，以維護公司權益。但若董事會再堅持，
則總經理應即執行董事會決議，或即應該辭職，請董事會另聘總經
理。此即所謂「主曰必戰，不戰可也」。❾

「競爭力」在近年來，成為熱門用語，無論政府、媒體或工商
界都很注重如何提高競爭力。一般而言，根據競爭力策略大師波特
教授看法，所謂具有「競爭力」，就是提昇自己的「生產力」，進
而打敗競爭對手，因此重點在「競爭」上，但若根據孫子兵法，真
正要能避開戰爭，才是有貢獻的勝利者。同理而論，真正有智慧、
有遠見的經營者，應該是避免正面競爭，尤其避免惡性競爭，才是
真正高明。此即孫子兵法說：「不戰而屈人之兵，善之善者也。」

現代企業管理學者便曾據此指出：「企業的經營策略，首先應
考慮的，不是如何擊敗競爭對手，而應是如何滿足顧客真正的需求，
或者說，如何替客戶創造產品的價值。」❿在一片只知提昇競爭力
的聲中，這種另類思考，的確也很值得深思。

因此，管理學者也提醒經營者，要有兩種決心，一是願意避免

戰爭，二是願意為顧客創造產品價值。換句話說，就是經營的方法，
應避免與競爭對手正面交鋒，而能以顧客心理為主要考量。若能如
此擬定策略，反而能夠得勝——既能提昇本身的業績，也能不戰而
勝競爭對手。日本名管理大師大前研一便曾強調：

> 研擬任何行銷策略之前，先試著問自己幾個問題；但這些問
> 題絕不是關於如何擊敗競爭對手，或是如何追趕同業的腳步，
> 甚至跑在他們前面。要問的問題應從顧客的角度出發，能幫
> 助自己深層地了解顧客的真正需求及產品本身的特性。聰明
> 的企業人願意隨時隨地避免競爭，願意替顧客創造產品價值，
> 唯有在這兩種決心之下，成功的策略才得以成形。[11]

曾擔任美國麻省理工學院管理學院院長的梭羅（Lester C.
Thurow）就曾說到：

> 二十一世紀將是競爭激烈、拚個輸贏的時代。我個人並不喜
> 歡把商業競爭比喻成軍事戰爭，因為並沒有人作戰身亡，也
> 不會有俘虜。我比較喜歡的比喻，是世界杯足球賽與世界級
> 西洋棋賽的綜合；有足球賽的迅速過招，也有棋賽步步為營
> 的策略布局。[12]

因此，如何在詭譎多變的現代市場中，既能生存，又能發展，
並能合縱連橫，發揮「和平的競爭力」，這就不能只從戰爭的慘烈
情況去思考，而應從多角度來分析不同的戰爭型態。此即美國管理
大師杜拉克所說的三種類型：

『互補式貿易』尋求合夥關係，『競爭式貿易』的目標是爭取顧客，『敵對式貿易』則是要霸佔整個市場。競爭式貿易只是打一場場的戰役，敵對式貿易卻要贏得整個戰爭，並且要徹底摧毀敵軍和敵人所有的戰鬥力量。因此，敵對的貿易方式改變了世界貿易的基本原則。

大家不再認為競爭絕對是對雙方有益的，保護主義似乎不是解決問題的正途，但是自由貿易也不盡然有效，結果之一就是形成區域性集團，讓比較小規模的經濟體系能因此而有較大的市場空間，使他們無論在生產或銷售上都有足夠的規模來擴張競爭力。❸

因此，「和平未到最後關頭，絕不放棄和平」，根據孫子兵法，真正善戰者，最高境界應是避戰，或者不戰而勝。然而一旦被迫必需應戰時，便需作好一切準備，以求得最後勝利。應用在管理上，也是同樣情形。因此昇陽（Sun Microsystems）公司總裁麥里尼（Scott Mc Nealy）曾說：

> 無論做什麼、無論全球的市場技術如何改變，追求效率以及更高的生產力是不變的。我們小心找尋適合自己做的事，然後集中全力把它做好。策略可以改變，但使命是不會變的。❹

換句話說，就兵學來講，戰之為「武」，就是「止戈」，代表能夠止「戰」，因此必須保存應戰實力，然後才能有嚇阻力。否則，如果實力空洞，反而容易令敵人存心挑釁，更加會引起戰爭。引申在管理來說，亦復如此。為了避免遭受淘汰，「追求效率以及更高

的生產力」，是永遠不變的，這種「求勝」的精神與準備，也正是
管理的根本定義。

所以瑞士國際管理學院（IMP）院長彼得·羅倫（Peter
Lorange）曾經強調：

> 基本上無論那一種管理，今天都有一個很重要的問題要解決：
> 這個企業怎樣才能動員員工，迅速地開發新機會。好的美國
> 企業會提出非常清楚的目標和合理的策略，讓員工去衝刺，
> 不好的美國企業則盡是官僚。好的日本企業能夠明確而快速
> 地掌握目標，不好的日本企業則必然被變化沖昏了頭。⑮

換句話說，如何整合力量，迅速開發新機，對兵學非常重要，
同樣情形，對管理同樣重要。怎樣動員力量、迅速拓展，非但是兵
家「求勝」的重要關鍵，同樣也是經營「求勝」的核心問題。由此
充份可見二者相通之處，也可看到孫子兵法應用在管理學上，的確
深具啓發性。

第二節　為何要管理？

若問孫子，為什麼需要管理？他必定先回答：「不做則已，做
了就要贏」，這正是兵家「求勝」的典型精神。

因此，重要的是，如何保證能贏？這就要能團結力量，統一意
志，所以必須加強管理，才能如同孫子所說，達到「齊勇若一」的
地步。此亦孫子所說：「兵者，國之大事，死生之地，存亡之道，
不可不察。」同樣情形，工商界也可說：「商者，國之大事，死生

之地，存亡之道，不可不察。」因爲，工商業不但關係國家的經濟命脈，也關係著廣大就業人口的生計，同樣不可不察，所以必須要注重管理之道。

　　美國通用汽車公司前總裁史坦伯爾（Robert　Stempell）在《時代雜誌》專訪中，即曾指出：「日本企業無法滿足於佔有一部份市場，它們非奪得整個市場不可。」事實上，正因爲日本汽車業此種旺盛的求勝心態，所以才能躍升爲世界汽車盟主。由此可見，「求勝」的意志與精神，確是成功的主因。爲了求勝，自然必須平日重視嚴格的訓練。

　　尤其，兵家面臨的情況經常非常緊迫，因此，面對危機，應該如何管理，已成爲必需要重視的學問。管理界亦然，面對國家危機、經濟危機、或國際突發的情勢，應如何因應得體，化險爲夷，均有賴平日的管理與訓練有素。兵家平日重視訓練，要求「平時如戰時」，以便眞正有危機時，「戰時如平時」，這種精神，應用在管理學上，同樣深具啓發。所以孫子曾說：

> 投之亡地然後存，陷之死地然後生，夫眾陷於害，然後能爲勝敗。故爲兵者之事，在順詳敵之意，併敵一向，千里殺將，是謂巧能成事。（九地）

　　根據這種精神，《商用孫子兵法》即強調，近年來，「危機管理」已廣受國內企業界所重視，但因應危機，並不是等危機到了再處理，而是平時就應做好因應措施。企業若能「平時如戰時」，遇到危機即可馬上處理。另外，平日即需預測可能發生的危機，等眞正有緊張情況時，才能從容因應。❶❻這也是企業界特別重視孫子兵

法的原因。

除此之外，因為在兵家競爭中，很明顯的「有你無我」，「有我無你」，也就是說，只有第一名，沒有第二名，所以需要有特別的警惕心與危機感。應用在管理學上，這也深具啓發。此所以惠普（HP）公司總裁普烈特（Lewis Platt）曾經強調：

> 惠普用的人都是競爭力很強、非常想要贏的人，這種人不喜歡做第二名，進入市場的目標就是要做領導者。即使並非在每個領域都是第一，我們還是要在客戶滿意度、聲望調查這些方面做到領先，我們的目標是不做則已，做了就要贏。**⑰**

孫子在此也說：

> 是故方馬埋輪，未足恃也。齊勇若一，政之道也；剛柔皆得，地之理也。故善用兵者，攜手若使一人，不得已也。**⑱**

根據孫子哲學，唯有如此，「攜手若使一人」，才能眞正得勝，才能算是「善用兵者」。要能做到如此地步，當然平日就需加強訓練管理。兵家如此致勝的原因，同樣可應用在管理界。

德國企管專家也曾分析，日本管理成功之道，主因在「每個人都是群體的一分子」，因此才能「攜手若使一人」。在《風雲再起：德日企業未來競爭之剖析中》，作者Folker Streib曾經引述德川家康時代普遍施行的「伍律」，做爲日本訓練團練精神的例証，深具啓發意義：

> 第三條：每五棟相鄰的房子就結合成一個伍，並且大家需共

同注意在伍內不犯罪行。

第十九條：不可縱容不屬於伍內的人，即使涉及養老者或小
農也一樣。❶

另如，在新力公司創下重大業績的小澤敏夫，他的組織管理方
法就可說是「攜手若使一人，不得已也」的現代版。其公司事實上
是新力的音樂軟體部分，雖然是出身於大企業（新力），但小澤的
觀念和行動卻充滿冒險精神，屬於小企業經營者的典型。小澤的組
織哲學就是：

> 公司這種組織最後區分成管理和被管理者。管理者和部屬間
> 觀念自然會有不同，若兩者想的事相同，就無法發揮組織的
> 機能。若管理者和部屬能在不同的想法下，努力率直的傳達
> 彼此的意思，將可使組織活性化。❷

小澤接著更具體地說：「理想的組織是部屬敢對管理者率直地
建議，或提供反對意見。在小團體中，要使自己的角色明確化，必
建立這樣的制度。我們公司引進了自我申告制度，目的是希望以此
為契機，建立大家凸出暢所欲言的溝通管道。」

事實上，這觀念和「是故方馬埋輪，未足恃也，齊勇若一，政
之道也」、「故善用兵者，攜手若使一人，不得已也」等，均很相
通，這段話的意思，是指大家若能多溝通，把自己的意見提出，結
論就很有凝聚性，由於是每個人的意見，自己也非遵守不可。❸

除此之外，對於如何得勝，成為「第一名」，孫子也有很多秘

訣，並稱之爲「善攻者」與「善守者」。他在〈虛實篇〉中說：

> 故善攻者，敵不知其所守；善守者，敵不知其所攻。微乎，
> 微乎！至於無形；神乎！神乎！至於無聲；故能爲敵之司命。
> 進而不可禦者，衝其虛也；退而不可追者，速而不可及也。

換句話說，一個傑出的將領，在揮軍進擊時，能使敵人不知如何防守，防不勝防。在防守方面，則不露虛實，使敵人不知如何攻擊。這種無聲無息的攻防，微妙到神乎其技，所以能操敵人生死。應用在管理學，正如《商用孫子兵法》所說，就是要事先做好市場調查，了解消費者需求與喜好，在其他企業尚未投入時，能趁虛而攻，獲取利潤，在產品轉換過程中，並能給消費者驚喜，又推出新產品應市，循環周轉，企業才可不停成長。❷凡此種種，當然都需講究管理，才能眞正成功。

另外，若問孫子，爲什麼兵家要求管理？他也必定強調，要能主動求勝，必需以逸待勞，因而必需有先期作業，這就需要訓練管理，才能勝利成功。他稱此爲「善戰者」：

> 凡先處戰地而待敵者佚，後處戰地而趨戰者勞。故善戰者，
> 致人而不致於人。能使敵人自至者，利之也；能使敵不得至
> 者，害之也。（虛實篇）

換句話說，若能先在戰場備戰妥當，再等敵人來，作戰就比較不費力；若對方已佔有利的戰地，我軍再趕往戰場，則較費力。因此，善戰的將領往往採取主動，引敵前來，而不輕易被動就敵，爲敵人所支配。同樣情形，也可應用在管理學，若能讓消費者主動上

門買東西，總比沿街叫賣好，《商用孫子兵法》對此的申論❷，便很具啓發性。重要的是，要如何吸引消費者前來呢？首先，自然要能激起他們上門的意願。這也就需要平日管理成功才行。

除此之外，孫子又曾指出：

> 故形兵之極，至於無形。無形，則深間不能窺，智者不能謀。因形而措勝於眾，眾不能知；人皆知我所以勝之形，而莫知吾所以制勝之形；故其戰勝不復，而應形於無窮。（虛實篇）

應用在企業管理上，誠如《商用孫子兵法》所說，一般人只知道良將用了某種戰法打勝仗，卻無法預知他的戰法，因為戰場情況瞬息萬變，要依敵情不同臨機採不同的戰法。所以說，打勝仗的方法每次不同。法國名將福煦也有與孫子相同的論點，他曾說：「世界上絕無兩個雷同的戰役。」由此可知，作戰並無常規可循，全球並無「作戰博士」或「軍事博士」，指揮官要有「應形於無窮」的素養，才能打勝仗。所以傑出的企業家也和良將一樣，經常會有出人意料的決策。許多優異的決策，也需依市場狀況及企業家本身體驗而定。這些也均有賴平日訓練管理才能有效。

另外，兵學也非常注重「以迂為直」的迂迴戰術，以及「奇正相生」的交互運用，此即孫子所說：「知迂直之計者勝。」所以，平日良好的訓練與管理便非常重要，否則便無法運用自如。因此孫子強調：

> 凡用兵之法，將受命於君，合軍聚眾，交合而舍，莫難於軍爭。軍爭之難者，以迂為直，以患為利。故迂其途，而誘之

以利，後人發，先人至，此知迂直之計者也。（軍爭篇）

1800年，拿破崙統領六萬大軍，並未正面與奧軍衝突，而以八天時間，越過二百二十哩的阿爾卑斯山，至奧軍背後猛攻，使奧軍措手不及而敗。熟讀《孫子兵法》的拿破崙，正是高度運用了兵法上的迂迴戰要領而獲勝。㉔應用在管理上，如廣告業，也經常需以迂迴戰的方法，達到廣告效果。對很多自尊心強的員工，也經常需用迂迴的方式領導。凡此種種，都說明兵學與管理的相通。

綜合而言，兵家一切管理均為「求勝」的心理，而求勝心理，正是一切管理的動力。因此，兵家平日要求嚴格訓練與完善管理，這對企業家有著同樣的啓發。此所以昇陽總裁麥里尼曾經說到：

> 管理的文化，我想是來自多方面、經過很多年逐漸累積形成的。我喜歡跟別人競爭，從打高爾夫球、冰上曲棍球、網球、游泳、划船，甚至彈奏樂器，我都習慣跟別人比賽。對我而言，沒有分數的競賽就不是運動，我愛有人贏，有人輸，而我則想全贏。我享受打敗別人的快樂，而不是被人打敗。㉕

換句話說，想全贏，就需加強管理，想打敗別人，不要被打敗，也需更加強管理。戰時若要少流血，平時就要多流汗，也就是平日要多加強管理訓練。兵家這種道理，同樣能在管理學上相通，所以深值共同重視與力行。

第三節　何時應管理？

若問孫子，應該什麼時候管理？根據孫子兵法，可歸納出後列看法。

㈠　先勝而後求戰

根據孫子兵法，在開戰前就要先做好致勝的準備。此即孫子所謂：「勝兵，先勝而後求戰；敗兵，先戰而後求勝。」換句話說，真正能勝利的軍隊，在未開戰之前，就已經有充分的訓練；還沒開火之前，就已經做好足以得勝的準備，然後才會求戰。絕不能夠邊打邊練，先開戰再「且戰且走」。

同樣情形，真正能成功的公司，在未開業之前，必定先做好充份的管理準備與員工訓練，然後才會從容開張。反之，失敗的公司，必定匆促開業，再求加強管理之道。成敗的關鍵在此就很清楚，決定在開張之前，而非開張之後。兵家認為如此才能得勝，對工商界也深具啓發。

所以孫子也曾強調，「善戰者；先立於不敗之地」，他在〈軍形篇〉中說：

> 此即孫子說所謂：「朝氣銳，晝氣墮，暮氣歸，所以善用兵者，避其銳氣，「故其戰勝不忒；不忒者，其措必勝，勝已敗者也。故善戰者，先立於不敗之地，而不失敵之敗也。是故勝兵先勝而後求戰，敗兵先戰，而後求勝。」

換言之，在戰場上，要能洞察先機，並且少發生錯誤的一方，才容易得勝，打贏已露敗象的敵人。根據孫子，善於作戰的人，都先站穩腳跟，先立於不敗之地，並隨時掌握對方的弱點，加以進擊，

因而能獲勝利。應用在商場中，就是能穩住既有市場，先立不敗之地，再選最好的時機，加強攻勢，如此則可提高市場佔有率。如果不了解市場狀況，只是想「碰碰運氣」，就投入市場競爭，則多半會失敗。❷❻由此可見，管理的工夫應做在正式經營之前，先要有把握立於不敗之地，孫子在此的精神，的確深值共同重視。

日本服部千春研究《孫子》近四十年，他於一九八七年在中國軍事科學出版社出版了《孫子兵法校解》，他也曾在天津南開大學擔任教授，是個孫子通。他就曾說：

> 孫子兵法的最高內涵，與其說是思考如何戰勝對方，不如說是研究如何才不會被對方擊倒。依目前日本的經濟情況來說，這句話不難瞭解，也十分容易引發共鳴。❷❼

例如，根據專家研究，日本汽車能夠成功的打入美國市場，最大關鍵即在能夠製造耗能量低的車子，並且洞察先機，認清美國汽車「大又耗油」的致命傷，充份「先立於不敗之地」。等能源危機一發生，卡特總統對汽車實行獎勵節約能源的稅金歸還法時，便抓住時機，將其耗油小的車加緊進入美國市場，此舉自然令美國汽車全面受挫，此即「勝兵先勝，而後求戰」的明顯例証。

另外，管理者「先勝」的方法，則是拉攏資源，吸收合作夥伴的技能，變為自己的技能。而拉攏資源的秘訣，則是吸收其他企業加入，一起追求某種共同的目標。拉攏的過程，通常由一個問題開始：「我要怎麼讓對方相信，我的成功關係他們的利益？」而最常利用的邏輯，便是「敵人的敵人，是我的朋友」；如飛利浦向來深得個中三昧，在新力與松下之間，拉攏一個擋另外一個。❷❽這種方

式，也可說是「勝兵先勝」、「先立於不敗之地」的成功例証。

　　所以西方管理學者曾特別指出，若要競爭成功，先要知道本身如何防禦：「我們知不知道對方的盲點在那裏，傳統有那些？我們懂不懂得運用低價、低風險的入侵方式來開發市場？」這正是「先立不敗之地」的同樣道理。

㈡　要能「多算」

　　孫子曾經強調：

> 夫未戰而廟算勝者，得算多也；未戰而廟算不勝者，得算少也。多算勝，少算不勝，而況乎無算乎？（軍訓篇）

　　「廟算」，即在祖宗廟內，沙盤演練各種情況。根據孫子，作戰之前，必須要多盤算，多評估各種方案，進行各種情況分析，比較各種正反利弊，才有更大勝算。應用在管理上，同樣深具啓發。

　　因此，根據孫子的看法，若問何時應該管理？就是在狀況還沒發生前，就要有各種分析與準備方案，要有各種應變之道，才能成為勝利者。

　　例如，1982年「英阿福克蘭島」戰役，先是阿軍佔領福克蘭島，後來英國經估算可以獲勝，遂不遠千里，派出艦隊遠征，結果果眞打了勝仗。反觀阿根廷因爲未能細加評估，貿然攻佔福克蘭島，初期氣勢如虹，但結果卻一敗塗地。此中啓發應用在管理上，就是不能只逞一時之快，只看一時之得，而要能從整體與全面盤算，並要能多從反面設想。因此，眞正成功的管理，就是必需從各方防範失敗的方案，必先關上所有失敗之門，才能眞正開啓成功大門。

例如，超微（Advanced Micro Devices）公司總裁普維特
（Richard Previte）經過審慎評估後，便曾說過重要的心得：
「超微只選擇有能力競爭的市場，去做第一或第二，無法競爭，
就退出。」❷這就代表「多算」的作風，唯有如此，才能保存其
「常勝公司」之美譽。

正因如此，該公司總裁針對可能存活的產品充份評估，再盤算
本身的資源實力，集中營運，所以才能緊跟市場需要，進行開發。
這就是「多算勝，少算不勝」的例證，也正是堅持「不打沒把握的
仗」。這種兵家原理，同樣深值企業界參考。

另外，他又說到同樣的精神：

> 『創新，要不然就等死』，是我們早就有的共識，這也就是
> 為什麼我們將資源集中在可能存活的產品，把研發計劃緊緊
> 的與市場相連。

除此之外，奇異公司在1989年展開了一項為期十年，史無前例
的大規模企業文化改造計劃：稱為「解決問題練習」（Work-Out）。
員工輪流參加三天的當地聚會，自由討論他們各種共同問題，想出
具體的改善提案。主管在最後加入，他們要對每一個提案當場作出
決議：到底可行或不可行，需要研究的，一個月內要給出答案，兌
現支票❸。這也同樣是代表「多算勝」的成功例證，深值共同重視。

㈢　善於治氣

孫子管經強調：「朝氣銳，晝氣墮，暮氣歸，所以善用兵者，
避其銳氣，擊其墮歸，此治氣者也。」（軍爭篇）

換句話說，善於治氣者，從來不在敵人氣勢最旺的時候與其交戰，而是避其銳氣，等其高峰過後，開始出現走下坡時，再乘勝追擊，發動競爭攻勢。孫子兵法在此看法，對工商界的競爭也深具啓發意義。

尤其，企業界的投資競爭，必須運用本身長處，避開本身短處，對競爭對手，則應避開對方長處，攻擊方短處，唯有如此才能成功。若以亞太競爭形勢而論，哈佛教授波特便建議台灣，應發展本身最大長處—形成亞太的「科技中心」（亦即「科技島」），便爲明顯例証，因爲，若論金融中心、通訊中心等，分別爲香港與新加坡所長，所以，應「避其銳氣」，才能眞正突顯台灣的成功特色。此亦孫子所說「兵之勝，避實而擊虛」（虛實篇）的道理，深値重視。

所以孫子強調，要善於「治變」，此其所稱：「勿邀正正之旗，勿擊堂堂之師，此治變者也。」對方如果出師的名義堂堂正正，軍容非常壯盛，便不要與其正面衝突，即使打贏，付出的代價也太高。一定要「攻敵不備，出奇不意」，等到對手沒有準備、沒有防範的時候進攻，才能使敵人損失最大，自己危險最小，並得到最大的勝果。

在管理學上，同樣需要孫子這種精神。所以美國密西根大學普赫萊教授曾說過：

> 了解防禦，先從軍隊戰術想起。高明的將領不會他們的部隊暴露在不必要的危險之下。他們會故意誤導敵人、誘開敵人、偵察敵情、避開火力強大地區，敵人的數量優勢愈大，愈會考慮避免正面衝突。這麼做，目標都是要讓敵人的損失最大

化，讓自己的危險最小化。這就是資源防禦的基本概念。

商戰中，與其憑赤手雙拳去面對競爭者的挑戰，不如善用柔道的借力使力，設法引開對方的攻擊力道，讓他失去平衡，自動摔倒。❸

　　管理學界常以英戴爾電腦為成功例證，因為今天該公司已經是美國成長最快的個人電腦公司❸。當初，它自知打不贏氣勢如虹的康百克經銷網路，和IBM的直銷大軍，因而選擇了郵購的方式來賣電腦，結果反能一砲而紅❸。這種「善於治氣」的智慧，也正是資源防禦的一種重要方式，深值企管界的重視。❸

㈣　不可情緒用事

　　孫子曾說：「主不可怒而興師，將不可慍而後戰。」對戰爭與管理，均極具啓發性。

　　因為，作戰必須要先冷靜深思，正反分析，對敵我雙方的優缺點，充份深入比較，才能謀定而後動，也才能眞正勝利。做生意也是如此，所以老子也講：「善戰者，不怒。」對管理學亦然。特別是，如果要發動大規模的商品戰爭，必需先充份思考，反覆研究，絕不能因意氣用事。

　　因此孫子又曾強調：

> 主不可以怒而興師，將不可以慍而致戰。合於利而動，不合於利而止。怒可以復喜，慍可以復悦，亡國不可以復存，死者不可以復生。故明主愼之，良將警之，此安國全軍之道也。
>
> （火攻篇）

　　換句話說，無論大企業或個人理財，都要避免「怒而興師」，而應以「合於利而動」，做為投資企劃的指南。❸❸

　　像哈佛大學教授高曼（Daniel　Goleman）即曾強調，「任何領域的領導者或開創者都具備一種特質」，他稱為「EQ」（Emotional　Intelligence），亦即能夠自制的「情緒智力」。很多人才智商（IQ）很高，但卻無法控制情緒，形成EQ很低。因此高曼指出，「在現代社會中・EQ的重要性，絕不亞於IQ」，在軍中或企業中的領導者均然，切忌因動怒而興師，更不能在情緒衝動時候，冒然作出重大決策。

　　尤其是，任何戰爭的成功，必需有充份的情報資訊，此即孫子所稱「先知」，如果只因動怒而興師，但先知不足，則勝敗不問可知。此即孫子所說：

> 故明君賢將，所以動而勝人，成功出於眾者，先知也。先知
> 不可取於鬼神，不可象於事，不可驗於度，必取於人，知敵
> 之情者也。（用間篇）

　　同樣情形，商業情報也貴在「先知」。孫子兵法應用在此，對這種先知可分兩方面看：一是能預判市場的流行動態，二是能察知競爭對手未來的策略，或其研究發展的現況❸❹。這些情報均需很冷靜的充份掌握，才能做出正確判斷。因而同樣切忌因情緒化而興師。此中精神，與孫子完全相通，深值重視。

㈤　合於利則動，不合於利則止

　　根據孫子，明智的領導人，唯有合於本身最大的利益，才會動

兵，如果不合，則應立刻停止。這也要從正反評估、各方分析後，才能真正採取行動。

此所以孫子在〈火攻篇〉說：

> 夫戰勝攻取，而不修其功者凶，命曰費留。故曰：明主慮之，良將修之。非利不動，非得不用，非危不戰。（火攻篇）

換句話說，明主與良將，若要動兵，必須判斷正確，針對局面非常危險、或者本身利大於弊、得大於失時，才能採取行動，否則人力物力都會白費。這對工商界的管理契機，同樣深具重大的啓發意義。

這種預先精確評估的工夫，正是孫子所說，「先為不可勝」的準備工夫。唯有如此，才能算「善戰者」。他說：

> 昔之善戰者，先為不可勝，以待敵之可勝。不可勝在己，可勝在敵。故善戰者，能為不可勝，不能使敵必可勝。故曰：勝可知，而不可為。（註軍形篇）

孫子在此看法，應用在企管界也很重要。代表領導人應先評估各種成本與效益，也分析各種投資與淨得。因為軍事作戰經常耗資驚人——此即孫子所說「日費千金，費十萬師」，或如拿破崙所說，「打勝戰的因素，就在錢、錢、錢」，因而特別需要詳盡評估，從整體分析利弊。同樣情形，工商企業界也要能深入分析，「非利不動，非得不用」，才能真正競爭得勝。

當然，值得重視的是，孫子在此所說的「利」與「得」，應從宏觀來看，代表對整體國家的「大利」與「大得」，而並非從個人

私心所想的「小利」與「小得」。企業界若能同時有此等胸懷與情操，才是整體社會與全體人民之幸。

另外孫子又強調：

> 故用兵之法，無恃其不來，恃吾有以待之；無恃其不攻，恃吾有所不可攻也。（九變篇）

這句話代表，善用兵者，絕不能心存僥倖，將本身安危寄托在敵人的善意，如此便會將主動權拱手讓人，操之在人，那就必敗無疑。根據孫子兵法，國運必須操之在己，形成無懈可擊的情勢，才能真正保障本身安全。同樣情形，經營企業，也不能寄望其他競爭者不來挑戰，或者寄望政府不來刁難，而應充份自立自強，具有萬全準備，達成他人無法挑戰、也無法刁難的形勢，這才符合真正成功之道。

(六)　兵貴神速

根據孫子精神，戰爭如果拖久了，自己也會成為暮氣沉沉，士氣低落。因此，只要抓到恰當時機，便應立刻強力攻擊。

此即孫子所說：

> 其用戰也勝。久則鈍兵挫銳，攻城則力屈，久暴師則國用不足。夫鈍兵挫銳，屈力殫貨，則諸侯乘其弊而起，雖有智者，不能善其後矣。故兵聞拙速，未睹巧之久也。夫兵久而國利者，未之有也。故不盡知用兵之害者，則不能盡知用兵之利也。（作戰篇）

美國參加越戰，無功而返，便是明顯的反面教材。美國政府派往越南兵力高達五十萬人，消耗資金甚至超過第二次大戰的總和，最新武器更是全部用上，除了原子武器，均已使出渾身解數，然而，仍然未能得勝，何以故？一言以蔽之，就是「久暴師，則國用不足」；因其用兵為階段性增補，一段一段增兵，並非集中兵力，速戰速決，甚至還劃地自限，長期拖延，以致連全世界最富強的美國，仍然灰頭土臉無功而返。

另如，日本汽車業的成功，很多專家即歸功於「它們以最短的時間來完成設計開發，以及將員工激勵到歐洲企業無法達到的程度。」換句話說，能夠抓緊時間，以敏銳與快速取勝，這也正是「兵貴神速」的同樣道理，深值企業界舉一反三，共同正視。

第四節　從何處管理？

若問孫子，應從什麼地方入手管理？孫子當會回答，「經之以五。」（計篇）根據孫子哲學，就是應以五件事情優先管理。那五項事情呢？「一曰道，二曰天，三曰地，四曰將，五曰法。」可以分述如後。

㈠ 「道者，令民與上同意也。故可與之死，可與之生，民弗違也。」

中國哲學的道理，通常均以「道」為代表，此所以無論儒家、道家，均強調「道」的重要性。德國歷史學家史賓格勒（O. Spengler）即曾指出，「道」為中國文化的「基本象徵」（Prime symbo1）。引申而論，「道」用現代眼光而言，即代表中心思想與理念。在孫子哲學中，「道」即代表「令民與上同意」，所有的人民要與領導人能同一條心，生死與共，然後才能勝利成功。

此所以日本企業家非常篤信日本聖德太子（Shotoku，574-622）憲法第十七條的名言，其精神與孫子完全相通：

> 當上司和下屬和睦相處，意見一致時，事情自然向前推動，如此還有什麼不能成功的呢？㉟

孫子兵法應用在管理上，這個「道」也可解釋爲「導」，能引導所有的員工，與領導階層同心同德。唯有如此，員工才能同生死、共患難，不怕任何危阻。因此，就一個公司來講，首先，應該讓公司上下一心，從收攬「民心」開始入手，才能眞正得勝。

另外，此中所說的「道」，就經營而言，就是最根本的正確經營理念，這比其他資金、人力、行銷、技術均更重要。日本經營之神松下幸之助就曾有段名言，其中精神也與孫子完全不謀而合。他說：

> 在經營方面，技術力、銷售力都很重要。當然資金和人也重要，但最根本的爲正確的經營理念。唯有以它作爲基礎，人、技術、資金才能發揮功能。㊱

(二) 「天者，陰陽、寒暑，時制也。」

軍事作戰一定要看「天時」，應用在管理上，就是要能先瞭解時代的潮流。根據孫子精神，成功之道，除了上述所說，公司要能

上下一心之外，還要知道客觀的時代脈動，以便結合時尚，符合時代走向。

另外，成敗之間當然也要注意天候，例如拿破崙與希特勒征俄，均是先勝後敗，就是敗在嚴寒天氣。若未考慮氣象，再精銳的部隊，也會被冰雪等惡劣天氣所困，根本動彈不得。

作戰應注重天氣，經營產品同樣也應注重氣候。換句話說，如果冬天賣冰淇淋，或夏天賣大衣，顯然不合「天時」；或者，在北極賣游泳衣，到南非電熱器，也顯然不可能成功，由此充份可見，「天時」對企管的重要，與其對戰爭的重要完全相同。

另如日本東洋精密工業會長大橋武夫也曾強調：「物必有利和害，若能更新觀點去看，將發現如岩石般阻擋在前的危機，事實上為最好的機會。」❸

換句話說，很多「商機」，事實上均是從危機中看到轉機。很多天時，表面上看是危機，深入分析却也可化為轉機；因此，如何抓緊商機，見人之所未見，也是此中很重要的內容，深值重視。

㈢ 「地者，高下遠近、險易、廣狹、死生也。」

這一項原則代表是否符合「地利」，也就是要考慮當地的特殊需要與喜好。西方兵聖克勞塞維茲就曾說：「地形為戰略的一個要素，影響攻守很大。」我國古代也有「一夫當關、萬夫莫敵」的名言，都在說明地形與作戰有密切關係。應用在經營企業上，同樣應予注重。

孫子在本項所談重點，是依照地形的作戰規則，這原則可說是自古以降的軍事通則。如山地行動的原則，就是佔領高地上的要衝，

不能由下攻打在上的敵人，這原則也適用於企業間的競爭。例如：麥當勞與7-11所以佔據車站前要點，掌握人潮、車潮，就是依照本原則的精神。

另如，碰到河川或沼澤等落腳不佳的地方時，原則上要儘早離開。應用在企業活動的情況，就是在不景氣時，需要減少經費，增加利益，若原本的地方不適合賣某商品，就要毅然決然看破而離開。❸

另外，就企業而言，工廠所在的地形位置，直接影響到運輸成本、交通方便、與當地勞工、材料來源等因素，因此必須整體考量。即使就門市銷售的地點而言，同樣必需評估附近整體環境、來往交通情形、以及顧客心理等等。

再如，就都市規劃與管理而言，更需注意到依山或傍海、或內陸、或臨湖，然後才能順其地形，經營出有特色風味的山城、海港、內陸城、或湖光優美的觀光市。凡此種種，均充份證明「地形」對經營企業的重要性。

（四）　「將者，智、信、仁、勇、嚴也。」

本項因素，在軍事上代表對將領的要求，在企管上，則代表對領導階層或各級主管的要求，應該要從「智信仁勇嚴」這些方面切入。企業經營者，如果也能具有此這五種重要素養，公司必能邁向成功之路。

應用在管理上，「智」代表經營的領導人，能對競爭市場瞭若指掌，並且能有正確的判斷力，尤其能充份掌握相關的企業走向，才能做出明智的決定。

「信」則是很講信用，一言九鼎，足以服衆，無論對員工，或對顧客，均被認爲可信賴，足以付托。「仁」則是要心存仁道，待人厚道，無論對員工，或對顧客，均胸懷仁心，並能熱心公益，關心社會慈善工作。

「勇」則是有膽識、有魄力，足以突破困境，打開瓶頸，並能領導衆人克服逆境。「嚴」則是能嚴格要求生產品質，對服務品質也能嚴加注重，對公司的紀律與升遷，均能嚴守分寸，公正無私。

換句話說，公司對領導階層的素養，首應注重其腦筋靈活，深具專業的靈敏嗅覺與眼光，這即是「智」；其次，應注重品牌的誠信，絕不佔小便宜，因小失大，而能建立公認的誠信形象，此即「信」。還有，應有仁心義氣，注重員工福利，採用仁慈方法，注重公益活動，關心顧客權益，這是「仁」。

另外，還能勇於任事，做出重大決定，積極進取，不怕苦，不怕難，這是「勇」。並且，還能對員工服務品質嚴加考核，對生產品質也嚴加管制，這即是「嚴」。凡此種種，的確深具重要的啓發。

西方研究指揮官實際面對情況的判斷和指導行爲，經常做爲OR的基本要義。OR即是Operation（作戰）Research（研究）的縮寫，是將實際勝利的作戰，以科學方法加以研究而得到的理論。❸其基本原則與孫子所稱的「武德」，很多均能相通。

例如，日本對ＯＲ的權威遠藤建兒博士，談到指揮官行爲時，即曾引述孫子，特別強調：

> 孫子在二千五百年前就提到情報蒐集和情報判斷。根據情報做事前的推算，然後依情報而計畫，並決定行動的順序。這

乃是基本的OR體系。由這個體系可知，孫子所想的順序是如
何正確，又如何徹底。❹

由此證明，孫子在此所說，做為將軍應有的武德順序，直到今
天仍與最新研究不約而同，的確深重重視。

㈤ 「法者，曲制、官道、主用也。凡此五者，將莫不聞，知之者勝，不知者不勝。」

這第五項因素，就是要注重法令與規章制度。所以孫子在〈行
軍篇〉中曾說：「令之以文，齊之以武，是謂必取。」，並且「令
素行以教其民，則民服；令不素行以教其民，則民不服。令素行者，
與眾相得也。」換句話說，孫子在此強調要能軍令嚴明，權責分明，
並且平日普遍宣導，俾讓人人能行，這對任何公司的管理，均深具
啟發性。

日本〈東京新聞〉曾經報導「松下先生談經營哲學」，其中，
記者問道，「總公司可以擁有多大的權限？」松下便曾答覆，「只
要根據經營的基本方針，有使命感，想幹什麼都可以，沒有必要限
制。這樣可以提高效率。」這正代表總公司可以將權限下放，充份
授權，分層負責。這種精神，亦即孫子所說的導重體制權責，對工
商企業界也極為重要。

另外，孫子又提到「將有五危」，這「五危」，也可看成今天
所稱的「危機處理」五重點。孫子說：

故將有五危：必死可殺；必生，可虜也；忿速，可悔也；廉

潔,可辱也;愛民,可煩也。凡此五者,將之過也,用兵之
災也。覆軍殺將,必以五危,不可不察也。❹

換句話說,爲將之道,應重心智平衡,沉著冷靜,才能判斷正
確,這也正如高曼教授所說「理性與感性並重」、「EQ與IQ並重」
的道理❷。否則,情緒若走極端,便會產生「五危」。

企業經營者亦然,應該如何警惕這「五危」呢?1.輕易就想犧
牲,過份魯莽的孤注一擲,即「必死可殺」;2.過份優柔寡斷,只
想保守保身,結果反而「必生可虜」;3.心懷忿恨,情緒用事,即
「忿速可悔」;4.過份潔癖,太在乎旁人批評,反而形成「廉潔可
辱」;5.過份愛民,流於瑣細,反而形成「愛民可煩」。凡此種種,
過猶不及,均非中庸成功之道。對管理界也深具啓發性。

同樣情形,日本的企業家很注意「重點目標」,研究「組織盛
衰的專家」堺屋太一便曾提醒:

爲何織田信長、豐臣秀吉等一代霸主可以取天下,卻不能長
治天下?爲何劉邦能創立統治中國全土、長達四百年的漢朝?
爲何戰後曾一度是日本明星產業的石炭產業二十年後即成爲
夕陽工業,四十年後的今天,幾近消失?組織不像人,它沒
有壽命的限制,可以永續經營,也可一夕之間消滅。政府、
軍隊與企業一樣,都是爲達成一些外在目的而設立的機能組
織,必須着重目標的達成,將重要資源放在重要部門,以達
成組織的目的,而不是全方位施政,只重視資源平均分配,
毫無重點目標可言。❸

因此，根據堺屋太一的看法，認為組織有五大要素：一、構成份子。二、有共通目的與共同意志。三、一定的規範。即擁有共同的倫理觀及美的意識。四、命令與責任必然存在。五、處於共通的訊息環境。同一個組織若擁有不同的訊息環境、不同的規範，這個組織就可能分裂。❹

日本史上，擅長建立強大機能體組織，首推織田信長。堺屋指出，信長的成功與橫死，說明了理想機能組織的型態，也說明了現實的極限。❺因此，管理之道，就應以此為戒。

所以綜合而論，孫子曾經指出七項成敗的指標，深值重視：

> 故校之以計，而索其情。曰：主孰有道？將孰有能？天地孰得？法令孰行？兵眾孰強？士卒孰練？賞罰孰明？吾以此知勝負矣。（軍計篇）

這七項指標，同樣可以應用在企業競爭，在敵我雙方中，形成七項自我反省的評鑑指標：

1. 何方的領導人能得道多助？
2. 何方的幹部群能精明幹練？
3. 何方能先掌控天時地利？
4. 何方能貫徹法令規章？
5. 何方的業務人員素質品質較好？
6. 何方的第一線服務人員訓練有素？
7. 何方的賞罰比較分明？

根據孫子精神，這七項指標就是判斷勝負之道，深值管理界共同參考。

換句話說，在情況判斷時，必須先注意上述七點，才能眞正成功。誠如《孫子經營兵法》所說，意志決定是主觀的，但情況判斷必須客觀，因此需要特別注意的是——不要先入爲主，不要主觀推測。先入爲主是一種成見，主觀推測則是一種願望。❻均不能做爲決策根據。

所以，曾有人間彼得·羅倫：「近來世界變化的速度這麼快，許多管理者都很關心，他們的企業應該如何適應？」他的回答與孫子兵法就很能相通：

> 這的確是個大問題，我建議管理者往三個方向去思考——隨時管理企業的效率與成本結構，隨時發掘機會迅速把握商機，以及隨時善用策略聯盟來倍增實力。三者最好能夠同時執行，以確保適應成功。這是我在觀察過幾百家企業的做法之後，得到的結論。宏碁就是個好的例子。它進行許多策略聯盟，並不是因爲沒有其他的路可走，而是懂得善用資源以爭取速度。速度、動態與網路合作，對於今天的企業太重要了。❼

除此之外，孫子強調「知兵者，動而不迷，舉而不窮。」同樣深具啓發意義。

因爲，「動而不迷」，代表在變動快速的紛亂情況中，能夠非常冷靜沉穩，從不迷失方向：「舉而不窮」，代表在開始行動之中，從容不迫，從不困窘，精神上很靈活敏銳，能以平常心的精神馳神無礙。這在變動快速的商場情況中，很具啓示作用。

關於「動而不迷」，正爲克勞塞維茲所說：「將帥面對事情時，必須保持精神的自由，同時以這種精神去支配戰場的事象。」他又

說過：「將帥即使面臨戰爭的危險時，也必須使一切活動以符合平常生活裡，面對『普通』事件的心態來面對。」❹。

換句話說，就是要能將戰時看同平時，用「平常心」面對戰爭危險。此亦禪宗所稱的最高境界：「平常心就是道」。

「不迷」在此，即代表這種精神境界，面對任何緊迫危機，均不失去精神的自由。在企業上亦復如此，所以深值重視。

由上可知，孫子兵法中所說的很多道理，同樣可以應用在經營管理方面。現代經營者，若能從中多吸收啓發，相信對本身企業必有重大助益。

第五節　何人能管理？

若問孫子，什麼人適合經營管理？中國名言講得好，「將相本無種，男兒當自強」，只要能從孫子兵法中活學活用「善戰者」之道，或者「爲將之道」，或者「善用兵之道」，均可靠自強而成名將。此中啓發，對經營企業的領導者，同樣深具現代意義。今特歸納重點如後，提供參考。

㈠ 要能「不戰而勝」

孫子說得好：

> 善用兵者，屈人之兵而非戰也，拔人之城而非攻也，毀人之國而非久也。必以全爭於天下，故兵不頓，而利可全，此謀攻之法也。（謀攻篇）

英國作家詹姆斯‧克拉維爾在1991年，致大陸山東省孫子雕塑落成典禮中，曾經在賀信強調：「如果近代軍政領導人研究過孫子兵法這部天才著作，第一次和第二次世界大戰完全可以避免。」除此之外，他並認為，《孫子兵法》的要旨，即在於「戰爭的目的是和平」，此中精神，便深具重要啓發。❹

例如，某些大企業憑其雄厚的資金、人力與精密的技術，在市場上聲勢龐大，別人不敢碰其鋒，只有知難而退。大企業遂得「全利」，霸佔整個市場，這正是「屈人之兵，而非戰也」的結果。❺同樣也是「不戰而勝」的上上策。

所以孫子又曾強調：「上兵伐謀，其次伐交，其次伐兵，其下攻城。」對企管界也深具啓發性。

真正成功的領導者，在孫子來看，要能懂得謀略，並從大謀略得勝，不必斤斤計較於小節。若從經營來看，則是從「談判」開始，能從整體謀略得勝，或善於交涉談判，到最後不得已，才是肉博戰，也才是商場所說的「折扣戰」，那必然會造成慘烈的後果，縱然得勝也損失慘重。

(二) 善攻善守者

換句話說，孫子認為，真正的良將，進可以攻，退可以守；進攻固然重要，但是後退同樣也很重要，後退不當，照樣會產生重大的損失。英國在鄧克爾的成功撤退，奠定後來反攻得勝的基礎，便是明顯的例證。若以公司來講，代表除了擅於在景氣時候充分進擊，也應擅於在不景氣的時候保存實力。

此即孫子所說：

夫將者，國之輔也，輔周則國必強，輔隙則國必弱。故君之
所以患於軍者三：不知軍之不可以進，而謂之進；不知軍之
不可退，而謂之退，是謂縻軍；不知三軍之事，而同三軍之
政，則軍士惑矣；不知三軍之權，而同三軍之任，則軍士疑
矣。三軍既惑且疑，則諸侯之難至矣，是謂亂軍引勝。（謀攻
篇）

　　根據《商用孫子兵法》申論，企業在選擇幹部時，也要避免兵
法所提到的這三種人：一、不知何時該進出市場、或選擇投資商機，
以迎戰企業競爭對手，致使企業發展受到束縛。二、不知企業之經
營管理，則下屬將無所適從，以致管理混亂。三、不知洞悉市場的
千變萬化，遇有危機則措手無策，無法有效應變，導致員工難以對
其信任。㉛

　　換句話說，根據孫子，身為國家名將，必需完善而周密的輔國，
如果其中有懈可擊，甚至充滿破綻，準備不夠完善，國家必定遭殃。
身為公司領導幹部，同樣必需如此，由此充份可見孫子兵法與管理
相通之處。

㈢　能夠創造形勢

　　此即孫子所謂「善戰者，求之於勢，不貴於人，故能擇人而任
士。」這也就是所謂的「英雄造時勢」。真正成功的領導人，必能
主動扭轉情勢，創造形勢，導引眾人的意志，激勵眾人的信心與決
心。

　　因此孫子曾比喻：

> 民既專一,則勇者不得獨進,怯者不得獨退,此用眾之法也。
> 故夜戰多金鼓,晝戰多旌旗,所以變民之耳目也。故三軍可
> 奪氣,將軍可奪心。(軍爭篇)

換句話說,夜戰若多用火與鼓,晝戰若多用旌與旗,必可聲勢
懾人,從氣勢上壓制敵人。這種原則至今仍還適用。如德國名將隆
美爾在北菲,用少數戰車,卻能揚起漫天灰揚,造成壯盛的氣勢,
迫使英軍退陣,便是明顯例證。

所以孫子明白強調:「稱勝者戰民也,若決積水於千仞之谿者,
形也。」另外孫子也講:「善戰人之勢,如轉圓石於千仞之山者,
勢也。」滾圓石頭本身沒有什麼了不起,但若將它從一萬尺的高山
上滾下來,這形勢就不得了。這就是創造形勢。若能善用這種方式,
即能不戰而屈人之兵。尤其能夠突破困境,創造新機。像孔明的
「空城記」,就是很好的例證。

因此,孫子在〈勢篇〉中說:

> 故善戰者,求之於勢,不責於人,故能擇人任勢。任勢者,
> 其戰人也,如轉木石。木石之性,安則靜,危則動,方則止,
> 圓則行。故善戰人之勢,如轉圓石於千仞之山者,勢也。

換句話說,企業經營者,只要能挑選優秀的幹部,並充分的授
權,使其善於任勢,對商場的變化能獨當一面,則企業整體就能發
揮無比的潛力。等時機來到,也就如同《商用孫子兵法》所言,跟
圓石從高山落下一樣,其勢難擋,而能入據市場。「天下無不可用
之兵,只有不可用之將」,企業經營者若能選拔最優秀的人才,擔

任核心幹部，則事業自已成功一半。❺❷

（四）　以身作則，生死以之

日本大企業中，松下幸之助的成功例證，在此也很值得借鏡。松下經營的企業，在其過世之後，何以第二代仍能欣欣向榮？松下生前很多名言，便深合孫子兵法，深值各界重視。例如，他說：

> 只有決心與松下共存亡的人——公司興隆，我有前途，公司
> 倒閉，我也完蛋，才是公司渴望爭取的人才。❺❸

此中精神，便與孫子所說「爲將之道」：以身作則，生死以之，完全能夠相通。

另外，他又強調：

> 企業領導者爲了保障員工的生活，在企業危難時，必須有負
> 責到底的擔當。倘若領導者抱怨部屬缺乏犧牲奉獻的精神時，
> 領導者首先要檢討，在公司危急時，自己有無勇於承擔的勇
> 氣。❺❹

松下在此所說精神，正是孫子所說，需要領導者挺身而出，作爲表率的關鍵。尤其孫子強調，愛兵應如同愛子弟，在〈地形篇〉中他即說「視卒如嬰兒」，視卒如愛子，故可與之俱死。他並強調對於士兵，應百般關懷，多方照顧，這也正是「帶兵即帶心」的道理。企業管理若能同樣如此，自然必能成功。所以松下說：「如果把員工當顧客，即使是無理的要求，最後也會以感激的心情來接受，這麼一來，所有糾紛，自然化於無形。」❺❺

另外，麥里尼也曾說過：

> 成功經營企業需要的是要一群有企圖心、敢承諾、熱情、有天份和奉獻的員工。更重要的是要有勇氣，要有一種近乎瘋狂、不怕死的勇氣，並且在所有這些特質中求得平衡。」❺

這種精神，與孫子兵法完全不謀而合。充份證明孫子精神對現代管理的啓發重大。

第六節　如何管理？

若問孫子，應該如何管理？其答案可以扼要歸納於後。

㈠　加強敵情觀念

根據孫子兵法，軍事作戰之得勝，固然「運用之妙，在乎一心」，並無常規可循，但仍有一項最根本的得勝秘訣，那就是，應該永保「敵情觀念」。

中國戰爭史上最成功的用兵者，就是成吉思汗，其戰功橫跨歐亞兩大洲，幾乎所向無敵，堪稱眞正常勝將軍。他之所以能夠永保常勝，據其自己分析，最主要的原因，就是重視「敵情觀念」。他非但能扣緊敵情辦訓練，也扣緊敵情辦教育。應用在企管上，工商競爭也需如此，首先要看可能的競爭者是誰，列爲假想敵，然後要充份瞭解對方的心態與作法。此所以孫子強調：「先爲不可勝，以待敵之可勝。」自己要先充分演練，分析狀況，確定立於不敗之地，再找機會打敗敵人。此中攻勝秘訣，就在隨時需要有「敵情觀念」。

專研競爭力的專家波特曾被問到：「為什麼像美國這樣擁有龐大資源的國家，竟能讓日本趕上？」他回答：

> 我們少了贏的意志，企業和政府在研究發展上的投資也相對減少。……甚至政策訂定也是一樣，我們現在的政策是在美國科技還相當領先的情況下訂的，當時來看似還可行，現在就未必盡然。最好的例子是經濟制裁，當時對我們不高興的國家，應付方法就是實施經濟制裁，拒絕提供高科技物質。但那時我們是壟斷全球高科技產品的國家，現在情況不同，而且還成了個笑話，因為他們還是可以從其他管道得到。❺⑦

因此，要有明確的「贏的意志」，也就也共同的「敵情觀念」，才能夠敵愾同仇，上下一心，進而團結勝利。這與孫子所說的「道者，令民與上同意」，精神也完全一脈相承。

所以《商用孫子兵法》認為，企業的「道」，就是從經營者到全體員工，都能有一致的理念，共同的奮鬥目標，齊心協力，為企業的發展而努力。

例如，「馬拉松精神」是施振榮的哲學，也是「宏碁」的企業文化。憑此精神，「宏碁」近年不斷進步，不斷創新，其個人電腦的發展，從八位元到十六位元，再進到三十二位元，總是緊跟著世界名廠發展的腳步。在「令民與上同意」這一點上，施振榮與宏碁員工上下一心，精誠團結的精神，乃是其成功的最主要因素。事實上，也就是經常以其他名廠為假想敵，經常保持廠情觀念，才能迎頭趕上。❺⑧

另如，裕隆汽車公司董事長吳舜文辦公室內，高懸兩幅鏡框，

一幅中間佈滿世界名牌汽車，用英文註明「這是他們的」，另外一幅中間則完全空白，英文註明則問：「我們的呢？」這也正是用「敵情觀念」自我激勵的重要方法。充分證明，公司能令員工上下一心的關鍵，以「敵情觀念」最為重要，對凝聚內部力量也最具功效，所以深值企業家共同重視。

(二)　出奇制勝

根據孫子兵法，在眾多的競爭者中，如何能以小成本，達到大利益，這就需要「出奇制勝」。像孔明的「草船借箭」就是明顯例證。此所以《孫子兵法》講：「奇正相生。」正規戰與游擊戰要相輔相成才能勝利，在戰場上如此，在商場上也是如此，一定要「奇正相生」才能成功。

孫子在〈勢篇〉曾說：

> 三軍之眾，可使必受敵而無敗者，奇正是也；兵之所加，如以碫投卵者，虛實是也。凡戰者，以正合，以奇勝。故善出奇者，無窮如天地，不竭如江河。終而復始，日月是也；死而復生，四時是也。

根據《商用孫子法》，這種奇正戰法，就行銷產品來說，也可闡釋為「主攻」產品與「副攻」產品交互運用。尤其從廣告術而言，更需經常「出奇致勝」，出人意外，才能達到獨特效果。❺⓪

另外，孫子也曾強調：

> 戰勢不過奇正，奇正之變，不可勝窮也。奇正相生，如循環

之無端，孰能窮之？（兵勢篇）

應用在現代企業的多角化經營，同樣也需奇正運用，所以《商用孫子兵法》也指出，大企業集團中，各種小企業應該交相支援，靈活調度，才能使企業的觸角不斷擴展。⑩因此，孫子兵法中交互掩護、互通有無的特色，在現代管理同樣深具啓發性。

㈢　不戰而屈人之兵

根據孫子兵法，最高明的戰法，是不戰即能得勝。因爲，唯有如此，才能完整保存本身實力，用最小成本，獲得最大利潤。此即孫子在〈謀攻篇〉所說：

> 凡用兵之法，全國爲上，破國次之；全軍爲上，破軍次之；全旅爲上，破旅次之；全卒爲上，破卒次之；全伍爲上，破伍次之。是故百戰百勝，非善善之善者也；不戰而屈人之兵，善之善者也。

應用在企業中，《商用孫子兵法》即曾指出，商場競爭中，如能不與企業對手爭戰即佔住市場，這是最理想的情形，通常「獨佔」事業，就有此特性。倘若與對手力拼，行銷費用大量增加，最後雖然擊敗對手而獲勝，但本身也會元氣大傷。如近年來百貨公司的「折扣戰」，各百貨公司就「殺」得天昏地暗，到後來都像鬥敗的公雞，顧客雖然可能較多，但是利潤卻變很少，有些還血本無歸⑪。這種「破國」的戰法，可說並無眞正贏家，自應儘量避免才好；軍事作戰固然如此，工商競爭也應如此。

日本企管專家武岡淳彥也曾引述相關例證，說明「不戰而勝」的企業經營。最有名的即任天堂。他提到，「十二年獨步家庭電腦業界的任天堂，堪爲同行的楷模。」㉒因其戰略、戰策，並非與同業作「追擊戰」，而是獨樹一幟，有其特色，所以能不戰而勝。此中啓發，便深値重視。

另外，大前研一也曾明確引述孫子，認爲孫子兵法說得好：「不戰而屈人之兵，善之善者也」，因此他強調：「現化企業的經營策略，首先要考慮的不是如何擊敗競爭對手，而應是如何滿足顧客眞正的要求。」㉓這種慧見，便深値共同重視。

㈣　知勝有五

孫子曾經強調：「知勝有五：知可以戰與不可以戰者，勝；識衆寡之用者，勝；上下同欲者，勝；以虞代不虞者，勝；將能而君不御者勝，此五者知勝之道也。」

換句話說，根據孫子兵法，攻勝之道，首先要能明智判斷：「可以戰與不可以戰」；其次，要能認清「衆寡之用」；再其次，要能同心；再其次，能「以虞代不虞」，最後，將領能幹而君主不妄加干預。這對企業管理同樣深具啓發性。

《商用孫子兵法》中，即曾根據這五項原則，列舉企業能否勝利的關鍵㉔，深値正視：

一、知道何種產品可上市？何種不可？也能選擇這些的上市時機。

二、知道何種產品在何時可大量進入市場？亦即選旺季之時上市，以獲取利潤。

三、企業同仁之間上下一心，共爲企業之成長而努力。

四、重視研究發展，培養技術實力，隨時有能力製造品質優良、有市場潛力的產品，以適應商場的競爭。

五、主管能對傑出的經營幹部充份授權，讓其能在經營過程中當機立斷，下最好的決策。

所以孫子在〈謀攻篇〉中又說：

> 故用兵之法，十則圍之，五則攻之，倍則分之；敵則能戰之，少則能守之，不若則能避之。故小敵之堅，大敵之擒也。

（謀攻篇）

《商用孫子兵法》中，即曾將此應用在商場爭戰，進而強調，如果實力是對方的數倍，則可用「以大吃小」，圍攻市場；如果勢均力敵，則可靠廣告等促銷；如果實力相差懸殊，則較弱者要避免與強者爭戰，而應退出或轉移陣地，此即「不若則避之」。❻

(五) 用間

「用間」就是現代的商業間諜戰，用企管經營的話來講，就是情報戰、資訊戰。所以孫子在〈用間篇〉講：

> 三軍之親，莫親於間，賞莫厚於間，事莫密於間。非聖不能用間，非仁不能使間，非微妙不能得間之實。微哉！微哉！無所不用間也。

就工商業來講，孫子在本段的精神，就是強調情報與資訊的重要，甚至無所不用資訊，無所不用情報。而且，負責收集市場情報、

或做研究開發者，要選優秀的人才擔任，對於這些工作人員，公司要給優厚的待遇，使其全心全力、能爲收集商情而專注努力。

因此孫子又說：

> 故用間有五：有鄉間，有因間，有反間，有死間，有生間。
> 五間俱起，莫知其道，是謂神紀，人君之寶也。鄉間者，因
> 其鄉人而用之。内間者，因其官人而用之。反間者，因其敵
> 間而用之。死間者，爲誑事於外，令吾間知之，而傳於敵也。
> 生間者，反報也。（用間篇）

根據孫子精神，這五種間諜運用在企業商場上，可分別申論爲：「鄉間」，如在外地或外國經營，即聘用當地本鄉本土的人士，負責行銷業務。「內間」，則指前往別家企業，攏絡重要幹部，或用各種方法挖角。「反間」，即若發現臥底人士，則用各種方式，或誘之以利，或曉之以義，讓其傳送不實資訊，俾能誤導敵人；「死間」，則代表深入其他企業，扮演「敵後內應」合作角色，甚至至死無需曝光。「生間」，則代表多方外出探聽或考察，回國再綜合整理報告。凡此種種「用間」，在現代企業戰中，均扮演重要的角色，充份可見，孫子兵法與現代企管的確甚爲相通。

哈佛大學教授傅高義（E .Vogel）也曾說到：

> 如果他們聯合起來，他們可以向日本人爭取到較好的條件。
> 但他們所知太有限。日本人在資訊、情報方面下很多功夫，
> 美國人相形之下太無知，做事不先做計劃，以致日本人到任
> 何地方都佔盡上風，因爲他們比別人擁有更多的資訊、情報。

⑥⑥···

從本段內容，充份可知傅高義瞭解日本企管何以能成功。他甚至著書，書名即稱之爲《日本第一》（Japan as Number One），究其重要原因之一，即是日本對「資訊、情報方面下很多功夫」，此即「用間」的成功。那麼，應如何反制呢？傅高義強調應多「了解日本」，同樣代表更廣義的「用間」。

> 我想你們應該對日本多加研究。你們已經有很多人在美國學習，你們了解矽谷，對華盛頓政府也有深入的了解，但你們對日本的了解還不如對美國。整體而言，我想你們的政府和企業，還沒有做好他們應該做的事──了解日本。⑥⑦

另外，《孫子》兵法中，處處強調情報的重要性，如「索情」、「料敵」等均然。他除了對諜報活動特別闢了〈用間篇〉，有關戰術情報，也在〈行軍篇〉中深入分析。其中〈用間篇〉提到的情報原則，則可應用於戰術情報。⑥⑧

事實，上述這兩點也就是一般情報的關鍵，在情報活動方面，世界有名的美國陸軍教科書中，也將這兩點作爲一般情報的核心。《商用孫子兵法》中即指出，二千五百年前的《孫子》，本質上竟和走在近代科學尖端的美國陸軍教本相同，不禁使人訝異；OR專家們甚至說：「《孫子》在二千五百年前就已深入探討OR體系論，眞是給現代經營工學相關人員一記當頭棒喝。」⑥⑨

美國所謂的「OB情報」，對於無論是假想敵，或同盟軍幹部的個人情報，都十分重視平常的整理。甚至對報刊所登過世的名人故

事，都會依一定的基準，蒐集個人情報，並詳加整理。根據孫子精神，如果準備發動攻擊，則除了對方將領、參謀外，連事務官、守衛，乃至負責間諜工作的姓名，都應該一一查明。這對企業界，同樣深具啟發。

例如在日本，幾乎每家成功的企業，都懂得製作「顧客名錄」。在關西某一企業的老闆，更替顧客名錄訂出等級，然後依等級，訂出該記載的項目，對於項目的內容，都作詳細的調查和整理。在婚喪喜慶或中元、春節過年時，就以此顧客名錄致贈禮品。從事商業談判時，並可以有所根據。⑦凡此種種，均為成功的「用間」之道，深值共同重視。

(六) 知己知彼，百戰不殆

根據孫子兵法，唯有充份瞭解自己的長處與短處，同時也瞭解敵人的長處與短處，才能百戰不殆。孫子接著又講：「不知彼知己，一勝一負；不知己不知彼，每戰必敗。」如果既無自知之明，又無知敵之明，肯定無法成功。這種道理，同樣能應用在商場中。

所以美國名管理家梭羅說到：

一年前，麻省理工學院的十六人小組，完成了《美國製造》（Made in America）一書。我們就八個不同的產業來檢視美國、歐洲、日本的經濟發展，從中找出一些成功與失敗的企業，看看它們具有那些共同的特性。……美國企業將三分之二的研究發展經費，花在發明新產品上面，而將三分之一的錢用在生產過程的改善。日本的作法則剛好相反，三分之

二的經費用在改善產品生產的過程、三分之一的錢才用在新
產品的發明。至於德國則非常平均，各佔50％。這三種方式
必定有兩種是錯的。而我認為至少美國的做法錯誤，美國之
所以錯是因為以前一直是對的。❼

另外，根據德國專家Folker　Streib比較德日企業的特色，也
曾經特別指出：

每一個日本團體的成員都會把資訊和知識當成生存競爭的工
具。在經濟競爭和政治角力中，資訊是最重要的武器。參與
競爭者應當記得二千五百年之前，中國戰略學家孫武所說的
話：『知己知彼，戰無不勝』。❼

孫子所強調的精神，「知己知彼，百戰不殆」，在此由德國企
管專家引述，並應用在現代，以說明資訊的重要性，充份可見孫子
哲學的現代意義，深具重大啓發性。

另外，美國麻省理工學院管理學院院長梭羅（L.C.　Thurow）
又曾分析：

錄影機、傳真機是美國人發明的；雷射唱盤是荷蘭人發明的，
但誰是今天這些產品的生產、銷售、利潤三方面的龍頭老大？
日本人。就算你發明了新產品，但是如果我的製造成本比你
低，我照樣可以拿走你的市場。這就是技術反轉；以前發明
新產品是最重要的，但是現在重要的是擅長改良生產過程。
❼

梭羅在此根據具體例證，分析美國日本的優缺點，這正是「知己知彼」的功夫。美國因爲企業界以往太輕視日本，有的「不知彼知己」，更有的「不知己不知彼」，所以競爭力大退。因此，只有眞正虛心檢討，「知己知彼」，才能百戰不殆，也才能眞正提升競爭力。

除此之外，日本新力公司董事長盛田昭夫也曾指出：

> 日本企業的企業文化和經營理念，與歐美之間還是存有相當程度的差異。戰後推行的終身雇用制度，使日本企業管理階層和基層員工普遍抱持同舟共濟的『命運共同體』意識；也形成『上下階層薪資差距微小』、『依年資敍薪升等』的日本式平等主義；並且爲了『追趕歐美、超越歐美』，日本企業勞資雙方能夠齊心協力，共同精研技術、提高生產效率、改善品質等等，產生與歐美迥然不同的企業文化。

然後他緊接著指出：

> 而爲求有效因應激烈的商場競爭，日本企業無不競相將資源挪作強化企業體質之用，以確保勝利。換句話說，儘管業績大好，利潤豐渥，日本企業仍然會把大部份盈餘傾注在研發和設備投資上面，進一步提高本身的競爭條件。這樣的做法確實對增強企業體質非常有助益，但如果從『利潤回饋員工、股東及當地社會』的角度觀察，這種做法卻不盡然合理。❼

因此，他又進一步指出強調：

再就企業與當地社會的關係來説，日本企業的貢獻度更微乎其微。美國企業捐獻給當地社會的款項，平均佔稅前盈餘的1.55%，而日本僅只0.33%，不到美國的四分之一。……日本企業家首先要考慮到，怎樣縮短員工工作時間，並調整薪資結構，讓員工的生活更豐裕舒適，並把利潤回饋給股東的額度，提高到與歐美同樣的水準。㊄

凡此種種，均充份代表，企業界對「知己知彼」的工夫，應深入分析，才能有把握致勝。這種原理，非但在軍事戰爭中很重要，即使在工商競爭中也很必用。所以深值企業界共同重視。

(七) 靈活合作

孫子曾經強調，「善用兵者，譬如率然；率然者，常山之蛇也。擊其首，則尾至，擊其尾，則首至，擊其中，則首尾俱至。」（九地篇），充份代表「靈活合作」的必要性。

應用在企業管理而言，這種精神同樣重要。此所以《風雲再起》中德國專家分析日本企業成功之道時，曾經特別舉汽車業與電子業為例，說明它們如何「採取合作開發，不再單打獨鬥」，以及如何互通有無、形成整體的戰鬥力，因而截長補短，相互掩護，可以提高日本整體的競爭力。Folker Streib便曾說：

豐田汽車和日產汽車幾十年來在日本領導地位，但是遭逢艱苦時，它們卻能相互供應一些零配件，並且共同開發電動汽車。日本的大型電子公司長期以來，各自提供小至隨身聽，大到電腦和記憶晶體等產品，現在則共同提供產品。例如，

　　日本電氣公司自1933年初開始停止製造錄放影機，改由三洋
電器公司製造，而日立公司某些類型的錄音機，目前則由松
下電器公司來生產，至於在產品的開發上，也採取合作開發
方式，不再單打獨鬥。**⑰**

　　正因日本企業界能如此從整體着眼，相互支援，善於靈活合作，
因此被稱爲「遠東的工業強權」。在1986到1991年，這短短的五年
間，日本總體經濟成長，即相當於法國經濟的規模，德國企業專家
Streib評估，「今天日本的國民生產毛額已達德國的二倍，美國的
五分之三」。此中成功原因，主要便來自靈活運用整體力量。

　　雖然日本國民生產毛額尚未超過美國，然而，它仍以整體靈活
運用的方式，逐步買下美國各種名牌公司。德國企管專家即曾分析：

> 例如，爲了使公司銷售的視聽器材有更多彩多姿的節目可使
> 用，1988年日本新力公司，便以20億美金買下了CBS唱片公
> 司。一年之後，新力公司總裁盛田昭夫（Akio Morita）再
> 投資34億美元，購買了在好萊塢的哥倫比亞製片公司。對於
> 這一椿購併案，《新聞週刊》以肯定的語氣評述道：「新力
> 已買走了美國的靈魂。**⑰**

　　當《新聞週刊》感慨日本新力公司「買下了美國的靈魂」時，
縱然語帶萬般無奈，但若就事論事，卻無法否認日本管理界團隊精
神的成功。究其根本原因，「總體靈活合作」便是重要的因素，可
說與孫子精神完全相通，深值企管業重視。

　　另如美國前國防部長裴利，也極度重視「總體靈活合作」的特

色。他並認為，在高科技充份發揮下，美國已把「三Ｃ與Ｉ」的靈活戰術帶入了新境界。❼❽「三Ｃ」代表「指揮」（command），「管制」（control），與「通訊」（communication），「一Ｉ」則指「情報」（Information）。美國在波灣戰爭中，以最少的人力犧牲贏得光榮勝利，堪稱對此絕佳的結論。

此中根本精神，正是孫子兵法中所稱的靈活運用原則。此所以波灣戰爭中，美軍奉命人手一冊，均需深研《孫兵法》。這也充份證明，以孫子兵法的原則，若加以現代化高科技的靈活應用，也能發揮極大的戰功。這對管理界同樣深具重大啟發，值得共同正視。

註　解：

❶　吳仁傑註譯，《孫子》讀本，台北三民書局，台北，民85年，p26

❷　梁憲初，《商用孫子兵法》，p.125

❸　《孫子》讀本，pp.25-26

❹　《商用孫子法》，p.17

❺　同上，p.17

❻　《孫子》讀本，p.27

❼　武岡淳彥，《孫子經營兵法》，台北三思崇出版，鐘憲中譯，民86年，p.120

❽　《商用孫子兵法》，pp.136-137

❾　同上，pp.193-194

❿　同上，pp.193-194

⓫　《面對大師》，天下雜誌印行，台北，民83年，pp.141-142

⓬　同上，pp.104

⓭　同上，pp.41-42

⓮　《策略大師》，天下雜誌印行，台北，民84年，pp.40

⓯　同上，pp.225

⓰　《商用孫子兵法》，pp.233-234

⓱　《策略大師》，p.14

⓲　《孫子兵法》，九地篇

⓳　《風雲再起》(Der Taifun)，遠流公司，黃景自中譯，台北，民86年，p.117

⓴　《孫子經營兵法》，p.342

㉑　同上，p.343

㉒　《商用孫子兵法》，pp.111-112

㉓　同上，pp.107-108

㉔　同上，pp.129-130

㉕　《策略大師》，p.35

㉖　本段申論見《孫子經營兵法》，pp.85-86

㉗　《孫子經營兵法》，p.125

㉘　《替你讀經典》，p.75

㉙　《策略大師》，p.66

㉚　《替你讀經典》，p.48

㉛　同上，p.76

㉜　同上，p.76-77

㉝　《商用孫子兵法》，p.251

㉞　同上，p.259

㉟　《風雲再起》，p.173

㊱　《孫子經營兵法》，p.13

㊲　同上，p.16-17

㊳　前二段均同上，p.271

㊴　同上，p.143

㊵　同上，p.143

㊶　《孫子兵法》，九地篇

㊷　《E .Q》，p.43

㊸　《替你讀經典》，p.124

㊹　同上，p.126-127

㊺　同上，p.131

㊻　《孫子經營兵法》，p37-38

㊼　《策略大師》，p214-215

㊽　《孫子經學兵法》，p.318

㊾　《孫子讀本》，台北三民書局，民85年，p.27

㊿　《商用孫子兵法》，p64

⑤　同上，p70

⑤　同上，p104

⑤　同上，p.70

⑤　同上，p.71

⑤　同上，p.71

⑤　《策略大師》，p.34

⑤　《面對大師》，p.21-22

⑤⑧ 《商用孫子兵法》，p.22-24

⑤⑨ 同上，p.94

⑥⑩ 同上，p.56

⑥① 同上，p.60

⑥② 《孫子經學兵法》，p.83

⑥③ 《面對大師》，p.137

⑥④ 同上，pp.72-73

⑥⑤ 同上，pp.67

⑥⑥ 《面對大師》，p.133

⑥⑦ 同上，p.134

⑥⑧ 《孫子經營兵法》，p.291

⑥⑨ 同上，p.291

⑦⑩ 同上，pp.388-389

⑦① 《面對大師》，p.99

⑦② 《風雲再起》，p.159

⑦③ 《面對大師》，p.100

⑦④ 同上，pp.163-164

⑦⑤ 同上，p.165

⑦⑥ 《風雲再起》，p.37

⑦⑦ 同上，p.21

⑦⑧ 中國時報，1997.8.31.傅建中專欄。

第七章　《貞觀政要》管理哲學及其現代應用

前　言

「漢唐」盛世併稱爲中國政治的兩大黃金時代，而唐朝的昌盛更勝於漢朝。所以從大陸移民到台，世稱爲「唐山過台灣」，而在美國的中國城，至今仍被稱爲「唐人街」，均代表唐朝的興旺，影響非常深遠。

因此，本章宗旨亦在研究，唐朝爲什麼能夠如此昌盛？其中最具有代表性的著作即爲《貞觀政要》。《貞觀政要》的作者吳兢，在西元七四九年過世，距唐太宗歿後二十一年。他在武則天時代即任史官，後來中宗復位，吳兢擔任諫官，更加重視貞觀之治的精神，到了唐玄宗時期，便完成《貞觀政要》，呈送皇帝當作施政參考，希望能重振唐室的國威。

很可惜，玄宗當時未能重視，倒是給後代留了很珍貴的資料。他選出唐太宗和四十五位大臣的言論，分爲十卷四十篇，「義在懲勸，人論之紀備矣，軍國之政存焉，」進而能夠「庶乎有國有家者克遵前軌，擇善而從，則可久之業益彰矣，可大之功尤著矣。」（貞觀政要序）。所以即使到今天，仍然深具啓發，對於領導學與企管界，同樣深值重視。

另外，根據日本企管專家山本七平研究，《貞觀政要》一書可

能在日本桓武天皇時期（約公元800年左右），就傳入日本東瀛，歷代
天皇經常以研讀此書眞諦爲功課，各代掌理國家大權的將軍，更以
北條政子和德川家康兩位最爲重視。日本歷代名僧也常研讀《貞觀
政要》，並常引用其中哲理，或在佛典之中申述，或對政要勸諫，
均在歷史成爲美談。❶

　　像北條政對中國古典文學有特殊的喜愛，對《貞觀政要》更是
孜孜以求。但他因爲漢語基礎薄弱，他便命當時的漢學家菅原爲長，
翻譯《貞觀政要》全文，供其研讀。原所譯《貞觀政要》，菅現公
認是日本翻譯史上的第一部著作。❷

　　另如，日本的大將軍德川家康在平定戰國群雄的紛亂之後，在
公元1593年聘請漢學大師藤原惺窩做爲寺讀（宮廷）老師。藤原主要
講的就是《貞觀政要》哲理，以此做爲德川治國的理念。如今，尤
其值得一提的是，直到當代，日本很多工商界高階層經營者，仍然
特別喜愛《貞觀政要》，像日本工商人士經常在President、日經
Business以及Will等企業管理刊物上，發表研讀《貞觀政要》的
成果。松下幸之助所辦的PHP研究所更出版了一套三卷的卡式錄影
帶，供企業高層管理者使用。其中第一卷名爲「領導者的條件」，
就是用《貞觀政要》做爲教材講解。❸

　　事實上，德川研究《貞觀政要》，並以此爲「帝王學」，其目
的就是爲了稱霸天下。所以在慶長五年，大約是關原戰役的前半年，
德川幕府出版了《貞觀政要》。從這件事可以看出，德川的深謀遠
慮，早在考慮奪取天下之後的治國之道了。所以日本名學者山本七
平曾指出，從這裡可以推測，德川家康的心裡，無時無刻不裝著
《貞觀政要》這部治國寶典。❹

　　在近代的日本，松下幸之助所禮聘的顧問山本七平，同時也是日本東京山本書店創辦人，即曾專門撰述《帝王學》一書，由日本經濟新聞於1983年出版，書中主要內容，即根據《貞觀政要》，說明如何應用在企管上。當時在日本最大的書局八重洲書局排行榜高居數一數二，達半年之久。充分證明日本企業界的重視❺。

　　山本曾經稱頌，「貞觀之治——是中國盛唐政治修明，國家富強安定的時代，向爲後世所讚頌，堪稱爲中國歷代王朝的楷模」❻。他並認爲，「日本文化受到中國文化的影響最爲深遠，正確的說法，應該是受唐代文明的影響最深，受宋朝儒學的影響最遠。」❼因而，這部蘊涵唐太宗弘大治國理念的《貞觀政要》，已成爲一種永恒不變的哲埋，所以能一直留存到今天日本。

　　山本並曾指出，在日本正式開始講解這門課的是德川家康。德川家康從小很刻苦隱忍，被稱爲「忍者將軍」。但是德川家康野心很大，城府很深，他在「得天下」之後，便思考如何「治天下」。所以他能夠察納雅言，忍受批評，很多均吸收《貞觀政要》的長處。此所以德川政權能維繫二百八十年基業，連山本都認爲，「應歸功於貞觀政要這部千秋不變的偉大治國哲理吧！」充份可見本書對日本領導學的重要意義，對於日本管理界至今仍極具啓發，也深値大家共同重視其中內容。

第一節　何謂管理的本質？

　　根據《貞觀政要》的精神，管理的本質，一言以蔽之，可說就是「成治」。也就是要讓一個公司、或是一個國家、成爲治世，光

芒萬丈，永垂後世。

所以《貞觀政要》第十三章說：「以仁義爲治者，國祚延長，任法御人者，雖救弊於一時，敗亡亦促。」代表一個國家如果以「仁義」治理，則國家命脈必能延長，但如果用「法術」治理，只知控制人民，則會加速國家的敗亡。這個啓發在管理上亦然。

哈佛教授競爭力大師麥可・波特（Michael Porter）的特色，即將國家視同公司，主張以經營公司的方法來治理國家，如其主張「政府應減少干預」、「應發展產業特色」等，均很有見地；然其缺點在於，未能觸及更根本的「帶人即帶心」道理。因而只從外緣因素分析競爭力，未能申論內在的人心因素，忽略了人心士氣，對競爭力，更有直接的影響。《貞觀政要》在此所強調，「以仁義爲治」的重要性，遠甚於「任法」禦仁，即使在今天，對管理界深具啓發。

換句話說，根據《貞觀政要》精神，唐太宗非常重視以仁治世、以誠待人，這些均與孔孟哲學的精華完全吻合；尤其孟子強調「仁者無敵」，更成爲唐太宗的根本管理哲學。儒家學說由孔孟倡言仁政，而在貞觀得以實踐，此中哲學慧命的傳承，自非波特教授所能得知，但對今天企業界，卻仍深具重大意義。

尤其，唐太宗在歷史上曾經有段極具爭議的紀錄，亦即兄弟相爭，唐太宗在玄武門竟然需殺死親兄才能繼位，明顯爲其後來「仁治」、「德政」，留下不光榮的遺憾。

然而，若就管理論管理，唐太宗後來敢於重用原先政敵的智囊，如魏徵、王珪等人，由此更能顯示其胸襟開闊與精神感召，確有過人之處。如果其前半段歷史係迫於無所選擇，有違孟子「行一不義

而得天下」的原則，則其後半段的加倍努力，勤行仁政，或許很有
勉力補過之意。

這種情形，在企業界也難免發生，尤其新生代的繼承人之間，
有時兄弟之間也會衝突，甚至容易兄弟鬩牆。例如新光公司集團即
爲例證。在民主時代，當然不可能運用流血手段政變，但通過運作
而奪權的情形，仍然時有所聞。重要的是，在擁有權柄之後，能否
眞正力行仁政、加強德治，而不能繼續以術統治，貞觀之治在此便
極具啓發。

如《貞觀政要》第二篇「論任賢」，文中便曾經記載：

> 魏徵見太宗與隱太子陰相傾奪，每勸建成早爲之謀。太宗既
> 誅隱太子，召徵責之曰：『汝離間我兄弟，何也？』眾皆爲
> 之危懼。徵慷慨自若，從容對曰：『皇太子若從臣言，必無
> 今日之禍。』太宗爲之斂容，厚加禮遇，擢拜諫議大夫，數
> 引之臥內，訪以政術。

換句話說，魏徵在答復唐太宗時，心中是坦蕩蕩的；唐太宗問
他，何以離間其兄弟？魏徵從容答道，如果皇太子建成能早聽其勸，
則必無今日之禍。亦即他仍堅持，以其當時身份責任，自應全心爲
皇太子謀。結果唐太宗反而被其眞誠坦率所動容，進而延爲本身重
臣。

這段眞實故事，代表唐太宗很有胸襟，可以化敵爲友，對於原
先敵人的智囊，非但不究既往，甚至還能重用其長才。而魏徵也因
感念敬佩，更忠於職守。如此君臣均能深具風範風骨，自能共同成
就盛世。此中深刻啓發，代表做大事業應有大器量與大胸襟，可稱

爲管理的最勝義，即在今日仍然深值重視。

此所以日本名企業家山本七平也曾經評論王珪的故事。王珪原先很受皇太子建成禮遇，「建成誅後，太宗即位，召拜諫議大夫。」山本嘆稱這是一件很有趣的事情。因爲王珪曾經擔任皇太子建成最忠實、最敢言的部下，後來卻被唐太宗收爲自己的諫議大夫。山本指出，

> 從感情上來說，一個人是否能接受一個曾經策劃謀殺自己的傢伙，將他納爲信賴的部屬呢？從現實問題來看，實在是很難有這種宏量的。但是身爲偉大的領導者，卻應該要有這種海量與氣度才行。❽

這段話的確指出了成功管理的本質因素。

另外，唐太宗也曾以管仲爲例，將魏徵比喻爲管仲，而自比齊桓公，充份證明其心中懷有大志，因而不拘小節，甚至不拘過節。

太宗嘗謂曰：『卿（指魏徵）罪重於中鉤，我任卿逾於管仲；近代君臣相得，寧有似我於卿者乎！』（任賢）

換句話說，管仲曾任職於齊桓公的敵人——齊公子糾，當其爲公子糾的部屬時，曾因一箭射中齊桓公的衣鉤，幾乎殺死桓公。但後來公子糾仍被桓公打敗，結果桓公非但未計舊仇，反而重用管仲，終能共成霸業，九合諸侯。唐太宗稱，魏徵的罪比管仲當初射中齊桓公的鉤還重，但他對其重用，卻還超過齊桓公的重用管仲。這種胸襟，的確並非普通人所能及。充份證明，如此非凡的胸襟與魄力，才是成就非常事業的根本動力。

第二節　為何要管理？

　　《貞觀政要》明白地說：「君，舟也，民，水也。」也就是說，君是一條船，而人民正如水，水能載舟，也能覆舟。舟沒有水，是不能行走的，但要看水是助力還是阻力。

　　所以《貞觀政要》第一章中提到：「為君之道，必先存百姓。」代表領導者心中，必須常存百姓，必須能經常了解百姓的心意。這就是「為什麼要管理」的最重要原因。否則，如果領導者不知民心，甚至違背民心，就根本無從管理，更無從成功的推動偉業。

　　所以，《貞觀政要》中，多處以亡隋為戒，列舉其失敗的原因。例如說，隋朝如何大興土木、不恤民苦、窮兵黷武、剝削百姓等等，共有二十一處。此即所謂「以古為鏡，可以知興替」，為了避免重蹈覆轍，警惕來者，所以《貞觀政要》特別以「民心」為主軸，做為正確領導的標準，即使對管理界也深具啟發。

　　貞觀十九年，太宗征高麗，有從卒一人生病，不能前進，太宗特別親自問其何處痛苦，然後立刻命令州縣醫療，所有將士聞訊後，莫不欣然願從。

　　等到大軍回到柳城，太宗再詔集前後陣亡的士兵骸骨，並設太廟致祭。當時太宗親臨，本身傷心痛哭，軍人也無不同泣。兵士們觀祭之後，告訴陣亡士兵家人，士兵家中父母均講：「吾兒之喪，天子哭之，死無所恨。」這就是「帶兵即帶心」的道理。

　　後來，太宗征遼東，攻白巖城，右衛大將軍李思摩，被流箭所射中，太宗還曾親為吮血，將士莫不感動，因而更加奮進，也是同樣至理。

　　所以太宗曾說：「若存百姓以奉其身，猶割股以啖腹，腹飽而身斃。」如果爲政者以損害百姓的利益，來滿足自己的私利益，正如同割大腿的肉來塡飽肚子，結果肚子可能飽了，但身體卻因此死亡了。因此根據貞觀政要，爲政者絕不可損害人民的利益，以滿足自己的心意。如何警惕自我，抑制私心，便有賴正確而有效的管理了。

　　另外，《貞觀政要》之中，唐太宗非常重視，上位者要先「正其身」，先能自我管理。此其所謂：「若安天下，必須君正其身，未有身正而影曲，上治而下亂者。」否則，上樑不正下樑歪，主管者若疏於自我約束或自我管理，則「下之所行，皆從上之所好」，上位者的貪婪必定影響政治風氣，導致最後敗亡。

　　因此，貞觀二年，太宗曾經強調：

　　　古人云：『君猶器也，人猶水也。方圓在於器，不在於水。』
　　　故堯、舜率天下以仁，而人從之；桀、紂率天下以暴，而人
　　　從之。下之所行，皆從上之所好。❾

　　另外，貞觀二年，太宗謂侍臣曰：「朕每日坐朝，欲出一言，即思此一言於百姓有利益否，所以不敢多言。」給事中兼知起居事杜正倫進曰：

　　　君舉必書，言存左史。臣職當兼修起居注，不敢不盡愚直。
　　　陛下若一言乖於道理，則千載累於聖德，非止當今損於百姓，
　　　願陛下慎之。❿

　　換句話說，太宗深知「君無戲言」的道理，因而均能以謹言愼

行自我管束，所有出言也均以百姓利益爲依歸。正因如此兢兢業業、
戒愼恐懼，絕不放縱私欲，更不鬆懈自我，所以才能形成上下一心、
重視民心的風氣。這正是貞觀之治的成功因素，即使對管理界也深
具啓發作用。

貞觀八年，太宗又告訴侍臣曰：

> 言語者君子之樞機，談何容易？凡在眾庶，一言不善，則人
> 記之，成其恥累。況是萬乘之主，不可出言有所乖失。其所
> 虧損至大，豈同匹夫？我常以此爲戒。⓫

事實上，很多領導者均希望國家好，但爲什麼仍會敗亡呢？根
據《貞觀政要》，歸根究柢，因爲「失其道」，也就是失去管理之
道，所以才會需要管理。魏徵在此說得極爲中肯：

> 臣觀自古受圖膺運，繼體守文，控御英雄，南面臨下，皆欲
> 配厚德於天地，齊高明於日月，本支百世，傳祚無窮。然而
> 克終者鮮，敗亡相繼，其故何哉？所以求之，失其道也。殷
> 鑒不遠，可得而言。⓬

另外，魏徵更從隋代的亡國，分析其中原因，他問：「彼煬帝
豈惡天下之治安，不欲社稷之長久，故行桀虐，以就滅亡哉？」難
道隋煬帝不想長治久安嗎？並不是，而是因「讒邪者必受其福，忠
正者莫保其生。上下相蒙，君臣道隔，民不堪命，率土分崩。遂以
四海之尊，殞於匹夫之手，子孫殄絕，爲天下笑，可不痛哉？」

換句話說，隋煬帝本身雖然也想治理好國家，無奈重用奉承阿
諛之士，讒邪者反受福，忠貞者卻受害，以致朝廷中善類盡出，群

魔亂舞；最後上下相矇，君臣隔閡，終於民不聊生，亡國殞身。此中痛切教訓，即使對管理界也深具啓發作用。

除此之外，魏徵更曾列舉「上中下」三種層次，指出興亡之道，並且強調，只有採取「德之上」的管理，才能眞正長治久安：

> 若能鑒彼之所以失，念我之所以得，日愼一日，雖休勿休，焚鹿臺之寶衣，毀阿房之廣殿，懼危亡於峻宇，思安處於卑宮，則神化潛通，無爲而治，德之上也。
>
> 若成功不毀，即仍其舊，除其不急，損之又損。雜茅茨於桂棟，參玉砌以土階，悅以使人，不竭其力，常念居之者逸，作之者勞，億兆悅以子來，群生仰而遂性，德之次也。
>
> 若惟聖罔念，不愼厥終，忘締構之艱難，謂天命之可恃，忽采椽之恭儉，追雕牆之靡麗，因其基以廣之，增其舊而飾之，觸類而長，不知止足，人不見德，而勞役是聞，斯爲下矣。
> ⑬

根據《貞觀政要》，眞正能得人心的管理，必定能遵循公道與大道，這也正是《尚書》中所說的「王道」。所以房玄齡曾引述《尚書》，向唐太宗強調：

> 臣聞理國要道，在於公平正直，故《尚書》云：『無偏無黨，王道蕩蕩。無黨無偏，王道平平。』又孔子稱：『舉直錯諸枉，則民服。』今聖慮所尚，誠足以極政教之源，盡至公之要，囊括區宇，化成天下。（公平篇）

換句話說，唐太宗深知人性弱點，如果不能善自管理，防止偏

私，則公道必被損害，王道也被毀滅。所以他聽到房玄齡引述孔子名言後，特別稱讚，並且以此自勉勉人。由此也可看出，貞觀之治絕非倖致，而是來自君臣經常的自省與互勉。

除此之外，唐太宗也深知「生於憂患，死於安樂」之理，所以他強調，草創期間因為大家能警惕，因而能成功，但到新生代或守成期間，則經常因鬆懈而失敗。因此，他也特別針對此問題，有段精彩的君臣對話。

貞觀十一年，太宗垂詢侍臣說：「帝王之業，草創與守成孰難？」尚書左僕射房玄齡跟著唐太宗創業，出生入死，不知凡幾，所以他回答太宗：「天地草昧，群雄競起，攻破乃降，戰勝乃剋，由此言之，草創為難。」然而，諫議大夫魏徵卻回答說：「帝王之起必承衰亂，覆彼昏狡，百姓樂推，四海歸命，天授人與，乃不為難。然既得之後，志趣驕逸，百姓欲靜，而徭役不休；百姓凋殘，而侈務不息，國之衰弊，恒由此起。以斯而言，守成則難。」

太宗聽了二位賢臣的回答之後，講了結論：

> 玄齡昔從我定天下，備嘗艱苦，出萬死而遇一生，所以見草
> 創之難也。魏徵與我安天下，慮生驕逸之端，必踐危亡之地，
> 所以見守成之難也。今草創之難，既已往矣，守成之難者，
> 當思與公等慎之。❹

後來，魏徵更直言其結論：「臣聞，禍福無門，唯人所召。」代表福禍無門，均由自取。因此，必需平日經常自我管理、戒惕謹慎、居安思危，才可能趨福避禍。

此所以《貞觀政要》中曾強調：

夫守之則易，取之實難。既能得其所以難，豈不能保其所以
易？其或保之不固，則驕奢淫泆動之也。慎終如始，可不勉
歟！《易》曰：「君子安不忘危，存不忘亡，治不忘亂，是
以身安而國家可保也。」誠哉斯言，不可以不深察也。

另外，唐太宗因為憂心太子生長於安樂之中，唯恐他們驕矜無
道，所以在貞觀十七年，太宗特別問侍臣說：「自古草創之主，至
于子孫多亂，何也？」司空房玄齡曰：「此為幼主生長深宮，少居
富貴，未嘗識人間情偽、治國安危，所以為政多亂。」

因此太宗強調：

公意推過於主，朕則歸咎於臣。夫功臣子弟多無才行，藉祖
父資蔭遂處大官，德義不修，奢縱是好。主既幼弱，臣又不
才，顛而不扶，豈能無亂？隋煬帝錄宇文述在藩之功，擢化
及於高位，不思報效，翻行弒逆。此非臣下之過歟？朕發此
言，欲公等戒勖子弟，使無愆過，即家國之慶也。❺

換句話說，唐太宗深知「功臣子弟多無才行」，只因「藉祖父
資蔭遂處大官」，所以特別警惕眾臣，盼能加強管理，「使無愆過」，
這也是當今企業界深值重視的至理。除此之外，魏徵又整理歷代帝
王後代成敗的故事，做為眾王參考，此即《自古諸侯王善惡錄》一
書。在本書中，最重要的一個問題，即是強調，為什麼大部份喪國
亡身者，均是繼位之君？

此即魏徵在《自古諸侯王善惡錄》序中所謂：「然考其隆替，
察其興滅，功成名立，咸資始封之君，國喪身亡，多因繼體之後，

其故何哉？」根據魏徵的分析，答案如後：

> 始封之君，時逢草昧，見王業之艱阻，知父兄之憂勤。是以
> 在上不驕，夙夜匪懈，或設醴以求賢，或吐飧而接士，故甘
> 忠言之逆耳，得百姓之歡心。樹至德於生前，流遺愛於身後。
> 暨夫子孫繼體，多屬隆平，生自深宮之中，長居婦人之手，
> 不以高危爲憂懼，豈知稼穡之艱難？昵近小人，疏遠君子，
> 綢繆哲婦，傲狠明德，犯義悖禮，淫荒無度，不遵典憲，僭
> 差越等。恃一顧之權寵，便懷匹嫡之心，矜一事之微勞，遂
> 有無厭之望。棄忠貞之正路，蹈姦宄之迷途。愎諫違卜，往
> 而不返。

上述內容，可說把創業者第二代的種種毛病，分析得極爲透徹，其中或有以偏概全之病，卻深具警世惕勵之效。尤其「親近小人，疏遠君子」、「棄忠貞之正路，蹈姦宄之迷途」等名句，的確深值共同警惕。所以太宗稱讚不已，認爲應做諸王的「座右銘」，「用爲立身之本」。即在今日，對企業界第二代的勸諫，同樣深具啓發意義。

有關選拔繼承人的問題，在現代企業界有正反兩項例證，值得分析說明。

日本的家族企業到1970年左右，因爲明治年代出生的企業創始人都到了退休年齡，所以曾有一次交棒熱潮。不少公司爲了企業的百年大計，「傳賢不傳子」。松下電器公司在這方面雖不算開風氣之先，但也具有代表性。1975年，素有「經營之神」雅譽的松下公司創業者松下幸之助，竟提拔名不見經傳的家族外成員山下俊彥，

擔任社長，山下俊彥在二十六位董事中名列第二十五位，但因他能在董事會中，毫不畏懼地直言，反能受到松下幸之助的器重。後來證明，松下的眼光與魄力非常正確，更加令人對其經營能力欽佩。歸根結柢，松下的胸襟與遠見，便與《貞觀政要》的精神，完全能夠相通。**⑯**

另外，同樣處理繼承人問題，卻有一個失敗例證。那就是王安電腦公司。

在1992年8月間，世人聽到一個驚人消息，王安電腦公司申請破產保護，獲得了批准，從此宣告王安電腦公司盛極至衰的時刻到來。根據有關報紙資料披露，王安電腦公司的衰落關鍵原因，是誤用兒子王列作總裁。1986年11月，王安明知三十六歲的兒子王列並非合適人選，但仍任其爲王安電腦公司的總裁。此舉導致多名追隨王安多年的高層人員辭職而走，也使得王安電腦公司失去了許多得力的人員。**⑰**，如此「傳子不傳賢」，便種下了破產禍因。

換句話說，「傳子」或「傳賢」，成爲今天大企業家重要的考驗。面臨此一切身問題，眞正能保持頭腦清楚、去除私心的並不多。因此，如果實在必需「傳子」，則必需有更多的輔助措施，才能端正管理。《貞觀政要》對此早有明言，對今天管理界同樣深具啓發。

尤其，《貞觀政要》之中強調，對歷史教訓的興亡，如果能夠知所警惕，則必需立刻改進，千萬不能輕忽懈怠。否則，後人視今人的失敗，將如同今人視古人的失敗，不能不加警惕：

> 凡修政教，當修之於可修之時，若事變一起，而後悔之，則無益也。故人主每見前代之亡，則知其政教之所由喪，而皆

不知其身之有失。是以殷紂笑夏桀之亡，而幽、厲亦笑殷紂之滅。隋帝大業之初，又笑周、齊之失國。然今之視煬帝，亦猶煬帝之視周、齊也。故京房謂漢元帝云：「臣恐後之視今，亦猶今之視古」。（奢縱篇）

第三節　何時要管理？

根據《貞觀政要》，什麼時候需要管理呢？其答案可以歸納如後：

(一)　衆人不敢講真話的時候

美國管理學大師杜拉克曾說，如果他參加一家公司業務討論，五分鐘之內，公司的人員竟然沒有提出不同的意見，他就知道這家公司已經沒有希望了。此中至理，與《貞觀政要》完全相通。

爲什麼沒有人敢講真話呢？魏徵曾經分析：「懦弱之人，懷忠直而不能言。」性格懦弱的人，心地雖很正直，但卻不敢明言。另外，「疏遠之人，恐不信而不得言。」關係不夠的人，恐怕他講的話不得信任，所以也不敢言。「懷祿之人，慮不便身，而不敢言。」官場中人因爲有所顧慮，還想作官，所以也不敢講。綜合來看，種種顧慮的結果，就是真話未能講出。大家「相語緘默，俛仰過日」，從此苟且度日。這就成爲重大問題，也是必需從根本加強管理的時候了。

唐太宗聽了之後，非常贊同，然後強調：「朕今開懷抱，納諫諍，卿等勿勞怖懼，遂不極言。」也就是說，上位者應主動的鼓勵

大家，去除心中種種顧慮，儘量講出眞話；本身並要能眞正的打開胸襟，容納眞話，甚至要對敢說眞話的人，多多獎勵。唯有如此，大家才能眞正敢言，並能以此反映問題，進而切實解決問題。

瑞士國際管理學院教授杜謝（George Taucher）強調，曾有統計指出，企業的平均壽命大約四十年，大限一到，往往不是壽終正寢，就是被別人併吞。因此，有項問題值得深思，一家企業能夠生存四十年這麼久，本身就已經是一種成功。重要的是，既然很成功，爲什麼還會衰亡？企業如果要延年益壽，應該怎麼做？**⓮**

根據《貞觀政要》，公司的敗亡，必定從沒人敢講眞話開始。因而，公司如果要永續經營，必需警惕此時的危機，從中分析原因，鼓勵大家共同開誠佈公，勇於講眞話才行。

杜謝並指出，成功會導致傲慢。「成功的主管經常會相信自己絕對正確，愈來愈無法承認錯誤。美國一家跨國公司使曾因爲最高主管執意堅持，以巨資進行一項後來證明大失策的購併，等到他退休後，繼任者才做出了眞正正確的決策——分家」**⓯**。所以，針對這種類似危機，主管必需及早鼓勵員工講出眞話，才能及早警惕與導正。

所以太宗曾對侍臣說：

> 隋日内外庶官，在以依違，而致禍亂，人多不能深思此理。當時皆謂禍不及身，面從背言，不以爲患；後至大亂一起，國家俱喪。雖有脫身之人，縱不遭刑戮，皆辛苦僅免，甚爲時論所貶黜。卿等特須滅私循公，堅守直道，庶事相啓沃，勿上下雷同也。

唐太宗在此所提「面從背言」，並不是眞正的和諧，只是當面

附和。背後卻又批評，雖不贊同，卻又不敢說，這就必定造成心結與隔閡，久而久之，必定影響團結心與競爭力。所以唐太宗很早就規勸大家，不要「上下雷同」，隨便附和，而應眞正「滅私循公，堅守直道」。此中胸襟與開明作風，至今仍深具啓發意義。

所以，日本著名管理學者山本七平，就曾以日本挑起二次大戰的決策過程爲例，說明不敢講眞話的危害。

戰後在東京國際法庭上，被告東條英機的副辯護人松下正義稱「因爲部下不服，衆議難違」，才對美國開戰，以此來進行辯護。這正是表面爲「維持內部和諧」而「上下雷同」的犯錯例證。

事實上，日本當時的海軍一直反對開戰，可是爲著謀求陸海軍的「和諧」，以及受大衆傳播及一部分政客所造成的「上下雷同」形勢所迫，也不敢堅決反對。遂以「授權總理大臣全權處理」，來逃避一切責任。

山本指出，因爲大家都不願意打破建立在「相惜顏面，上下雷同」的傳統和諧，大家認爲這樣就沒有什麼摩擦衝突之慮，是最安全的。其實這種想法反而會導致滅亡，使國民蒙受痛苦。最後國家文武百官難免走上「如唐太宗所提示的隋朝遺臣一樣的末路」。他並強調：如果人們處於危急存亡之秋，滿腦筋還裝著和諧的念頭，那眞會應驗了「因和而亡」這句話。❷本段充滿血淚的教訓，至今仍然深值共同重視。

另外，日本佳能（Canon）相機公司的創始人御手生，也是一手調教出「行銷之神」瀧川龍一的頂頭上司，爲了研究市場，在50年代曾訪問美國，結果他親自發現，原來「日本製」代表不值錢、低劣的產品。他曾經描述「日本貨只有在一角商店（tencent stalls）才得賣」，因此他：痛定思痛，返回日本後，直陳其中問題，發表了一篇文章〈日本貨的悲劇〉。他並沒有灰心氣餒，也沒有逃避問題，自尋藉口；而是面對問題、尋找癥結，痛下決心，迎頭趕上列強，最後終能生產世界級的相機。

此中精神，也正是《貞觀政要》之中，太宗要求衆臣實事求是、切實改進的態度。因爲，唯有大家能夠講出眞話，發現問題，分析問題，才能眞正解決問題。如果自認沒有問題，表面上以「和諧」爲理由，卻因此不敢指出問題，就會讓問題更加嚴重，這本身才是最大的問題！

所以唐太宗也曾問魏徵：什麼是「明君」，什麼是「暗君」？魏徵回答，「兼聽」則明，「偏信」則暗，這對管理界尤具重大啓發。魏徵當時並舉種種例証：

> 秦二世則隱藏其身，捐隔疏賤而偏信趙高，及天下潰叛，不得聞也。梁武帝偏信朱异，而侯景舉兵向闕，竟不得知也。隋煬帝偏信虞世基，而諸賊攻城剽邑，亦不得知也。是故人君兼聽納下，則貴臣不得壅蔽，而下情必得上通也。（君道篇）

換句話說，如果領導人不能「兼聽納下」，聽不到眞話，就必定會被壅蔽。如此「偏信」，判斷必定偏差，國運也必定昏暗。這對今日管理界，仍深具重大的啓發意義。

(二) 不能居安思危的時候

另外，如果衆人居安不能思危，人心開始鬆懈，也是必需警惕、加強管理的時候。

所以貞觀十五年，太宗曾問侍臣：「守天下難易？」魏徵回答：「甚難。」太宗說：「任賢能，受諫諍，即可，何謂爲難？」魏徵答稱：

> 觀自古帝王，在於憂危之間，則任賢受諫。及至安樂，必懷寬怠，言事者惟令兢懼，日陵月替，以至危亡。聖人所以居安思危，正爲此也。安而能懼，豈不爲難？（君道篇）

換句話說，在魏徵看來，因爲創業期間，身處憂危，所以反能任用賢人，虛心受諫，然而一旦天下安樂，心中鬆懈，便容易自滿與自大，不再虛心接受批評，日積月累，便會危亡。所以魏徵強調：

> 自古已來，元首股肱不能備具，或時君稱聖，臣即不賢；或遇賢臣，即無聖主。今陛下明，所以致治，向若直有賢臣，而君不思化，亦無所益。天下今雖太平，臣等猶未以爲喜，惟願陛下居安思危，孜孜不怠耳！（慎終篇）

貞觀之治所以能昌明，正因爲唐太宗與魏徵等人，均能同懷憂患意識，即使天下太平，「猶未以爲善」，而能共同「居安思危，孜孜不怠」，因此才能開創中國歷史最大盛世。這種精神，非但對治國很多啓發。對於治理公司或任何機構，同樣深具重大意義。

所以，貞觀六年，太宗問侍臣說：

> 自古人君爲善者，多不能堅守其事。漢高祖，泗上一亭長耳，初能拯危誅暴，以成帝業，然更延十數年，縱逸之敗，亦不可保。何以知之？孝惠爲嫡嗣之重，溫恭仁孝，而高帝惑於愛姬之子，欲行廢立；蕭何、韓信，功業既高，蕭既妄繫，

韓亦濫黜，自餘功臣黥布之輩，懼而不安，至於反逆。君臣
父子之間悖謬若此，豈非難保之明驗也？朕所以不敢恃天下
之安，每思危亡以自戒懼，用保其終。（慎終篇）

唐太宗在此舉漢代開國的教訓，深入的指出：「自古人君爲善
者，多不能堅守其事」，並以漢高祖劉邦爲例，說明他在創業期間，
還能極危誅暴，任用賢人，但等天下安定之後，反而得意忘形，造
成君臣、父子之間悖謬。因此他經常以此自惕，「用保其終」；這
種時刻戒懼自勉的精神，即使對於企業，仍然深具啓發性。

另外，貞觀十四年，太宗再問侍臣說：

平定天下，朕雖有其事，守之失圖，功業亦復難保。秦始皇
初亦平六國，據有四海，及末年不能善守，實可爲誡。公等
宜念公忘私，則榮名高位，可以克終其美。（慎終篇）

魏徵則回答：「臣聞之，戰勝易，守勝難。陛下深思遠慮，安
不忘危，功業既彰，德教復洽，恒以此爲政，宗社無由傾敗矣。」

這種警惕，「戰勝易，守勝難」，非但對治國很有幫助，對企
業同樣很有啓發；尤其：創業的第一代，通常均因爲身處患難，而
能惕勵奮發，但到第二代常因身處安樂，而自我鬆懈，甚至託辭時
代不同、環境不同，而不復有艱苦奮鬥的精神。因此，很多大企業
到第二代即呈衰象，深值共同警惕、加強管理，才能「克終其美」。

所以貞觀十六年，太宗曾問魏徵：

觀近古帝王有傳位十代者，有一代兩代者，亦有身得身失者。
朕所以常懷憂懼，或恐撫養生民不得其所，或恐心生驕逸，

喜怒過度。然不自知，卿可爲朕言之，當以爲楷則。（愼終篇）

魏徵則回答：

> 嗜慾喜怒之情，賢愚皆同。賢者能節之，不使過度；愚者縱
> 之，多至失所。陛下聖德玄遠，居安思危，伏願陛下常能自
> 制，以保克終之美，則萬代永賴。（愼終篇）

總之，領導人需要「常能自制」、「居安思危」，才能永保克終之美，也才能永續經營。這種哲理，非但對經營國家非常重要，對經營任何企業，也都同樣重要，深值共同體認。

(三) 領導人不正的時候

根據《貞觀政要》，如果領導人立身不正，則是首先應該加強管理的時候。

《貞觀政要》的第十七章曾提到：「君者政源，人庶猶水。君自爲詐，欲臣下行直，是又猶源濁而望水清。」❷

換句話說，領導人如同政治的根源，而人民正如水流，如果領導人貪婪奢靡，或者以術治國，而想要爲臣者正直，那正如同上游的水源混濁，卻要下游的水清澈一樣，根本不可能。

所以正本清源之道，必需先對領導人能加強管理。

唐代的宰相制度，對帝王具有某種制衡作用，類似今日的內閣制，以及行政院長副署制度。唐太宗即本此精神而採用。希望能建立一定程度的監督與制衡制度，並以「法治」超越「人治」，俾能眞正長治久安。這對當今民主憲政，乃至於管理界，均具有重大的

啓發性。

另外貞觀初，太宗問蕭瑀說：

> 朕少好弓矢，自謂能盡其妙。近得良弓十數，以示弓工。乃
> 曰：『皆非良材也。』朕問其故，工曰：『木心不正，則脈
> 理皆邪，弓雖剛勁而遣箭不直，非良弓也。』朕始悟焉。朕
> 以弧矢定四方，用弓多矣，而猶不得其理。況朕有天下之日
> 淺，得爲理之意，固未及於弓，弓猶失之，而況於理乎？
> （政體篇）

換句話說，唐太宗以「用弓」的例證比喻，如果「木心不正，
則脈里皆邪」，說明如果高層心術不正，風氣就會敗壞。另外他更
強調，像他用弓得天下的人，都還未得其理，更何況治天下之理？

這段對話一方面代表唐太宗的虛心，二方面更代表他要求上位
者能「心正」。這在今天仍深具重大意義。尤其，西哲早有名諺：
「權力令人腐化，更多權力令人更腐化，絕對權力令人絕對腐化」，
因此，如何對有權的領導人加以監督制衡，促其免於腐化，正是現
代民主政治的第一要務。

在以往帝王的人治時代，只能寄託君主本身自我克制，但到現
在民主時代，則應建立客觀的監督制度，俾能眞正「權責相符」。
非但治國應如此，在管理界同樣也應如此。

此所以日本名管理學家山本曾經感嘆：擁有權力的人，常常自
以爲是全能，於是沈溺在這種全能感之中而不自覺。他認爲權力眞
是一種令人迷失的魔物，許多公司的董事長或大學教授，大都有這
種奇妙的全能感。日本戰國時代的武將織田信長曾將自己比擬爲神，

豐田秀吉晚年時，也以爲自己一聲令下，任何事情都可實現，這都是全能感在作祟㉒。

換句話說，當上位者「全能感」作祟時，通常即是開始衰敗之日；因此，對任何異議忠言均難接受，逢迎拍馬之風也開始興盛。到了那時，離危亡已不遠，所以是最需警惕管理的時候。

在貞觀十六年，太宗曾問侍臣：「或君亂於上，臣治於下；或臣亂於下，君治於上。二者苟逢，何者爲甚？」魏徵對曰：「君心治，則照見下非。誅一勸百，誰敢不畏威盡力？若昏暴於上，忠諫不從，雖百里奚、伍子胥之在虞、吳，不救其禍，敗亡亦繼。」（政體篇）

魏徵在此明確指出，君主若能「心治」，才能「照見下非」，否則君主若昏暴於上，對忠諫均不從，則再有名臣良相也都無用。此中至理，再度提醒世人，領導人要能以身作則的重要性。

事實上，魏徵去世以後，連太宗也曾執迷於「全能感」，甚至懷疑魏徵的貢獻，而毀掉他爲魏徵所建的紀念石碑；到太宗遠征高麗失敗而歸，才又懷念魏徵，命人重建石碑，並感慨地說：「魏徵若在，我怎會有此行！」此中教訓，連太宗均不免因自大而失敗，更何況一般人呢？

另外魏徵觀察貞觀之初，「時方克壯，抑損嗜欲，躬行節儉，內外康寧，遂臻至治。」但是到後來「稍乖曩志，敦樸之理，漸不克終。」他唯恐太宗不能克終儉約，所以曾經在貞觀十三年，舉出十項「漸不克終」之事，直到今天，仍深具警惕意義。對領導人尤具重大教示作用。

總合魏徵十諫，根本要旨，仍在提醒大家，必需公正無私，尤

應親近君子，多疏斥小人，多聽諫言，否則必定「漸不克終」。這即使對今天的管理界，仍深具重大意義。

所以日本的山本也曾經以感嘆與讚嘆的口吻說：

> 魏徵把原本不便開口的話，很明確地，坦率地指陳出來。這種諫言需要極大的勇氣。我曾經開玩笑地問過一位公司職員：『如果你像魏徵那樣坦率地對你們總經理進言，他會不會稱讚你呢？當時太宗一賞就是絹緞百匹。現在時代不同，總經理會不會發給你一筆特別獎金，以示獎勵？』他回答：『總經理不將你貶到天涯海角，就謝天謝地啦。你還敢想獎金！』

山本的結論是：

> 假如真的是這樣的話，古代的帝王—大唐帝國的最高權力者，比起現代公司的總經理還要謙虛得多了。至少稱爲明君的天子，都有這種寬宏的器宇吧！❷❹

根據貞觀政要，領導人先要有這種寬宏的器宇，才能真正領導成功。此中哲理關係成敗至大，深值管理界共同重視。

第四節　從何處管理

若問《貞觀政要》，應從何處下手管理？則其答案可以歸納如後：

(一)　君臣誡鑑

整部《貞觀政要》最根本的一貫精神，就是「君臣誡鑑」，共同創業時應如此，守成時也應如此。唯有如此，經常上下相互惕勵，才能永保成功勝利。

這在現代管理上同樣深具啓發。

所以日本公認「行銷之神」的瀧川精一即曾強調：

> 你們應該主動積極，真正扮演經理角色的方法，就是出去銷售，除非你們樹立榜樣，否則你們的屬下決不會有任何動作。經理只有兩件事可做，一是樹立好的榜樣，另一就是激勵你的員工。㉕

除此之外，「父子誡鑑」，或上下二代彼此「誡鑑」，也是同樣的重要。《貞觀政要》第十一篇，唐太宗即曾教戒太子諸王：

> 朕歷觀前代，撥亂創業之王，生長民間，皆識達情偽，罕至於敗亡。逮乎繼世守文之君，生而富貴，不知疾苦，動至夷滅。朕少小以來，經營多難，備知天下之事，猶恐有所不逮。至於荆王諸弟，生自深宮，識不及遠，安能念此哉！朕每一食，便念稼穡之艱難；每一衣，則思紡績之辛苦，諸弟何能學朕乎？選良佐以爲藩弼，庶其習近善人，得免於衍過爾。

這種警惕第二代的苦心，對於現代企業家極具重大啓發。唐太宗要太子諸王「尊敬師傅」「知君臣、父子、尊卑、長幼之道」，並還親自給予機會教育，「遇物必有誨諭」，通過各種生活細節，啓發治國道理。這對領導人或大企業選擇繼承人，也同樣深具重大意義。

(二) 尊敬儒家

唐太宗任內，曾經明確要求衆臣多讀儒書：「若有疑似則引經決定，禮治太平。」貞觀二年時，並立孔子廟堂於國學，以仲尼爲先聖，從該年起還大收天下儒士，大辦各類學館，大力提倡儒家思想。爲什麼呢？主要就因爲，孔子所強調的仁義精神與各種治國之道，證明均爲眞正可大可久之道。

此即《貞觀政要》〈辨興亡〉中所說：

> 觀古人君行仁義、任賢良、則理，行暴亂、任小人、則敗。

日本近代很多大企業領袖也提倡儒學，例如澁澤榮一提倡「論語與算盤」合一，曾任經國連會長的石土反泰三，輒以研讀《論語》爲樂，山本七平並著《論語讀法》，深受好評。種種例證，對中外的企業界，均深具啓發意義。

所以貞觀三年，太宗還曾問給事中孔穎達：

> 《論語》云：『以能問於不能，以多問於寡，有若無，實若虛。』何謂也？」穎達對曰：「聖人設教，欲人謙光。」……故《易》稱『以〈蒙〉養正，以〈明夷〉莅衆』，若其位居尊極，炫耀聰明，以才陵人，飾非拒諫，則上下情隔，君臣道乖，自古滅亡，莫不由此也。」太宗曰：「《易》云：『勞謙，君子有終，吉。』誠如卿言。（謙讓篇）

在唐太宗時代，經常有類似的君臣對話。論其要旨，均在根據儒家教誨，警惕君臣，要能謙虛正心。因此貞觀二年，太宗即曾強

調：「爲政之要，惟在得人，用非其才，必難致治。今所任用，必須以德行、學識爲本。」眾所皆知，貞觀之治主要成功原因，即在「得人」，而其用人標準，特別以「德治、學識」爲本，即源自儒家深厚經驗，即在今日仍深具啓發性。

唐太宗非但對任用人才，很重儒家教訓，對太子教育，也極重儒家傳統，強調「正直忠信」。此即貞觀八年，太宗謂侍臣曰：

> 上智之人，自無所染，但中智之人無恒，從教而變。況太子師保，古難其選。成王幼小，周、召爲保傅，左右皆賢，日聞雅訓，足以長仁益德，使爲聖君。秦之胡亥，用趙高作傅，教以刑法，及其嗣位，誅功臣，殺親族，酷暴不已，旋踵而亡。故知人之善惡誠由近習。朕今爲太子、諸王精選師傅，令其式瞻禮度，有所裨益。公等可訪正直忠信者，各舉三兩人。（尊敬師傅）

凡此種種，充份可見，《貞觀政要》之中，對儒家精神極爲推崇，對當今管理界也深具現代意義，甚值共同重視。

(三)　簡約

根據《貞觀政要》精神，治國必需簡約自持，必須勤儉治國，不可浪費、奢華：

> 若耽嗜滋味，玩悅聲色，所欲既多，所損亦大，既妨政事，又擾生人。且復出一非理之言，萬姓爲之解體，怨讟既作，離叛亦興。朕每思此，不敢縱逸。」（君道）

　　同樣道理，治理公司亦復如此。很多公司負責人稍微賺錢後，即開始生活奢華，習性奢靡，結果很快又失敗，形成暴發戶結局。充份證明，「簡約」的重要性，對管理也深具啓發性。

　　日本管理學者山本七平在研讀本段時，曾經特別舉例說明：

> 別忘了所謂上行效，帝王一旦奢侈，朝廷文武百官與地方官吏會立即仿傚，奢華成風便像傳染病一樣地蔓延。
>
> 我從前曾經擔任過已故首相大平正芳的政策研究會文化部長。記得有一次，大平首相說了一句：「這是一個文化的時代」的話，各縣市地方政府便紛紛興建文化會館，以資響應。甚至縣市以下最基層的單位也相互仿傚。這使我想起魏徵對太宗的進諫，任何虛榮的事情都不放過，無論如何瑣碎都要進諫。魏徵這種心情，實在令人敬佩，我當時也豁然體會到他的用心良苦。㉖

　　另外，貞觀元年，太宗也曾告訴侍臣說：

> 自古帝王凡有興造，必須貴順物情。昔大禹鑿九山，通九江，用人力極廣，而無怨者，物情所欲，而眾所共有故也。秦始皇營建宮室，而人多謗議者，爲徇其私欲，不與眾共故也。朕今欲造一殿，材木已具，遠想秦皇之事，遂不復作也。

　　太宗在此以大禹與秦始皇作個對照，強調兩者雖然同樣大興工程，但大禹是爲拯救民生，順乎民心，所以並無民怨；反之，秦始皇卻只逞私慾，不體民苦，所以眾多謗議。此中啓發，即使在管理界，也深具重大意義。

此所以《貞觀政要》中，曾經明白強調：「人君之治，莫大於道德教化」，「亂世中必須撫之以仁義，示之以威信，因人之心，去其苛刻，不作異端，自然安靜。」凡此種種自省自惕，至今仍為至理名言。

事實上，唐太宗在貞觀初年，本欲建造宮殿，連木材都已準備好，但因諫臣力爭，強調「若此殿率興」則將會如同隋胡，「同歸於亂」，同遭歷史唾棄，以太宗的威望，仍在省思之後，「遠想秦皇之事，遂不後作」。由此可見他很能從善如流的精神。太宗能開創罕見盛世，絕非偶然能致。

因此，日本山本七平即曾強調，現在企業的領導人，實應多多向太宗學習：

> 太宗時時以隋煬帝為前車之鑑，他親眼看過隋朝強大的權勢，一旦崩潰是何等的脆弱，所以時常自己警惕、反省，也十分重視魏徵等群臣的諫言。身為企業組織的最高經營者，要想事業能夠長遠發展，也應該要向太宗學習。❷❼

(四)　謙懼

根據《貞觀要政》精神，做為一位成功的領導者，應該謙虛禮讓，絕不可自大，更不可自以為官大就學問大。尤不可以力服人，或用權勢壓人，否則，必定會加速敗亡。

此所以貞觀二年，太宗向侍臣說：

> 人言作天子則得自尊崇，無所畏懼，朕則以為正合自守謙恭，常懷畏懼。昔舜誡禹曰：『汝惟不矜，天下莫與汝爭能；汝

惟不伐，天下莫與汝爭功。』又《易》曰：『人道惡盈而好
謙。』凡爲天子，若惟自尊崇，不守謙恭者，在身儻有不是
之事，誰肯犯顏諫奏？朕每思出一言，行一事，必上畏皇天，
下懼群臣。天高聽卑，何得不畏？群公卿士，皆見瞻仰，何
得不懼？以此思之，但知常謙常懼，猶恐不稱天心及百姓意
也。（謙讓篇）

　　魏徵則對曰：「古人云：『靡不有初，鮮克有終。』願陛下守
此常謙常懼之道，日愼一日，則宗社永固，無傾覆矣。唐、虞所以
太平，實用此法。」（謙讓篇）

　　太宗在此強調「常謙常懼」之道，因爲「常謙」，才能鼓勵群
臣犯顏直諫；因爲「常懼」，才能接受監督改進。對於帝王而言，
能有這種自我反省革新的精神，的確非常可貴。如果古代帝王尙知
如此反省自制，戒惕謹愼，到現代的民主社會，怎能反而目中無人，
爲所欲爲？太宗在此所說精神，不但對治國極有幫助，對管理也同
樣很有啓發。

　　另外，唐太宗又曾對魏徵說：

　　自古侯王能自保全者甚少，皆由生長富貴，好尚驕逸，多不
　　解親君子遠小人故爾。朕所有子弟欲使見前言往行，冀其以
　　爲規範。（教戒太子諸王篇）

　　唐太宗深知富豪子弟出生富貴，「好爲驕逸」，所以不能體會
「常謙常懼」的重要性，也不知「親君子，遠小人」的重要性，因
此他要求魏徵記錄歷來帝王子弟的成敗教訓，其中精神與用心良苦，

即在今天，仍對大企業第二代深具重要啓發。

貞觀七年，太子李承乾因爲多次違犯禮法，而且侈縱日甚，太子的左庶子于志寧便撰《諫苑》廿卷，加以規勸。另外，太子右庶子孔穎達也經常犯顏進諫。太子的乳母因爲護短，所以告訴孔穎達，「太子長成，何宜屢保而折？」亦即責怪，爲什麼要當面批評他的過錯，孔穎達對曰：「蒙國厚恩，死而無所恨」。太宗知道之後，對孔穎達非但沒有損備，反而對二人「各賜帛五萬匹，黃金一斤」，以勵承乾之意。（規諫太子章）

換句話說，唐太宗深知官宦子弟生即富貴，不知民間疾苦，更容易仗勢驕橫，所以再三強調，應「選良佐以爲藩弼，庶其習近善人」。唯有如此，才能夠增加謙讓之氣，與戒惕之心。凡此種種苦心，深値中外管理界共同重視。

第五節　何人能管理？

(一)　能夠兼聽異議的人

《貞觀政要》〈君道篇〉中，太宗曾問，「何爲明君？何爲暗君？」魏徵的答覆非常中肯：「君之所以明者，兼聽也明；其所以暗者，偏信也暗」。因此，根據貞觀之治的精神，能夠兼聽的領導人，才是眞正成功的經營者。

所以，魏徵逝世之後，太宗曾經詔曰：

> 昔惟魏徵，每顯予過。自其逝也，雖過莫彰。朕豈獨有非於
> 往時，而皆是於茲日？故亦庶僚苟順，難觸龍鱗者歟！所以

> 虛己外求，披迷內省。言而不用，朕所甘心。用而不言，誰
> 之責也？自斯已後，各悉乃誠。若有是非，直言無隱。（任賢
> 篇）

太宗在此很明確的指出，魏徵生前，均能經常直指其過，但其
逝世之後，却沒有人指出其過。他強調，難道這是他從前經常會犯
過，後來却都沒犯錯嗎？顯然不是，只是眾臣苟且順承，不願觸怒
龍鱗而已。因此他特別要求眾臣；「若有是非，直言無隱」。能有
這種胸襟與自省功夫，才是真正能成功的領導人。

另外，貞觀十六年，太宗也曾謂房玄齡等曰：

> 自知者明，信爲難矣。如屬文之士，伎巧之徒，皆自謂己長，
> 他人不及。若名工文匠，商略詆訶，蕪詞拙跡，於是乃見。
> 由是言之，人君須得匡諫之臣，舉其愆過。一日萬機，一人
> 聽斷，雖復憂勞，安能盡善？常念魏徵隨事諫正，多中朕失，
> 如明鏡鑒形，美惡必見。（求諫）

換句話說，太宗深知人性弱點，很難有自知之明，反而多有自
大之病，尤其每天日理萬機，必有疏誤；所以他再三強調，「須得
匡諫之臣，舉其愆過」。經營國家固須如此，經營企業同樣也須如
此，才能真正成功。

㈡　心中先存百姓的人

《貞觀政要》〈君道篇〉說；「爲君之道，必須先存百姓。」
從政治的層面來說是，是以百姓的心爲心，應用在企業上來說，則

有兩層啓發：一是以員工的心爲心。二是以顧客的心爲心。均極具重要性。

換句話說，魏徵在此名言，「水能載舟，亦能覆舟」，同樣也可應用在管理上。一方面員工可以讓公司成功，但同樣可以讓公司失敗。二方面顧客亦復如此。顧客可能支持公司，也可能離棄公司。因此，眞正明智的領導人，必需能以「得人心」爲最急之務。

所以，貞觀十四年，魏徵曾上疏曰：

> 臣聞君爲元首，臣作股肱，齊契同心，合而成體。體或不備，未有成人。然則首雖尊高，必資手足以成體，君雖明哲，必藉股肱以致治。《禮》云：「民以君爲心，君以民爲體，心莊則體舒，心肅則容敬。」《書》云：「元首明哉，股肱良哉，庶事康哉。」「元首叢脞哉，股肱惰哉，萬事墮哉。」然則委棄股肱，獨任胸臆，具體成理，非所聞也。（君臣鑒戒）

換句話講，元首如同頭腦，股肱猶如四肢，人民則如心臟，必需頭腦賢明，四肢健全，心臟正常，才能國泰民安。如此「齊契同心，合而成體」，也才能眞正共創成功。因此，領導人必需爭取民心，注重民意，這也正是《貞觀政要》的成功關鍵。

(三)　真正有德的人

《貞觀政要》在〈誠信篇〉中說：「爲國之基，必資於德禮。」代表治國必須以德服人，而非以力服人。

《貞觀政要》中也分析：「君猶器也，人猶水也，方圓在於器，不在於水。」領導人具有表率作用，正如一個器皿，而百姓就如水，

水的形狀完全受器皿本身的方圓所影響。所以領導人必須有品德，才能眞正領導成功。

因此，太宗在《論教戒太子諸王》中，曾經明確強調，應以德立身，進而以德服人；「人之立身，所貴者惟在德行，何必要論榮貴。汝等位列藩王，家食實封，更能克修德行，豈不具美也？」

除此之外，《資治通鑑》曾經記載，太宗因爲想掃除賄賂成風的弊害，擬以懲一儆百的手段，使百僚知所警惕。於是密令左右去贈賄，某司門令吏收受絹綵一匹，太宗便欲將此人處刑。這時尙書裴矩便提出強烈的諫言。他表示，受賄雖然罪惡，可是以詐術陷害僚屬，也是絕對不可爲的事。因爲有違導之以德，齊之以禮』的精神，千萬不可這樣做。日本企業家山本七平曾在《帝王學》中引述本段，強調身爲帝王，的確不該有如此作法❷。這種以德服人的精神，深値管理界做爲參考。

事實上，君臣之間應以德行相勉，這項原則在《貞觀政要》中，也是極受重視的治國精神原則。

此所以，貞觀初年，太宗曾經問：

> 「周武平紂之亂，以有天下，秦皇因周之衰，遂吞六國，其得天下不殊，祚運長短若此之相懸也？」
> 尙書右僕射蕭瑀回答：「紂爲無道，天下苦之，故八百諸侯，不期而會。周室微，六國無罪，秦氏專任智力，蠶食諸侯。平定雖同，人情則異。」太宗則稱：「不然，周旣克殷，務弘仁義；秦旣得志，專行詐力。非但取之有異，抑亦守之不同。祚之脩短，意在茲乎？❷

換句話說，根據太宗看法，周朝之所以能源遠流長，主要因爲「務弘仁義」，以德治國，以禮服人。反之，秦朝因爲「專行詐力」，以詐治國，以力服人，所以，很快就亡。他在此中強調的，仍然是要以德治國，才能眞正可大可久，這於今天仍深具啓發意義。

(四)　聞過能改的人

唐太宗的一生，非常注重反省，並且深具「聞過能改」的特色，這不但對其成就貞觀之治是極大動力，對現代管理也是極大啓發。

此所以貞觀五年，太宗曾謂侍臣：

> 治國與養病無異也。病人覺愈，彌須將護，若有觸犯，必至殞命。治國亦然，天下稍安，尤須兢愼，若便驕逸，必至喪敗。今天下安危，繫之於朕，故日愼一日，雖休勿休。然耳目股肱，寄於卿輩，既義均一體，宜協力同心，事有不安，可極言無隱。儻君臣相疑，不能備盡肝膈，實爲國之大害也。
>
> （政體篇）

換句話說，太宗認爲，治國如同治病，因而必需勇於知過，勇於認錯，然後才能對症改過。千萬不能有病諱醫，終而導致殞命。而且，有病必需愈早發現愈好，因此治國也需愈早發現過錯愈好。此種精神至今仍具重大意義。

另外，貞觀十四年，太宗也曾謂房玄齡曰：「朕每觀前代史書，彰善癉惡，足爲將來規誡。不知自古當代國史，何因不令帝王親見之？」對曰：「國史既善惡必書，庶幾人主不爲非法。只應畏有忤旨，故不得見也。」太宗曰：「朕意殊不同古人。今欲自看國史者，

蓋有善事，固不須論；若有不善，亦欲以爲鑒誡，使得自修改耳。
卿可撰錄進來。」換句話說，太宗希望能及時儘早看到史官所寫他
的過失，以便能夠立刻改正。

　　所以房玄齡等刪略國史爲編年體，並撰高祖、太宗實錄各二十
卷，呈送太宗參閱。這就充份證明太宗很有「聞過能改」的胸襟勇
氣。

　　太宗除了在口頭上訓誡眾臣，要能勇於改過，他本身更能以身
作則，說到做到。最著名的例證，便是他爲了愛馬瘁死，本來要處
死馬伕，卻因皇后力諫，馬上改過更正。

　　根據《貞觀政要》，太宗有一駿馬，特愛之，恒於宮中養飼，
無病而暴死。太宗怒養馬宮人，將殺之。皇后諫曰：

> 昔齊景公以馬死殺人，晏子請數其罪云：『爾養馬而死，爾
> 罪一也。使公以馬殺人，百姓聞之，必怨吾君，爾罪二也。
> 諸侯聞之，必輕吾國，爾罪三也。』公乃釋罪。陛下嘗讀書
> 見此事，豈忘之邪？」太宗意乃解。又謂房玄齡曰：「皇后
> 庶事相啓沃，極有利益爾。」（納諫篇）

　　唐太宗對此事，非但立刻接受規勸，絕不認爲有傷尊嚴，並且
還稱讚皇后能「相啓沃，極有利益」，充份展現其「聞過則喜」的
胸襟。這才是眞正能成功的領導人，深値管理界共同重視與力行。

　　另外，貞觀十八年，太宗又曾謂侍臣曰：「夫人臣之對帝王，
多承意順旨，甘言取容。朕今欲聞己過，卿等皆可直言。」散騎常
侍劉洎曰：「陛下每與公卿論事，及有上書者，以其不稱旨，或面
加詰難，無不慚退。恐非誘進直言之道。」太宗曰：「朕亦悔有此

問難，當即改之。」（悔過篇）

　　由此可見，太宗因為對諫言再問難，會影響規善進言的心情，所以他還注意到，應改正自己態度，以便利眾臣更勇於進言。這種胸襟在帝王時代誠屬可貴，即在今日也不可多得，卻是成功管理的重要因素，不可不知。

㈤　能有「十思」的人

　　《貞觀政要》中曾從正面，分析領導人應「十思」，深具重大啓發：

> 君人者，誠能見可欲，則思知足以自戒；
> 將有作，則思知止以安人；
> 念高危，則思謙沖而自牧；
> 懼滿溢，則思江海下百川；
> 樂盤遊，則思三驅以爲度；
> 憂懈怠，則思愼始而敬終；
> 慮壅蔽，則思虛心以納下；
> 想讒邪，則思正身以黜惡；
> 恩所加，則思無因喜以謬賞；罰所及，則思無因怒而濫刑」。

（君道篇）

　　除此之外，《貞觀政要》也從負面，論述「十不思」的重要性：

> 一、不思知足；二、不思知止；三、不思謙沖；四、不思江海下百川；五、不思三驅以爲度；六、不思愼始敬終；七、

不思虛心納下；八、不思正身黜惡；九、不思因喜謬賞；十、
不思因怒濫刑。

扼要而論，上述正反俱呈的「十思」與「十不思」，最重要的
根本精神，仍在領導人要能夠「省思」。因為，只有透過省思，才
能察覺各種過錯，也只有透過省思，才能積極改進更新。所以，綜
觀中外各代興亡，凡能眞正成功者，莫不勤於省思；反之，凡是最
後失敗者，莫不拙於省思，只知推卸責任。

事實上，即以唐代爲例，太宗時代，他本身能充份做到上述精
神，並且勤於省思，因此能有光明成就。但太宗五十三歲英年過世，
繼承人便逐漸失去這種精神，開始不悅逆耳之言，太宗生前擔心的
情況也逐漸產生，以致「私僻之徑漸開，至公之道日塞」，終於國
力日衰。此即《貞觀政要》〈公平篇〉所說：

> 昔在貞觀之初，側身勵行，謙以受物。蓋聞善必改，時有小
> 過，引納忠規，每聽直言，喜形顏色。故凡在忠烈，咸竭其
> 辭。自頃年海內無虞，遠夷懾服，志意盈滿，事異厥初。高
> 談疾邪，而喜聞順旨之說；空論忠謇，而不悅逆耳之言。私
> 僻之徑漸開，至公之道日塞，往來行路，咸知之矣。邦之興
> 衰，實由斯道。爲人上者，可不勉乎？

因此，《貞觀政要》在此結論：「邦之興衰，實由斯道」，並
再三提醒「爲人上者，可不勉乎？」即在今天，無論對經營國家，
或經營企業，均深具重大的啓發性。

㈥　能行六正防六邪的人

在《貞觀政要》〈擇官篇〉中，魏徵曾經同時列舉了「六正」
與「六邪」的人物，並引述〈說苑〉的名言：「行六正則榮，犯六
邪則辱。」同樣深值現代管理界參考。

所謂「六邪」人物，即是：

一曰：安官貪祿，不務公事，與代浮沈，左右觀望，如此者，『具
臣』也。

二曰：主所言皆曰善，主所為皆曰可，隱而求主之所好而進
之，以快主之耳目，偷合苟容，與主為樂，不顧其後害，如
此者，『諛臣』也。

三曰：內實險詖，外貌小謹，巧言令色，妒善嫉賢，所欲進，
則明其美，隱其惡，所欲退，則明其過，匿其美，使主賞罰
不當，號令不行，如此者，『奸臣』也。

四曰：智足以飾非，辯足以行說，內離骨肉之親，外構朝廷
之亂，如此者，『讒臣』也。

五曰：專權擅勢，以輕為重，私門成黨，以富其家，擅矯主
命，以自貴顯，如此者，『賊臣』也。

六曰：諂主以佞邪，陷主於不義，朋黨比周，以蔽主明，使
白黑無別，是非無間，使主惡布於境，內聞於四鄰，如此者，『亡
國之臣』也。

是謂六邪。

另外，王船山在《讀通鑑論》中，也曾明白指出，「國之將亡，

必有妖孽」，他並強調，此處所說「妖孽」，並非怪獸，而指亡國之臣。擴而充之，所有上面六種所稱「具臣、諛臣、奸臣、讒臣、賊臣、亡國之臣」等人，均爲足以六國之人。因此，所有領導人均應充份警覺，避免忠奸不分、正邪不明，等到眞正敗亡，已經後悔莫及。非但經營國家應該重視，經營公司同樣應深加警惕。

換句話說，權力令人腐化，更多權力令人更腐化；尤其一個人有了權力之後，四週必然會有逢迎拍馬之徒包圍，這就形成《貞觀政要》所說的「六邪」。六邪會使領導者失去前述明智的「十思」，並從興盛淪爲衰亡，因而絕對不能掉以輕心。

除此之外，魏徵又曾經從正面列出「六正」的典範人物：

一曰：萌芽未動，形兆未見，昭然獨見存亡之機，得失之要，預禁乎未然之前，使主超然立乎顯榮之處，如此者，『聖臣』也。

二曰：虛心盡意，日進善道，勉主以禮義，諭主以長策，將順其美，匡救其惡，如此者，『良臣』也。

三曰：夙興夜寐，進賢不懈，數稱往古之行事，以屬主意，如此者，『忠臣』也。

四曰：明察成敗，早防而救之，塞其間，絕其源，轉禍以爲福，使君終以無憂，如此者，『智臣』也。

五曰：守文奉法，任官職事，不受贈遺，辭祿讓賜，飲食節儉，如此者，『貞臣』也。

六曰：家國昏亂，所爲不諛，敢犯主之嚴顏，面言主之過失，如此者，『直臣』也。（擇官篇）

綜合而言，這「六正」的人物，堪稱「國之將興，必有禎祥」。其中所稱的「聖臣、良臣、忠臣、智臣、貞臣、直臣」，均能力挽狂瀾，成為中流砥柱，非但為經營國家所必需的中興重臣，對於經營企業，同樣是必需的智囊重鎮，所以深值共同重視。

第六節　如何管理？

(一) 得人

《貞觀政要》第十七章曾說：「為政之要為在得人，用非奇才並難致治。」一個國家要治理的好，必須延攬好的人才任其位，而其人才不僅須有才能，還須有品德。

因為，根據《貞觀政要》，「為君之道，必須先存百姓」「有道則人推而為主，無道則人棄而不用」。而且「凡事皆須務本，國以人為本，人以衣食為本，凡營衣食，以不失時為本」。這種「得人心」的管理方法，的確是最務本之道。

那麼，如何才能得人呢？《貞觀政要》強調，要能深入觀察：

> 貴則觀其所舉，富則觀其所養，居則觀其所好，習則觀其所言，窮則觀其所不受，賤則觀其所不為。因其材以取之，審其能以任之，用其所長，捨其所短。進之以六正，戒之以六邪，則不嚴而自勵，不勸而自勉矣。（擇官篇）

換句話說，對人才觀察之後，即需「各取其長」；因為任何人均有長處，同時也有短處。如果只從短處看人，則天下便無可用之

才，但若能任用其長，包容其短，則天下均爲可用之才，必能形成人才鼎盛。這種慧見與胸襟，對管理學也深具啓發性。

此所以貞觀二年，太宗曾問右僕射封德彝：政治之本，惟在得到人才。近來朕命卿舉拔賢才，卻不見有所推薦。天下事重，卿宜分朕憂勞。卿既不言，朕將寄望於誰？封德彝回答：臣愚昧，豈敢不盡情盡力？只是至今未見有奇才異能。

因此太宗強調：前代明哲君王用人各取其長，而且都在當時求取，不是借用不同時代的人才，那裏能等到夢見傳說、偶遇呂尙，然後才來治理政事呢？而且那個朝代沒有賢能？只怕被遺漏而不知罷了！德彝只有慚報而退。

太宗這種精神，對於企管也極具啓發性。例如馬克·麥考（Mark H. McCormark）在《在哈佛學不到的經營之道》（What They Don't Teach You At Harvard Business School）中便說：「要雇佣比你更機智的人。」❸❶另外，美國已故鋼鐵大王卡內基，更十分重視組建一個強有力的管理組織，別人給他寫的墓誌銘是：「這裡躺著的，是一個善於使用比自己更能幹的人來爲他服務的人。」❸❶

這種領導人，勇於任用比自己能幹的人，而不會怕功高震主，正是大格局、大魄力、與大信心的展現，也是大事業、大成功的保證。與唐太宗的精神風範完全相通，深値共同重視。

㈡　任賢

魏徵曾告訴唐太宗：「使臣爲良臣，而勿使臣爲忠臣。」也就是說，魏徵希望唐太宗，使其成爲「賢良」的大臣，而不是一位

「愚忠」的大臣。

什麼叫做良臣？「良臣使聲獲美名，君受顯號，子孫傳世福祿無疆」，而忠臣則「身受誅夷，君陷大惡，家國並喪，毒有其名。」魏徵將人才的定位，以「賢良」爲標準，而不是以「愚忠」爲標準，這種風格與智慧，至今對管理界仍深具重大意義。

例如，佳能公司總裁瀧川精一在日本公認爲「行銷之神」，他最重要的成功秘訣，就是能任用賢良，不問愚忠，所以其部屬金子徹雖然年輕，但仍被破格提拔，成就非凡。

瀧川精一有句名言便很中肯：「他要聽的，不是一個人以前做過什麼，而是他將來會做什麼。」❷這種精神充份代表用人唯才，唯賢良是用，不分年齡與資歷，更不問對其私人是否愚忠。

另外，日本「經營之神」松下幸之助也曾用《呂氏春秋》「六驗」方法，從被考察者的喜、怒、哀、樂、懼、苦等不同反應，根據其是否賢明，來考察人才。他說：「《呂氏春秋》『六驗』中的各句，曾幫我物色了衆多人才。」再如日立公司晉升幹部，只看其工作成果；新力公司選拔人才，也全看工作成果，該公司爲了避免論資排輩，還乾脆銷毀了全部員工履歷表。❸凡此種種，均代表「任賢」而非「任私」，才是眞正成功的保障。

所以山本在講述《貞觀政要》時，就曾強調，提拔人才最根本的就要看其實績的好壞。他並引日本著名經濟管理學家士光敏夫說：「撐竿跳的橫竿總是要不斷往上升的，不能跳越它的人，就應該盡快離開競技場。」換句話說，眞正的人才都是在競爭中考驗出來的，他們才能具有起死回生的能力，以及使事業興旺發達的鬥志❹。唯有如此任賢用人唯才，公司才能成功。這種的觀念與《貞觀政要》

的精神便完全相通。

因此，瀧川也曾強調，「任何公司的成功，大大決定於最高管理階層，如何自十人、百人或千人中辨認出誰是領袖的能力。」㉟

換句話說，如果領導階層用人，只以愚忠為標準，則無法接受各種考驗。只有以「賢良」為標準，才是真正棟樑之才。

事實上，唐太宗時非但人才濟濟，而且眾臣均各有特長，所以才能夠形成整體的團隊力量。此所以王珪曾經分別評論：

> 孜孜奉國，知無不為，臣不如玄齡。每以諫諍為心，恥君不
> 及堯舜，臣不如魏徵。才兼文武，出將入相，臣不如李靖。
> 敷奏詳明，出納惟允，臣不如溫彥博。處繁理劇，眾務必舉，
> 臣不如戴冑。至如激濁揚清，嫉惡好善，臣於數子，亦有一
> 日之長。太宗深然其言，群公亦各以為盡己所懷，謂之確論。
> （任賢篇）

換句話說，任何成功的公司或機構，必需擁有形形色色各種人才，然後領導者要能夠擷長補短，整體運用，才能形成最堅強的陣容，以及最有競爭力的團隊。此中至理，極值共同重視。

(三) 求諫

根據貞觀政要精神，一位領導者應積極主動尋求諫言，接納批評，才能有所成就唐太宗便曾說：「夫以銅為鏡，可以正衣冠；以古為鏡，可以知興替；以人為鏡，可以明得失，朕常得此三鏡，以防己過。」

因此，貞觀之治最大的成功因素，可說就是領導者積極求諫，

並用各種方式鼓勵進諫。所以能夠經常改進失誤，更能經常掌握民心，這種特性，至今仍然深具啓發性。

尤其唐太宗曾強調：

> 以天下之廣，四海之眾，千端萬緒，豈得以一日萬機，獨斷
> 一人之慮也。
>
> 若人主所行不當，臣下又無匡諫，苟在阿順，事皆稱美，則
> 君爲暗主，臣爲諛臣，君暗臣諛，危亡不遠。朕今志在君臣
> 上下，各盡至公，共相切磋，以成治道。（求諫篇）

唐太宗明白指出，以天下之廣，非一人可以獨斷。如果人主所行不當，臣下又不進諫，「君暗臣諛，危亡不遠」，眞叫說是一針見血之論，無論對治國，或對管理，均值共同重視。

日本松下的經管理念，就很能與《貞觀政要》相通。所以他勇於打破等級彙報制，鼓勵下屬人員，越級彙報各種情況和提出意見。松下認爲，當公司或商店的規模，隨著時間的推移愈變愈大時，其組織就會像政府機關一樣，日漸趨於僵硬，在不知不覺中就會有些不成文的陳規陋習出現。如等級彙報制度，就很難發揮每一個人的獨立自主性，從而阻礙公司的發展。

因此，松下要求新進職員能直接向他表達意見，主管的人更有責任去製造和保護這種風氣。儘管下屬意見或許沒有多大價值，但其中一定會有主管沒有想到的構思，即使並不完善，也多少可以採用。因爲這種不完全摒棄的接納態度，能使員工勇於提出方案。松下指出：如果員工都是「遵照命令行事」，就算擁有再多的人才，公司也不會發展❸❻。這種勇於「求諫」的風範，可稱正與《貞觀政

要》不謀而合。

另外，松下幸之助還經常找部下談話，主動徵求員工的意見。這種主動「求諫」的省悟，正是奠定他成功的重要原因。直到退休前，他還不分晝夜，打電話給在現場的高級管理人員，查問有關情況。如果他沒有每一、兩天與產品部經理，作個別談話或在電話中交談，那是很不尋常的。他不斷地過問各個領域，讓下屬暢所欲言，充分發揮他們的聰明才智，更好地調動他們的工作單位。根據專家分析，松下成功的關鍵，大多在於他能夠接觸下面七個層次的員工，鼓勵他們講真話，激勵他們為達到公司目標而創造性工作。❸

另外，日本明治與大正時期的財界鉅子澀澤榮一，每次有民眾前往拜訪他時，澀澤總是很高興地予以接見。無論訪客講些什麼，他都注意傾聽，並設有專人負責紀錄內容。領導人一旦達到了財界鉅子這種地位，一不慎重便會落入偏信的陷阱。所以，村上特別引《貞觀政要》，強調平素要努力不懈，經常求諫，這樣才是成功的第一要件❸。

事實上，唐太宗為尋求眾臣進諫，還經常循循善誘，對眾臣曉以大義。所以他曾強調：

> 人之意見，每或不同，有所是非，本為公事。或有護己之短，忌聞其失，有是有非，銜以為怨。或有苟避私隙，相惜顏面，知非政事，遂即施行。難違一官之小情，頓為萬人之大弊。此實亡國之政，卿輩特須在意防也。」（政體篇）

換句話說，如果政策討論過程，大家只為「相惜顏面」，彼此鄉愿，不講真話，結果草率施行，「頓為萬人之大弊」，堪稱「亡

國之政」。不但治國應該特別警惕,對於管理公司也是同樣道理。

所以村上特別指出:如果人們處於生死存亡的關鍵時刻,還一心想著內部和諧統一,那就真會「因和而亡」了。根據貞觀政要的精神在一個企業內部,如果大家都只顧面子,始終保持表面和氣,明知總經理的決策有誤,也不提出異議,更不堅決反對,那麼,這樣的企業還有希望嗎?

另外,貞觀五年,太宗曾再對房玄齡等曰:

> 自古帝王多任情喜怒,喜則濫賞無功,怒則濫殺無罪。是以天下喪亂,莫不由此。朕今夙夜未嘗不以此爲心,恒欲公等盡情極諫。公等亦須受人諫語,豈得以人言不同己意,便即護短不納?若不能受諫,安能諫人?(求諫篇)

正因《貞觀政要》中,唐太宗反覆強調納諫的重要,並強調不能「以人言不同己意」即獲短不納,這種精神如同防腐設備,足以經常自我評防止腐化,對管理界也深具啓發性。

(四) 納諫

「求諫」之後,必須能「納諫」,才能真正成功。隋煬帝失天下,根本原因莫過於「拒諫」;而唐太宗得天下,最大原因也莫過於「納諫」。此中興亡之道,深值共同重視。

貞觀二年,太宗問侍臣:

> 明主思短而益善,暗主護短而永愚。隋煬帝好自矜誇,護短拒諫,誠亦實難犯忤。虞世基不敢直言,或恐未爲深罪。昔

箕子佯狂自全，孔子亦稱其仁。及煬帝被殺，世基合同死否？

杜如晦對曰：

> 天子有諍臣，雖無道不失其天下。仲尼稱：『直哉史魚！邦
> 有道如矢，邦無道如矢。』世基豈得以煬帝無道，不納諫諍，
> 遂杜口無言？偷安重位，又不能辭職請退，則與箕子佯狂而
> 去，事理不同。（求諫篇）

由此可見，明主因能容忍「諍臣」的存在，雖無道，還不至於
失天下。這正是明主容忍「納諫」的基本要件，對於管理界也甚具
啓發性。

貞觀八年，太宗又告訴侍臣：

> 朕每閒居靜坐，則自內省，恒恐上不稱天心，下爲百姓所怨。
> 但思正人匡諫，欲令耳目外通，下無怨滯。又比見人來奏事
> 者，多有怖慴，言語致失次第。尋常奏事，情猶如此，況欲
> 諫諍，必當畏犯逆鱗。所以每有諫者，縱不合朕心，朕亦不
> 以爲忤。若即嗔責，深恐人懷戰懼，豈肯更言！

換句話說，太宗很理解，進諫者如果受責備，將會影響其他人
進諫的心情，所以特別強調「縱不合朕心，朕亦不以爲忤」，否則
如果加以責備，衆臣即不會敢言。這種體貼的精神，足以顯示唐太
宗「納諫」的胸襟，的確深值效法。《貞觀攻要》提過一個眞實故
事，本身很有啓發性。代表即使進諫內容偏激，引起太宗生氣，但
他也會立刻克制情緒，甚至加以鼓勵。此中風範與民主素養，在中

外歷史均屬罕見，深值管理界共同重視。

　　貞觀八年，河南省陝縣的縣丞皇甫德參上書，引起太宗生氣。憤怒地告訴房玄齡說：皇甫德參上言，說我修洛陽宮殿，是勞民傷財；收地租，是厚斂貪求；連民間流行的高髻髮型，也是受到宮中風氣的影響。難道德參要國家不役一人、不收一租，宮人皆無髮嗎？太宗本能地認爲，德參上書的內容過份偏激，可以說是訕謗，有違官吏職責，因此他擬予治罪。

　　但魏徵立刻進言說：從前賈誼上書漢文帝，說是「可爲痛哭者一，可爲長歎息者六。」自古上書，多半言詞激切，若不激切，則不能感動人主之心。激切即似訕謗，能否請陛下再詳究實情？太宗聽了立刻怳然若有所悟，於是對魏徵說：只有你才能對我曉以大義！我若怪罪此人，以後誰敢再說話？反而命令賞賜德參絹帛一百三十段，以示獎勵。

　　另外，唐太宗爲經常納諫，鼓勵眾臣能多進言，所以還特別強調，對於直諫可施於政教者，「當拭目以師友待」，如此能動之以情，用溫馨的識心鼓勵諫言，也深值欽佩與效法。

　　此即貞觀十九年，太宗對侍臣所說：

> 朕觀古來帝王，驕矜而取敗者，不可勝數。不能遠述古昔，至如晉武平吳、隋文伐陳已後，心逾驕奢，自矜諸己，臣下不復敢言，政道因茲弛紊。……每思臣下有讜言直諫，可以施於政教者，當拭目以師友待之。如此，庶幾於時康道泰爾。
>
> （政體篇）

　　除此之外《貞觀政要》也曾敍述：

> 太宗威容儼肅，百僚進見者，皆失其舉措。太宗知其若此，
> 每見人奏事，必假顏色，冀聞諫諍，知政教得失。（求諫篇）

換句話說，因為太宗生相很威嚴，所以眾臣看了多半不敢多言。
太宗知道這情形後，還會特別放鬆表情，「必假顏色」，以和顏悅
色，幫助眾臣去除緊張，俾能多所諫言。此中誠心與用心，的確深
值重視。

村上曾經提到，日本有一本題為《1990年的日本》的書，書中
強調，德川幕府時代的諸侯黑田家規，其中規定：每月必須三次召
集基層人員，任其暢所欲言，決不加限制，使家臣盡量傾吐積怨，
評論時事，而君臣皆不得發怒，心理亦不得存有芥蒂。這些家規，
可能就是受到貞觀政要的啟示而訂定❸。充份證明，《貞觀政要》
中的風範與管理智慧，深值共同重視與力行。

> 故齊桓好服紫，而合境無異色；楚王好細腰，而後宮多餓死。
> 夫以耳目之玩，人猶死而不違，況聖明之君求忠正之士，千
> 里斯應，信不為難。若徒有其言，而內無其實，欲其必至，
> 不可得也。（公平篇）
> 又孔子曰：『惡利口之覆邦家』，蓋為此也。臣嘗觀自古有
> 國有家者，若曲受讒譖，妄害忠良，必宗廟丘墟，市朝霜露
> 矣。願陛下深慎之！」（杜讒邪篇）

㈤ 杜讒邪

根據《貞觀政要》，成功的領導者，必須杜絕讒媚之徒，痛責
邪門之術，然後才能真正廣納進言，端正風氣。

　　此所以貞觀十年，有位嫉恨魏徵的權貴，曾對太宗挑撥分化，進讒語說：魏徵每次諫諍，嘮叨不休，非得陛下聽從才肯罷休。這豈非視皇上如童子，莫非他認為皇上不夠英明嗎？實在太不應該了。太宗的回答，却令這位權貴無言以對，他說：「朕生為隋朝高官的子弟，自少不修學問，但好弓馬之術。以一介武夫成大業，對於治國的原則與政策，未嘗研究，甚至毫無瞭解，因此必須虛心聽取諫言，才不致誤了朝政，我希望左右賢臣能隨時提出建言。」這種「杜讒邪」的精神，才是真正去除逢迎之風的治本之道。

　　另外有一次，有人建議唐太宗在朝廷上假裝發怒，看是否有臣子還敢進真言。唐太宗說：「倘君臣相疑，不能夠備盡肝胆，實為國之大害也。」如果領導者本身不誠，更如何能以誠治國。這些故事充份顯示，絕不可以用邪術來治國，否則頂多一時得逞，不可能長治久安。

　　太宗也曾分析，隋煬帝的敗亡，「臣下亦不盡心」，怎能「惟行諂佞，苟求悅譽」，此其所謂：「非是煬帝無道，臣下亦不盡心，須相匡諫，不避誅戮，豈得惟行諂佞，苟求悅譽？君臣如此，何得不敗？朕賴公等共相輔佐，遂令囹圄空虛，願公等善始克終，恆如今日！」（君臣鑒戒第篇）太宗再三要求眾臣盡心力諫，本身也正是重要的杜讒邪之道。

　　除此之外，太宗為了徹底杜絕讒邪，所以曾經指出，若對其詔令覺得不妥，應該立刻直言，豈可「阿旨順情，唯唯苟過」，成何道理？此所以，貞觀三年，太宗謂侍臣：

　　　　中書、門下，機要之司。擢才而居，委任實重。詔敕如有不

> 穩便，皆須執論。比來惟覺阿旨順情，唯唯苟過，遂無一言
> 諫諍者，豈是道理？若惟署詔敕、行文書而已，人誰不堪？
> 何煩簡擇，以相委付？自今詔敕疑有不穩便，必須執言，無
> 得妄有畏懼，知而寢默。（政體篇）

另外，太宗還曾分析隋煬帝敗亡原因：「每事皆自決斷，雖則
勞神苦形，未能盡合於理。朝臣既知其意，亦不敢直言。」

因此，太宗曾經強調：

> 日斷十事，五條不中，中者信善，其如不中者何？以日繼月，
> 乃至累年，乖謬既多，不亡何待？豈如廣任賢良，高居深視，
> 法令嚴肅，誰敢爲非？因令諸司，若詔敕頒下有未穩便者，
> 必須執奏，不得順旨便即施行，務盡臣下之意。（政體篇）

換句話說，太宗深知分工分責之理，因而強調，領導人不能
「每事皆自決斷」，否則就算決斷十事，能有五事正確，但卻另有
五事決策有誤，經年累月之後，「乖謬既多」，自然就會敗亡。因
此，他特別要求部屬：「不得順旨便即施行」，而應勇於更正，提
出異議。他甚至明白認爲，眾人之唯唯，不如一士之諤諤」，此中
深意，極值共同重視。

另外，太宗也深知，諫言之中難免會有人身攻擊，假「進諫」
獲主之名，卻行攻訐他人之實，然而內容並無實據，也非就事論事，
只是攻擊一些小事，企圖以此受寵。因此他也曾特別強調，對此
「當以讒人之罪罪之」。此其所謂：

> 朕聞自古帝王上合天心，以致太平者，皆股肱之力。朕比開

直言之路者，庶知冤屈，欲聞諫諍。所有上封事人，多告訐
百官，細無可採。朕歷選前王，但有君疑於臣，則下不能上
達，欲求盡忠極慮，何可得哉？而無識之人，務行讒毀，交
亂君臣，殊非益國。自今已後，有上書訐人小惡者，當以讒
人之罪罪之。（杜讒邪第篇）

除此之外，貞觀十六年，太宗問諫議大夫褚遂良：「卿知起居，
比來記我行事善惡？」遂良曰：「史官之設，君舉必書。善既必書，
過亦無隱。」太宗曰：「朕今勤行三事，亦望史官不書吾惡：一則
鑒前代成敗事，以爲元龜；二則進用善人，共成政道；三則斥棄群
小，不聽讒言。吾能守之，終不轉也。」（杜讒邪第篇）

綜合而論，正因太宗能「鑒前代成敗」，引爲當今戒惕，並能
「斥棄群小，不聽讒言」，且能「進用善人，共成政道」，所以終
能成就光輝的貞觀之治。此中精神啓發，對管理界也深具重大意義，
深值共同重視。

(六)　明賞罰

太宗非常重視賞罰分明，所以他曾強調：

國家大事，惟賞與罰。賞當其勞，無功者自退；罰當其罪，
爲惡者咸懼。則知賞罰不可輕行也。（論封建）

尤其，太宗對貪污特別痛恨，因此曾再三訓誡，絕不赦免。

此即《貞觀政要》所說：「深惡官吏貪濁，有枉法受財者，必
無赦免。在京流外有犯贓者，皆遣執奏，隨其所犯，寘以重法。由

是官吏多自清謹制馭。」

　　另外，太宗也絕不允許皇親國戚仗勢欺人，「王公妃主之家，大姓豪猾之伍，皆畏威屏跡，無敢侵欺細人。」日本村山即認為，太宗對於擁有強大勢力的權貴約束得很好❹，這對管理界也很有啓發性。

　　太宗這種風範，連文德皇后都很敬重。她後來生病了。皇太子向母后說：「醫藥備盡，尊體還是不能痊癒，請奏特赦囚徒，並度人入道，希望得上天福祐。」文德皇后便回答說：「死生有命，不是人力所能加。若修福可延壽，我一向並非為惡的人。若行善無效，又有何福祐可求？但特赦是國家大事豈可以為我一個婦人而亂天下法？所以不能依你。」❹皇后這種精神，絕不享受特權，即使面對生死問題，也絕不影響國家法治，充份可見貞觀之治其來有自。❷

　　除此之外，太宗也非常重視「善善而惡惡」的道理，並以賞罰分明具體推動。此即《貞觀政要》所說：

　　　臣聞為人君者，在乎善善而惡惡，近君子而遠小人。善善明，
　　　則君子進矣；惡惡著，則小人退矣。近君子，則朝無粃政；
　　　遠小人，則聽不私邪。小人非無小善君子非無小過。君子小
　　　過，蓋白玉之微瑕；小人小善，乃鉛刀之一割。鉛刀一割，
　　　良工之所不重，小善不足以掩眾惡也；白玉微瑕，善賈之所
　　　不棄，小疵不足以妨大美也。

　　換句話說，貞觀之治，最重要的動力，即善惡分明，是非分明，從而賞罰分明。太宗認為，如果善惡混淆，是非顛倒，忠奸不分，這就是屈原卞和等人含恨悲憤的原因。此中精神，對於管理界也很

重要，深值共同重視。

此即《貞觀政要》所說：

> 善小人之小善，謂之善善；惡君子之小過，謂之惡惡；此則
> 蒿蘭同臭，玉石不分，屈原所以沈江，卞和所以泣血者也。
> 既識玉石之分，又辨蒿蘭之臭，善善而不能進，惡惡而不能
> 去，此郭氏所以爲墟，史魚所以遺恨也。」（公平篇）

總而言之，《貞觀政要》是部領導學經典，同樣是本管理學奇著，歷代均深受開明的領導人重視。根據史官記載，唐文宗時，「在朝時，喜讀《貞觀政要》，每見太宗孜孜政道，有意於茲」。另外，元朝也常請儒者講解；到明朝更規定，皇帝除三、六、九日上朝之外，每天中午都請專家教授。憲宗並曾親作序文。到清朝康熙、乾隆，均很重視與欽佩，因而才能展現興盛治世的氣象。

所以展望今後，若能多多弘揚《貞觀政要》的精神，並且靈活應用於現代之商界，相信必能對中外管理領域做出重大貢獻，並對中國管理哲學的建立，提供重大啓發！

註　解：

❶ 山本七平，《帝王學》，日本經濟新聞出版1983，中文版由天下文化公司妳p.君銓譯，民國84年初版，pp.18

❷ 同上，pp.11

❸ 同上，pp.10-11

❹ 同上，pp.19-20

❺ 同上，pp.8

❻ 同上，pp.18

❼ 同上，pp.18

❽ 同上，pp.48

❾ 《貞觀政要》〈慎所好〉

❿ 《貞觀政要》〈慎言語〉

⓫ 同上

⓬ 《貞觀政要》〈君道〉

⓭ 同上

⓮ 同上

⓯ 《貞觀政要》〈君臣鑒戒〉

⓰ 祝清凱著，《貞觀政要領導藝術》，台北漢湘文化公司，民國86年出版，pp.9

⓱ 同上，pp.，152

⓲ 《影響力經典》，台北，天下文化出版社，民國84年，p.186

⓳ 同上，p.188

⓴ 山本七平，《帝王學》，pp.67

㉑ 《貞觀政要》〈誠信〉

㉒ 《帝王學》，pp.83

㉓ 《貞觀政要》〈慎終〉

㉔ 山本七平，《帝王學》，pp.125-126

㉕ 《行銷之神》，台北，天下文化出版，民國85年，pp.121-122

㉖ 山本七平，《帝王學》，pp.112

㉗ 同上，pp.112

㉘ 同上，pp.137

㉙ 《貞觀政要》〈辯興亡〉

㉚ Mark H. McCormark, "What They Don't Teach You at Harvard Business School"，中文譯本《哈佛學不到的經營策略》，台北天下文化公司出版，任中東譯，1997二版pp.65。

㉛ 同上

㉜ 《行銷之神》，pp.54-55

㉝ 《貞觀政要裝p.領導藝術》，pp.72

㉞ 同上，pp.72

㉟ 《行銷之神》，pp.109

㊱ 《貞觀政要裝p.領導藝術》，pp.95

㊲ 同上，pp.97-98

㊳ 《帝王學》，pp.53

㊴ 《帝王學》，pp.137

㊵ 同上，pp.139

㊶ 同上，pp.139

㊷ 同上，pp.137

國家圖書館出版品預行編目資料

中國管理哲學及其現代應用

馮滬祥著. – 初版. – 臺北市：
臺灣學生，民 86
面；公分

ISBN 957-15-0850-0 (平裝)

1. 管理科學 – 哲學，原理 – 中國

494.01   86011814

中國管理哲學及其現代應用（全一冊）

著　作　者：馮　　　滬　　　祥
出　版　者：臺　灣　學　生　書　局
發　行　人：盧　　　保　　　宏
發　行　所：臺　灣　學　生　書　局
　　　　　　臺北市和平東路一段一九八號
　　　　　　郵 政 劃 撥 帳 號：00024668
　　　　　　電　話：(02)23634156
　　　　　　傳　眞：(02)23636334
　　　　　　E-mail：student.book@msa.hinet.net
　　　　　　http://studentbook.web66.com.tw

本書局登
記證字號　：行政院新聞局局版北市業字第玖捌壹號

印　刷　所：宏　輝　彩　色　印　刷　公　司
　　　　　　中和市永和路三六三巷四二號
　　　　　　電　話：(02)22268853

定價：平裝新臺幣三三○元

西元一九九七年九月初版
西元二○○三年十月初版二刷

49402　　　有著作權・侵害必究
　　　　　ISBN 957-15-0850-0 (平裝)